国家职业教育机械制造与自动化专业教学资源库配套教材

"十三五"江苏省高等学校重点教材

机 械 制 造 工 艺

主　编　王道林

副主编　徐年富　白兆川

参　编　王文凯　王明忠

　　　　张志英　周传勇

机械工业出版社

本书是根据"高等职业学校机械制造与自动化专业教学标准"和国家职业教育机械制造与自动化专业教学资源库建设要求编写的。本书包括机械加工工艺规程设计、机械加工精度分析、机械加工表面质量分析、典型零件加工、装配工艺规程设计共5个项目。每个项目均按项目引入、相关任务和项目实施来组织内容。为便于学生有针对性地掌握项目任务知识点，每个项目后均附有学后测评。为增强阅读效果本书采用双色印刷。

本书可作为高等职业院校机械类各专业的教材，应用型本科院校机械类各专业的教材，也可作为面向社会上岗、转岗人员的培训教材，以及相关工程技术人员的参考用书。书后附有常见零件的检验方法。

本书配有电子课件，凡使用本书作教材的教师可登录机械工业出版社教育服务网（http://www.cmpedu.com），注册后免费下载，或发送电子邮件至 cmpgaozhi@sina.com 索取。咨询电话：010-88379375。

图书在版编目（CIP）数据

机械制造工艺/王道林主编. —北京：机械工业出版社，2017.7
（2022.8 重印）

国家职业教育机械制造与自动化专业教学资源库配套教材 "十三五"江苏省高等学校重点教材

ISBN 978-7-111-56732-5

Ⅰ.①机… Ⅱ.①王… Ⅲ.①机械制造工艺-高等职业教育-教材
Ⅳ.①TH16

中国版本图书馆 CIP 数据核字（2017）第 091193 号

"十三五"江苏省高等学校重点教材（编号：2016-2-037）

机械工业出版社（北京市百万庄大街 22 号　邮政编码 100037）
策划编辑：王英杰　责任编辑：王英杰　武　晋
责任校对：肖　琳　封面设计：鞠　杨
责任印制：单爱军
北京虎彩文化传播有限公司印刷
2022 年 8 月第 1 版第 6 次印刷
184mm×260mm·15 印张·363 千字
标准书号：ISBN 978-7-111-56732-5
定价：49.80 元

电话服务　　　　　　　　　网络服务
客服电话：010-88361066　　机 工 官 网：www.cmpbook.com
　　　　　010-88379833　　机 工 官 博：weibo.com/cmp1952
　　　　　010-68326294　　金 书 网：www.golden-book.com
封底无防伪标均为盗版　机工教育服务网：www.cmpedu.com

前　言

　　本书针对高等职业院校机械类专业学生的学习特点，依据认知规律和能力递进的成长规律，培养学生应用相关知识解决实际问题的能力，以适应高等职业教育发展的需要。

　　本书是国家职业教育机械制造与自动化专业教学资源库的配套教材，从培养实用型、技能型、技术应用型人才出发，以工作过程要求为导向，结合车工、铣工、磨工和见习机械制造工程师对学生的知识要求、职业能力和素质要求确定编写结构体系；以机械零件加工过程、质量检测过程、机械产品装配过程为编写主线；以"项目引领、任务驱动、工学结合"为编写模式；以来自生产企业的实际案例作为编写资源。

　　本书的主要特点如下：

　　1）以"零件加工检测与机械产品装配过程"为导向，选取典型零件与产品为载体，按照企业生产工作流程安排教学内容，重构工作过程知识结构体系，使学习过程与工作流程紧密结合，技能应用和职业素养得到同步训练。

　　2）构建"项目引领式"教学单元：项目引入—任务驱动—项目实施—学后测评，体现"教中做，做中学"的一体化教学模式，实现教、学、做的统一。

　　3）引入行业、企业典型案例，校企"双元"合作，结合国家职业教育机械制造与自动化专业教学资源库的建设，提供与本书配套的教学课件、动画及视频等丰富的教学资源，使复杂问题简单化、抽象内容形象化、动态内容可视化。

　　4）本书采用双色印刷，使读者更容易抓住重点内容。

　　本书由王道林任主编，徐年富、白兆川任副主编。编写分工为：项目1、项目3和附录由王道林、周传勇编写；项目2由王道林、张志英编写；项目4由徐年富、王明忠编写；项目5由白兆川、王文凯编写。

　　本书由南京航空航天大学徐锋教授担任主审。

　　在本书编写过程中，我们参考了大量资料和文献，在此对相关作者表示诚挚的谢意！

　　由于编者水平有限，书中难免有疏漏及不当之处，恳请广大读者批评指正。

编　者

2017 年 5 月

目　录

项目 1

机械加工工艺规程设计

项目引入

　　任何机械产品均是由若干个零件组成的。根据零件图规定的技术要求进行零件的制造，必须拟订合理的机械加工工艺路线，设计机械加工工艺规程。图 1-1 所示为阶梯轴，该零件

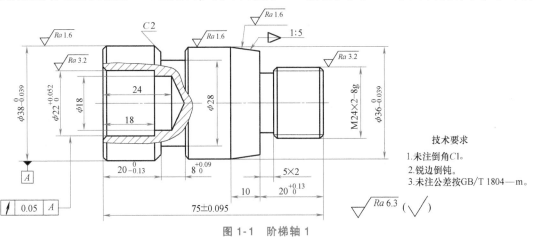

图 1-1　阶梯轴 1

技术要求
1. 未注倒角C1。
2. 锐边倒钝。
3. 未注公差按GB/T 1804—m。

为单件小批生产，材料为 45 钢。试设计其机械加工工艺规程。

任务 1.1　认识机械加工工艺规程

在机械制造过程中，不同零件的技术要求与生产条件等不同，其制造工艺方案必不相同。而相同零件如采用不同的工艺方案生产时，其生产率、经济效益也会相差许多。因此，在确保零件质量的前提下，制订具有良好综合经济效益、合理可行的工艺方案就显得十分重要。为此，必须先认识机械加工工艺规程。

1.1.1　生产过程与工艺过程

1. 生产过程

将原材料转变为成品的全过程，称为生产过程。对于机器的制造而言，其生产过程包括以下内容：

① 生产技术准备过程。即完成产品投入生产前的各项生产和技术准备工作，如产品设计、工艺设计、专用工艺装备的设计与制造、各种生产资料的准备和生产组织等方面的工作。

② 毛坯制造过程。

③ 零件的机械加工、热处理和其他表面处理等过程。

④ 产品的装配、调试、检验和涂装。

⑤ 原材料和成品的运输与保管。

生产过程可以是整台机器的制造过程，也可以是某一部件或零件的制造过程。工厂将进厂的原材料制造成该厂产品的过程即为该厂的生产过程，其又可分为若干个车间的生产过程。某个车间的成品可能是另一个车间的原材料，如毛坯制造车间的成品是机械加工车间的原材料，而机械加工车间的成品又是装配车间的原材料。

2. 工艺过程

工艺过程是生产过程的主要部分。生产过程中直接改变生产对象的形状、尺寸、相对位置或性质等，使其成为成品或半成品的过程，称为工艺过程，可以通过不同的工艺方法来完成。因此，工艺过程又可具体分为铸造、锻造、冲压、焊接、机械加工、特种加工、热处理、表面处理和装配等。

采用机械加工方法，直接改变加工对象的形状、尺寸和表面性能，使之成为成品的过程，称为机械加工工艺过程，简称为工艺过程。

产品或零部件在生产过程中，由毛坯准备到成品包装入库，经过企业各有关部门或工序的先后顺序称为工艺路线。工艺路线是制订工艺过程和进行车间分工的主要依据，一般可以采用不同的工艺过程来达到零件的加工技术要求。技术人员应根据工件产量、设备条件和工人技术情况等，确定所采用的工艺过程，把产品或零部件的工艺过程和操作方法等按一定的格式用文件的形式固定下来，便成为工艺规程，如机械加工工艺过程卡片、机械加工工艺卡片和机械加工工序卡片，它们是生产人员必须严格执行的纪律性文件。

1.1.2　机械加工工艺过程的组成

完成一个零件的工艺过程，需采用多种不同的加工方法和设备，通过一系列加工工序，工艺过程就是由一个或若干个顺序排列的工序组成的。

1. 工序

一个（或一组）工人，在一个工作地点，对同一个或同时对几个工件所连续完成的那一部分工艺过程，称为一个工序。工序是工艺过程的基本组成部分，是生产计划和经济核算的基本单元。划分工序的主要依据是工作地点（或机床）是否变动和加工是否连续。

图1-2所示为阶梯轴。在小批生产条件下，其加工工艺过程及工序的划分见表1-1；在大批大量生产条件下，其加工工艺过程及工序的划分见表1-2。

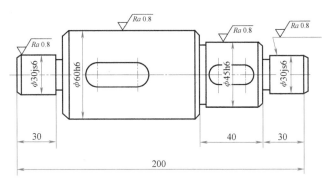

图1-2　阶梯轴2

单件小批生产的
阶梯轴工艺过程

大批大量生产的
阶梯轴工艺过程

表1-1　单件小批生产的工艺过程及工序划分

工序号	工序内容	设备
1	车端面,钻中心孔	车床
2	车外圆、槽、倒角	车床
3	铣键槽,去毛刺	铣床
4	磨外圆	磨床

表1-2　大批大量生产的工艺过程及工序划分

工序号	工序内容	设备
1	两边同时铣端面,钻中心孔	专用机床
2	车一端外圆、槽、倒角	车床
3	车另一端外圆、槽、倒角	车床
4	铣键槽	铣床
5	去毛刺	钳工台
6	磨外圆	磨床

2. 安装

工件在加工前，先要把工件位置放准。确定工件在机床上或夹具中占有正确位置的过程称为定位。工件定位后将其固定住，使其在加工过程中保持定位位置不变的操作称为夹紧。工件在机床上或夹具中定位后加以夹紧的过程称为安装。在一个工序的加工中，有时工件可能需要安装一次，也可能需要安装几次。例如：表1-1中的工序1需要两次安装。

工件在加工时，应尽量减少每道工序中的安装次数。因为安装次数增多，会增加安装误差，同时增加装卸工件的辅助时间。

3. 工位

为了减少安装次数，常采用回转夹具、回转工作台或其他移位夹具，使工件在一次安装中先后处于几个不同的位置进行加工。工件在机床（或夹具）上所占据的每一个待加工位置称为一个工位。如图1-3所示，利用回转工作台或转位夹具，在一次安装中顺次完成装卸工件、钻孔、扩孔、铰孔四个工位加工。采用这种多工位加工方法，可以提高加工精度和生产率。

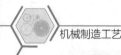

工步的划分

4. 工步

在一个工序中，在加工表面（或装配时的连接表面）和加工（或装配）工具不变的情况下所连续完成的那部分工序称为工步。以上因素中任一因素改变后即成为新的工步。一个工序可以只有一个工步，也可以包括几个工步。

但是，为了提高生产率，用几把不同刀具或复合刀具同时加工一个零件的几个表面，通常看作是一个工步，称为复合工步，如图 1-4 所示。

还有一种情况，在一次安装中连续进行若干相同表面的加工，也算作一个复合工步。如图 1-5 所示，用一把钻头连续钻削四个 $\phi 15mm$ 孔，则可看作钻 $4 \times \phi 15mm$ 孔工步。

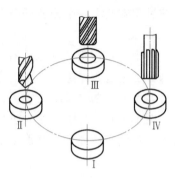

图 1-3　多工位加工

Ⅰ—装卸工件　Ⅱ—钻孔
Ⅲ—扩孔　Ⅳ—铰孔

5. 工作行程

在一个工步内，若被加工表面需切除的余量较大，需要分多次切削，则每进行一次切削就是一个工作行程。一个工步可以包括一个或几个工作行程。

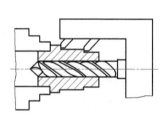

图 1-4　复合工步

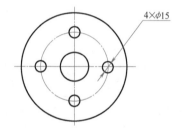

图 1-5　加工 4 个相同表面的工步

1.1.3　生产纲领与生产类型

1. 生产纲领

生产纲领是指企业在计划期内应当生产的产品产量和进度计划。企业一年中制造某产品的数量，就是该产品的年生产纲领。机器中某零件的年生产纲领除了制造机器所需要的数量以外，还要包括一定的备品和废品，所以零件的年生产纲领就是指包括备品和废品在内的年产量。它可按下式计算：

$$N = Qn(1+a)(1+b)$$

式中　N——零件的年生产纲领（件/年）；

　　　Q——产品的年生产纲领（台/年）；

　　　n——每台产品中含该零件的数量（件/台）；

　　　a——备品率（%）；

　　　b——废品率（%）。

2. 生产类型

生产类型是指企业（或车间、工段、班组、工作地）生产专业化程度的分类。在机械制造业中，根据年产量的大小和产品品种的多少，可以分为三种不同的生产类型：单件生产、成批生产和大量生产。

（1）单件生产 生产中，单个或少量生产不同结构和尺寸的产品，并且很少重复或不重复，这种生产称为单件生产。一般新产品试制、重型机械的制造等均属于单件生产。

（2）大量生产 同一产品的生产数量很大，大多数工作地点重复进行某个零件某道工序的加工，这种生产称为大量生产。汽车、拖拉机、轴承等的生产多属于大量生产。

（3）成批生产 一年中分批地制造相同的产品，工作地点的加工对象周期性重复，称为成批生产（或批量生产）。

成批生产中，同一产品（或零件）每批投入生产的数量称为批量。根据产品批量的大小，批量生产又分为小批生产、中批生产和大批生产。小批生产的工艺特点接近单件生产，常将两者合称为单件小批生产；大批生产的工艺特点接近大量生产，常合称为大批大量生产。

生产类型可根据生产纲领和产品及零件的特征或者按工作地点每月担负的工序数来划分，参照表1-3确定。

表1-3 生产类型划分方法

生产类型	工作地点每月担负的工序数	生产纲领/（台/年或件/年）		
		重型（零件质量大于2000kg）	中型（零件质量为100~2000kg）	轻型（零件质量小于100kg）
单件生产	不做规定	≤5	≤20	≤100
小批生产	>20~40	5~100	20~200	100~500
中批生产	>10~20	100~300	200~500	500~5000
大批生产	>1~10	300~1000	500~5000	5000~50000
大量生产	1	>1000	>5000	>50000

各种生产类型的工艺特点见表1-4。从表中可看出，在制订零件的机械加工工艺规程时，应首先确定生产类型，根据不同生产类型的工艺特点，制订出合理的工艺规程。

表1-4 各种生产类型的工艺特点

工艺特征	单件生产	成批生产	大量生产
零件的互换性	用修配装配法、钳加工修配，缺乏互换性	大部分具有互换性，少数用钳加工修配	具有广泛的互换性。少数装配精度要求较高时，采用分组装配法和调整装配法
毛坯的制造方法与加工余量	木模手工造型或自由锻。毛坯精度低、加工余量大	部分采用金属型铸造或模锻。毛坯余量和加工精度中等	广泛采用金属型机器造型、模锻或其他高效方法。毛坯精度高、加工余量小
机床及其布置	通用机床。按机床类别采用"机群式"布置	部分通用机床和高效机床。按工件类别分工段排列设备	广泛采用高效专用机床和自动机床。按流水线和自动线排列设备
工艺装备	大多采用通用夹具、标准附件、通用刀具和万能量具。靠划线和试切法达到精度要求	广泛采用夹具，部分靠找正装夹达到精度要求。较多采用专用刀具和量具	广泛采用专用高效夹具、复合刀具、专用量具或自动检具。靠调整法达到精度要求
对工人的技术要求	需技术水平较高的工人	需技术水平一般的工人	对调整工的技术水平要求较高，对操作工的技术水平要求较低

（续）

工艺特征	单件生产	成批生产	大量生产
工艺文件	有简单的工艺过程卡片	有工艺过程卡片,关键零件有工序卡片	有详细的工艺文件
生产率与成本	生产率低、成本高	生产率和成本中等	生产率高、成本低

1.1.4 获得加工精度的方法

零件的机械加工方法有许多，加工的目的是使零件获得一定的加工精度和表面质量。零件加工精度包括尺寸精度、形状精度和相互位置精度等。

1. 获得尺寸精度的方法

（1）试切法　试切法是指在零件加工过程中不断对已加工表面的尺寸进行测量，并相应调整相对工件加工表面的位置，直到达到尺寸精度要求的加工方法。该方法是获得零件尺寸精度最早采用的加工方法，同时也是目前常用的获得高精度尺寸的主要方法之一，主要用于单件小批生产。图 1-6 所示为车削的试切法示例。

（2）调整法　调整法是指按试切好的工件尺寸、标准件或对刀块等调整确定相对工件定位基准的准确位置，并在保持此准确位置不变的条件下，对一批工件进行加工的方法。该方法多用于大批大量生产。图 1-7 所示为采用对刀块和塞尺调整铣刀位置的方法。调整法加工生产率较高，精度较稳定。

（3）定尺寸刀具法　定尺寸刀具法是指通过刀具的尺寸来保证零件尺寸精度的方法。该方法操作简便，生产率高，加工精度较稳定，但刀具制造复杂，成本高。用方形拉刀拉方孔、用键刀块加工内孔等即属此法。

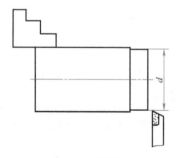

图 1-6　试切法

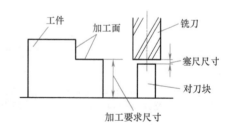

图 1-7　采用对刀块和塞尺调整铣刀位置的方法

（4）自动控制法　自动控制法是指在加工过程中，通过由尺寸测量装置、动力进给装置和控制机构等组成的自动控制系统，使加工过程中的尺寸测量、刀具补偿调整和切削加工等一系列工作自动完成，从而自动获得所要求的尺寸精度。自动控制法加工质量较稳定，生产率高，数控机床上的大多数操作属于此法。

2. 获得形状精度的方法

（1）轨迹法　轨迹法是利用刀尖运动的轨迹来形成被加工表面的形状，获得形状精度的方法。普通的车削、铣削、刨削和磨削等均属于刀尖轨迹法。

（2）成形法　成形法是利用成形刀具的几何形状来代替机床的某些成形运动而获得加

工表面形状精度的方法，如成形车削、成形铣削等。成形法所获得的形状精度主要取决于切削刃的形状精度。

（3）展成法 展成法是利用刀具和工件做展成运动所形成的包络面，从而获得加工表面形状精度的方法。滚齿、插齿等均属于展成法。展成法所获得的形状精度主要取决于切削刃的形状精度和展成运动精度等。

3. 获得位置精度的方法

当零件较复杂、加工表面较多时，需要经过多道工序的加工，其位置精度取决于工件的安装方式和安装精度。工件安装常用的方法主要有直接找正安装、按划线找正安装和用夹具安装等。

（1）直接找正安装 用划针、百分表等工具直接在机床上找正工件位置并加以夹紧的方法称为直接找正安装。例如：图1-8所示为用单动卡盘安装工件，需保证加工后的 B 面与 A 面的同轴度的要求，先用百分表按外圆 A 进行找正，夹紧后车削外圆 B，从而保证 B 面与 A 面的同轴度要求。此法生产率较低，加工精度取决于工人的技术水平和测量工具的精度，一般只用于单件小批生产。

（2）划线找正安装 对形状复杂的工件，毛坯精度不易保证，若直接找正安装会顾此失彼，很难使工件上各个加工面都有足够和较均匀的加工余量。若先在毛坯上划线，然后按所划的线来找正安装，则能较好地解决这些矛盾。如图1-9所示，先在毛坯上按照零件图划出中心线、对称线和各待加工表面的加工线，然后按照划好的线找正工件在机床上的位置并加以夹紧。这种装夹方法生产率低，精度低，且对工人的技术水平要求高，一般用于单件小批生产中加工复杂而笨重的零件，或毛坯尺寸公差大而无法直接用夹具装夹的场合。

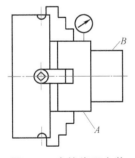

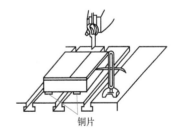

铜片

图1-8 直接找正安装　　　　　图1-9 按划线找正安装

（3）用夹具安装 夹具是按照被加工工序要求专门设计的，夹具上的定位元件能使工件相对于机床与刀具迅速占有正确位置，不需找正就能保证工件的定位精度。用夹具装夹生产率高，定位精度高，但需要设计、制造专用夹具，广泛用于成批及大量生产。

1.1.5 机械加工工艺规程

一个零件可以用若干种不同的加工工艺方法来制造。在一定的生产条件下，确定一种较合理的加工工艺，用表格的形式将机械加工工艺过程的内容书写出来，成为指导性技术文件，就是机械加工工艺规程（简称为工艺规程）。其主要内容包括零件的加工工艺顺序、各道工序的具体内容、工序尺寸、切削用量、工时定额，以及各道工序采用的设备和工艺装备等。

1. 工艺规程的作用

工艺规程是机械制造厂最主要的技术文件之一，是企业规章条例的重要组成部分。其具体作用如下：

① 它是指导生产的主要技术文件。工艺规程是最合理的工艺过程的表格化，是在工艺理论和实践经验的基础上制订的。工人只有按照工艺规程进行生产，才能保证产品质量和较高的生产率，以及较好的经济效果。

② 它是组织和管理生产的基本依据。在产品投产前要根据工艺规程进行有关的技术准备和生产准备工作，如安排原材料的供应、通用工装设备的准备、专用工装设备的设计与制造、生产计划的编排、经济核算等工作。生产中对工人业务的考核也是以工艺规程为主要依据的。

③ 它是新建和扩建工厂的基本资料。新建或扩建工厂或车间时，要根据工艺规程来确定所需要的机床设备的品种和数量、机床的布置、占地面积、辅助部门的安排等。

2. 工艺规程的格式

将工艺规程的内容填写在一定格式的卡片上，即成为工艺文件。目前，企业各种常用工艺文件的基本格式如下：

① 机械加工工艺过程卡片。机械加工工艺过程卡片以工序为单位简要列出零件加工过程（包括毛坯制造、机械加工、热处理等），对各工序的加工过程不具体说明，一般不用于直接指导工人操作，而多用于生产管理。但是，在单件小批生产时，通常用这种卡片指导生产，这时应编制得详细些。机械加工工艺过程卡片的基本格式见表1-5。

表1-5　机械加工工艺过程卡片

企业	机械加工工艺过程卡片				产品型号		×××	零件图号			共　页
					产品名称			零件名称			第　页
材料牌号		毛坯种类		毛坯外形尺寸			每毛坯件数		每台件数		备注
工序号	工序名称	工序内容		车间	设备		工艺装备			工时	
										准终	单件
								编制（日期）	审核（日期）	会签（日期）	
标记	处数	更改	签字	日期	标记	处数	更改	签字	日期		

② 机械加工工艺卡片。机械加工工艺卡片是以工序为单元，详细说明零件在某一工艺阶段中的工艺要求（工序号、工序名称、工序内容、工艺参数，操作要求以及采用的设备和工艺装备等）的工艺文件，用来指导工人操作和帮助管理人员及技术人员掌握零件加工过程，广泛用于批量生产的零件和小批生产的重要零件。机械加工工艺卡片的基本格式见表1-6。

表 1-6 机械加工工艺卡片

企业	机械加工工艺卡片		产品型号			零(部)件图号			共　页	
			产品名称			零(部)件名称			第　页	
材料牌号		毛坯种类		毛坯外形尺寸			每毛坯件数		每台件数	备注

工序	装夹	工步	工序内容	同时加工件数	切削用量					设备名称编号	工艺装备			技术等级	工时	
					切削深度/mm	切削速度/(m/min)	每分钟转数或往复次数	进给量/mm(或mm/双行程)			夹具	刀具	量具		单件	准终

					编制(日期)		审核(日期)		会签(日期)	

标记	处数	更改	签字	日期	标记	处数	更改	签字	日期

③ 机械加工工序卡片。机械加工工序卡片是用来具体指导生产的一种详细的工艺文件，它是在机械加工工艺卡片的基础上按工序所编制的一种工艺文件，包括工序简图和详细的工步内容，多用于大批大量生产，其基本格式见表 1-7。

表 1-7 机械加工工序卡片

企业	机械加工工序卡片	产品型号	×××	零件图号		共　页
		产品名称		零件名称		第　页
材料牌号		毛坯种类	毛坯外形尺寸		每毛坯件数	每台件数

(工序简图)	车间	工序号	工序名称	备注
	设备名称	设备型号	设备编号	同时加工件数
	夹具编号		夹具名称	切削液
				工序工时
				准终 / 单件

工步号	工步内容	主轴转速/(r/min)	切削速度/(m/min)	进给量/(mm/r)	刀具	辅具	量具	工时定额	
								机动	辅助

				编制(日期)	审核(日期)	会签(日期)
标记	处数	更改	签字	日期	标记 处数 更改 签字 日期	

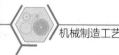

3. 制订工艺规程的原则

所制订的工艺规程要保证在一定的生产条件下，根据其制造产品能达到"优质、高效、低成本"的要求，即以最快的速度、最少的劳动量和最低的费用，可靠地加工出符合要求的零件。同时，在制订工艺规程时，应尽量做到技术上先进、经济上合理并具有良好的劳动条件。

4. 制订工艺规程的原始资料

制订工艺规程时，通常应具有下列原始资料：

① 产品的整套装配图和零件工作图。

② 产品的年生产纲领。

③ 产品验收的质量标准。

④ 毛坯生产条件。

⑤ 工厂现有生产条件和发展前景。

⑥ 新技术、新工艺及其他有关工艺手册和资料。

5. 制订工艺规程的步骤

制订工艺规程的步骤如下：

① 计算生产纲领，确定生产类型。

② 研究分析零件图和产品装配图。

③ 确定毛坯种类、结构及尺寸。

④ 选择定位基准。

⑤ 拟订工艺路线。

⑥ 确定加工余量和各工序的工序尺寸。

⑦ 确定切削用量及工时定额。

⑧ 选择设备及工艺装备。

⑨ 填写工艺文件。

任务 1.2　机械加工工艺规程的编制准备

工艺技术人员在编制零件的机械加工工艺规程之前，首先必须研究零件图及装配图，了解零件在产品中的作用及其工作条件，从加工制造的角度来分析审查零件的结构、尺寸精度、几何精度、表面质量、材料及热处理等技术要求是否合理，是否便于加工和装配。这样可以改善零件的结构工艺性，大大减少加工工时，简化工装并降低成本。若是新产品的图样，则更须经过工艺分析和审查，如发现问题，可以和设计人员商量做出修改。其次，工艺人员通过工艺分析后对零件有更深入的了解，才可能制订出合理的工艺规程。

1.2.1　零件图的工艺分析与审查

1. 检查产品图样的完整性和正确性

应检查产品图样是否完整、正确，表达是否清楚，绘制是否符合国家标准；尺寸精度、几何精度和表面粗糙度等技术要求是否齐全和合理。

2. 分析审查选用的零件材料是否便于加工

如图 1-10 所示，圆柱凸轮的槽部（12H11）需淬硬，材料为 45 钢。但距离槽部不远处有 φ8mm 配作锥销孔，必须在装配时配作。若在淬火前钻出孔，淬火后发生变形，配铰也有困难。若在淬火后加工孔，又因硬度高而加工不动。若对槽部局部高频感应淬火，因零件尺寸小，φ8mm 孔离槽部很近，也会被淬硬。

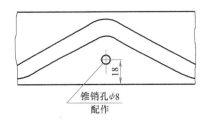
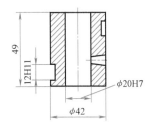

图 1-10 圆柱凸轮

通过分析，可以将材料 45 钢改为 20 钢或 20Cr 钢，工艺路线为：加工外圆（放余量）—铣槽—渗碳—车去外圆渗碳层（槽部渗碳层仍保留）—加工内孔—钻 φ8mm 孔—淬火回火—配作 φ8mm 孔。

这样，因 φ8mm 孔处是低碳钢，淬不硬，则可以进行配作加工。

在满足零件工作性能要求的前提下，还应注意降低零件的成本。材料的选择应结合我国国情，多采用来源充足的材料，不随意选用贵重钢材及贵重金属。表 1-8 中列举了一些常用金属材料的相对价格。

表 1-8　常用材料的相对价格

材　料	种　类　名　称	相　对　价　格
铸件	灰铸铁铸件	1
	碳钢铸件	2
	铜合金铸件、铝合金铸件	8~10
热轧圆钢	Q235 钢	1
	优质碳素结构钢	1.5~1.8
	合金结构钢	1.7~2.5
	弹簧钢	1.7~3.0
	滚动轴承钢	3.0
	合金工具钢	3.0~20

3. 分析审查零件图上的尺寸精度、几何精度、表面粗糙度等要求是否齐全合理

审查内容包括：结合现有的生产条件能否达到规定要求，应采取什么技术措施；有无要求过高而影响加工的经济性及生产率之处。

对于较复杂的零件，很难将全部问题考虑清楚透彻，因此必须在对零件的结构获得整个概念之后，还需对重点问题进行深入的研究和分析。一般需进行以下两方面的分析：

（1）零件主、次表面的区分和主要表面的保证　零件的主要表面是零件与其他零件相配合的表面，或是直接参与机器工作过程的表面。主要表面以外的表面称为次要表面。根据主要表面的尺寸精度、几何精度和表面质量等技术要求，便可初步确定在工艺过程中应该采用哪些最终加工方法来保证这些要求的实现，而且对在最终加工之前所应采取的一系列的加工方法也可一并考虑。

（2）重要技术条件的分析　技术条件一般指表面形状和相互位置关系，静平衡、动平衡要求，热处理、表面处理要求，探伤要求和气密性试验等。重要的技术条件是影响工艺过程制订的重要因素之一，严格的表面相互位置关系精度要求（如同轴度、平行度等），往往会影响到工艺过程中各表面加工时的基准选择和先后次序，也会影响工序的集中和分散。

零件的热处理和表面处理要求对于工艺路线的安排也有着重大的影响，因此应该根据热处理和表面处理的目的，在工艺过程中合理安排它们的位置。零件所用的材料及其力学性能对于加工方法的选择和切削用量的确定也有一定的影响。

零件的结构工艺性之孔的设计

零件的结构工艺性之槽的设计

零件结构的切削加工工艺性

由上可见，对零件图进行工艺分析时除了进行全面的了解外，还应重点研究零件图的主要表面和主要技术条件要求。研究和分析这些问题以后，对零件加工工艺过程中的主要工序及其大致次序便可获得进一步的概念，为具体地制订工艺过程各个阶段的工作做好铺垫。

通过对零件结构特点和技术条件的分析，即可根据生产批量和设备条件等编制工艺规程。编制过程中，应着重考虑主要表面和加工较困难表面的工艺措施，从而保证加工质量。

1.2.2　零件的结构工艺性分析

零件结构工艺性的好坏对其工艺过程的影响非常大，不同结构的两个零件尽管都能满足使用性能要求，但它们的加工方法和制造成本却可能有很大的差别。良好的结构工艺性就是在满足使用性能要求的前提下，能以较高的生产率和最低的成本方便地加工出来。零件的结构工艺性审查是一项复杂而细致的工作，需凭借丰富的实践经验和理论知识。审查时，若发现问题应及时向设计部门提出修改意见，加以改进。零件结构工艺性对比的示例见表1-9。

表1-9　零件结构工艺性对比的示例

主要要求	A（结构工艺性差）	B（结构工艺性好）	说　明
尽量加工外表面			结构A中件2上的凹槽a不便加工和测量，宜改在件1上，如B结构
尽量采用一次装夹加工			若键槽的尺寸、方位设计相同，则可在一次装夹下加工，提高生产率
孔的位置不能距箱壁太近			结构A不便采用标准刀具和辅具

（续）

主要要求	A（结构工艺性差）	B（结构工艺性好）	说　明
箱体表面凸台应尽量等高			结构 B 的两个凸台可在一次行程中加工出来
应尽量减小加工面积			结构 B 的底面加工面积小，安放稳定
应合理设置退刀槽			结构 B 有退刀槽，保证了加工的可能性，减小了刀具磨损
钻孔的入面和出面应避免斜面			加工结构 A 时钻头容易引偏，甚至折断
退刀槽的尺寸应一致			可减少刀具种类和换刀时间
应尽量避免斜孔			可简化夹具结构

1.2.3 毛坯的选择

　　选择毛坯的基本任务是确定毛坯的制造方法及制造精度。毛坯的选择不仅影响毛坯的制造工艺和费用，而且影响到零件的机械加工工艺及其生产率与加工经济性。如果选择高精度的毛坯，可以减少机械加工劳动量和材料消耗，提高机械加工生产率，降低加工的成本，但是却提高了毛坯的制造费用。因此，选择毛坯要从机械加工和毛坯制造两方面综合考虑，以求得到最佳效果。

　　1. 毛坯种类的选择

　　机械制造中常用毛坯种类有铸件、锻件、型材和焊接件等。

　　（1）铸件　铸件适用于形状较复杂的零件毛坯。其铸造方法有砂型铸造、金属型铸造、压力铸造、精密铸造等，较常用是砂型铸造。当毛坯精度要求低、生产批量较小时，采用木模手工造型；当毛坯精度要求高、生产批量很大时，采用金属型机器造型。铸件材料有铸铁、铸钢及铜、铝等非铁金属。

（2）锻件　锻件适用于强度要求高、形状比较简单的零件毛坯，其锻造方法有自由锻和模锻两种。自由锻毛坯精度低、加工余量大、生产率低，适用于单件小批生产以及大型零件毛坯。模锻毛坯精度高、加工余量小、生产率高，但成本也高，适用于中小型零件毛坯的大批大量生产。

（3）型材　型材有槽钢、角钢、工字钢、圆钢、方钢等，制造方法分为热轧和冷拉两种。热轧适用于尺寸较大、精度较低的毛坯；冷拉适用于尺寸较小、精度较高的毛坯，因成本较高，一般用于成批生产。

（4）焊接件　焊接件是将型材或钢板等焊接成所需的零件结构，简单方便，生产周期短，但需经时效处理后才能进行机械加工。

2. 毛坯选择时应考虑的因素

（1）零件的材料及力学性能要求　某些材料由于其工艺特性，决定了其毛坯制造方法。例如，对铸铁和非铁金属只能铸造；对于重要的钢质零件，为获得良好的力学性能，不论其结构复杂或简单，均应选用锻件，而不宜直接选用型材。

（2）零件的结构形状与大小　大型零件毛坯多用砂型铸造、自由锻或焊接；结构复杂的毛坯多用铸造；板状钢质零件多用型材；轴类零件毛坯，如阶梯直径相差不大，可用棒料；如各台阶直径相差较大，则宜选择锻件。

（3）生产纲领的大小　当零件的生产批量较大时，应选用精度和生产率均较高的毛坯制造方法，如模锻、金属型机器造型铸造等。单件小批生产时则应选用一般的毛坯制造方法，如木模手工铸造或自由锻。

（4）现有生产条件　选择毛坯时，要充分考虑现有的生产条件，如毛坯制造的实际水平和能力、外协的可能性等。

（5）充分利用新技术、新工艺、新材料　为节约材料和能源，机械制造的发展趋势是少切屑、无切屑加工，即选用先进的毛坯制造方法，如精铸、精锻等。这样，可以大大减少机械加工量甚至不需机械加工，大大提高了经济效益。

3. 确定毛坯的形状与尺寸

由于毛坯制造技术的限制和经济性的要求，一般来说零件上某些尺寸、几何精度等要求较高的表面还不能从毛坯制造时直接获得，所以毛坯上这些表面需要留有一定的余量，通过机械加工最终达到零件的质量要求。毛坯尺寸与零件的设计尺寸之差称为毛坯余量或加工总余量，毛坯尺寸的制造公差称为毛坯公差。毛坯余量和公差的大小与毛坯制造方法有关，可根据有关手册或资料确定。

毛坯的形状尺寸不仅和毛坯余量大小有关，在某些情况下还要受工艺需要的影响。在确定毛坯形状时要注意以下问题：

（1）工艺凸台　为满足工艺需要，在零件上特地增设的凸台称为工艺凸台，如图1-11所示。工艺凸台在加工后若影响零件的外观和使用性能时，应予以切除。

（2）一坯多件　为使毛坯制造方便和易于机械加工，可以将若干个小零件制成一个毛坯，在计算毛坯长度时，除考虑切割零件的个数（n）外，还应考虑切断时切口的宽度（B）。如图1-12a所示的滑键，可先制成一个毛坯（图1-12b），对此毛坯的上、下表面及倒角加工好以后再切断成单件，从而简化加工过程。

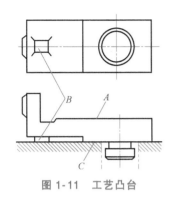

图 1-11 工艺凸台

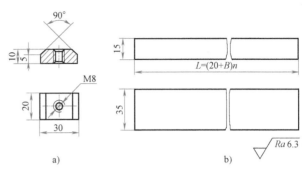

图 1-12 滑键及其毛坯

（3）组合毛坯 某些形状比较特殊的零件，单独加工比较困难，这时应将毛坯制成一件，加工到一定阶段后再分离。如图 1-13 所示的车床开合螺母外壳，其毛坯就是组合毛坯。

4. 绘制毛坯图的步骤

图 1-14 所示为齿轮锻件毛坯图。绘制毛坯图的步骤如下：

① 用细双点画线绘制零件的主要外形。

② 用粗实线绘制毛坯的外形。

③ 标注毛坯的尺寸及其公差，同时标注零件的尺寸（加上圆括号）。

④ 标出加工部位。

⑤ 标注技术要求。

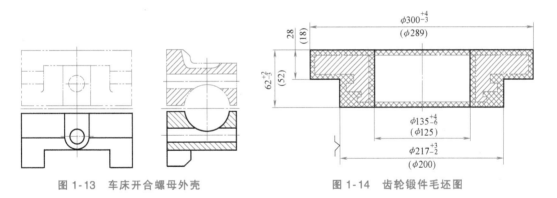

图 1-13 车床开合螺母外壳　　　　图 1-14 齿轮锻件毛坯图

任务 1.3　选择定位基准

在制订工艺规程时，定位基准选择得正确与否，对能否保证零件的尺寸精度和相互位置精度要求，以及对零件各表面的加工顺序安排均有很大的影响。当用夹具安装工件时，定位基准的选择还会影响到夹具结构的复杂程度。因此，定位基准的选择是一个非常重要的工艺问题。

1.3.1　基准及其分类

基准是确定零件上某些点、线、面位置时所依据的那些点、线、面。它是计算、测量或

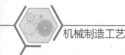

标注尺寸的起点。根据基准功用的不同，可以分为设计基准和工艺基准两大类。

1. 设计基准

设计基准是在零件图上用以确定其他点、线、面位置的基准。它是标注设计尺寸的起点。如图 1-15a 所示，零件上的平面 2、3 的设计基准是平面 1，平面 5、6 的设计基准均是平面 4，孔 7 的设计基准是平面 1 和平面 4；如图 1-15b 所示，齿轮的齿顶圆、分度圆和内孔直径的设计基准均是孔的中心线。

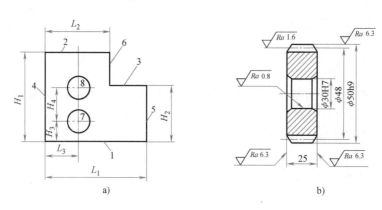

a)

b)

图 1-15　设计基准

2. 工艺基准

在零件加工、测量和装配过程中所使用的基准，称为工艺基准。按用途不同，工艺基准又可分为定位基准、工序基准、测量基准和装配基准。

（1）定位基准　在加工时，用以确定零件在机床夹具中的正确位置所采用的基准，称为定位基准。它是工件上与夹具定位元件直接接触的点、线或面。如图 1-15a 所示，零件的加工平面 3 和 6 是通过平面 1 和 4 在夹具上定位的，所以平面 1 和 4 是加工平面 3 和 6 的定位基准。图 1-15b 中，加工齿轮齿形时是以内孔和一个端面作为定位基准的。

（2）工序基准　在工序图上用来确定本工序所加工表面加工后的尺寸、形状、位置的基准，称为工序基准。图 1-15a 中，加工平面 3 时按尺寸 H_2 进行加工，则平面 1 为工序基准，加工尺寸 H_2 称为工序尺寸。

（3）装配基准　装配时用以确定零件在机器中相对位置所采用的基准，称为装配基准。如图 1-16 所示，齿轮的内孔及端面 A 就是它的装配基准。

（4）测量基准　零件检验时，用以测量已加工表面尺寸及位置的基准，称为测量基准。如图 1-17 所示，A 面就是测量孔深时的测量基准。

需要说明的是：作为基准的点、线、面在工件上并不一定具体存在。例如，中心线、对称平面等，它们是由某些具体存在的表面来体现的，用以体现基准的表面称为基面。例如图 1-15b 中，齿轮的中心线是通过内孔表面来体现的，内孔表面就是基面。

1.3.2　定位基准的选择

选择定位基准是从保证工件加工精度要求出发的，因此应先选择精基准，再据此选择粗基准。

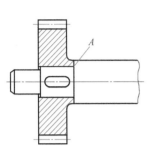

图 1-16 齿轮的装配基准

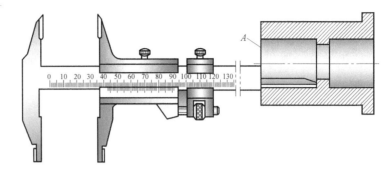

图 1-17 测量基准

1. 精基准的选择

选用经机械加工过的表面作为定位基准，称为精基准。选择精基准时，主要应考虑保证加工精度和安装方便可靠，具体原则如下：

精基准的选择之　精基准的选择之
基准重合与统一　自为与互为基准

（1）基准重合原则　尽可能选择设计基准作为精基准，称为基准重合原则。基准重合可以消除因基准不重合而产生的误差，图 1-18c 所示就是采用设计基准作为定位基准，从而消除了基准不重合误差。图 1-18a 中，零件加工表面 2 的设计基准是表面 3。若选择表面 1 作为定位基准，如图 1-18b 所示，则会使加工尺寸 20mm 产生基准不重合误差，其值即为定位基准至设计基准之间的尺寸 50mm 的公差值 0.25mm。

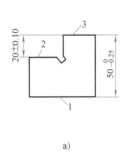 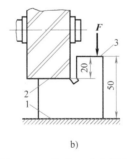 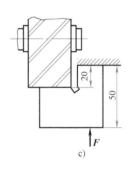

a)　　　　　　　　b)　　　　　　　　c)

图 1-18 基准不重合误差

（2）基准统一原则　尽可能采用同一组基准定位来加工零件上尽可能多的表面，称为基准统一原则。这样可以简化工艺规程，减少夹具设计、制造工作量和成本，缩短生产准备周期。同时，由于减少了基准转换，便于保证各加工表面的相互位置精度。例如，加工轴类零件时采用两中心孔定位加工各外圆表面，加工箱体类零件时采用一面两孔定位进行加工，都符合基准统一原则。

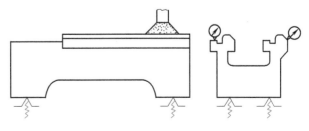

图 1-19 自为基准实例

（3）自为基准原则　对于工件上的重要表面的精加工，必须选加工表面本身作为基准。例如磨削车床导轨面时，利用导轨面作为基准进行找正安装以保证加工余量少而均匀，如图 1-19 所示。

（4）互为基准原则　当对工件上两个相互位置精度要求很高的表面进行加工时，需要用两个表面互相作为基准，反复进行加工，以保证位置精度要求。例如，要保证精密齿轮的齿圈跳动精度，在齿面淬硬后，先以齿面定位磨内孔，再以内孔定位磨齿面，就是互为基准加工。

（5）便于装夹原则　所选精基准应保证工件便于装夹，安装可靠，夹具设计简单，操作方便。

除了上述讨论的原则方法以外，精基准的选择还应考虑相应的夹具设计和工人操作，应保证足够的装夹刚度，使工件变形尽量小，应使装夹表面靠近加工面，以便减少切削力产生的力矩。

2. 粗基准的选择

加工工件时，选用未经机械加工过的毛坯表面作为定位基准，称为粗基准。选择粗基准时，主要要求保证各加工表面有足够的余量，使加工表面与不加工表面间的相互位置精度符合图样要求，并注意要尽快获得精基准面。具体来说，选择粗基准时应遵守如下原则：

1）若主要保证工件上某重要表面的加工余量均匀，则应选择该表面作为粗基准。如图 1-20a 所示，粗加工车床床身时，为保证导轨面有均匀的金相组织和较高的耐磨性，应使其加工余量适当且均匀，因此应选择导轨面作为粗基准，先加工床脚面；再以床脚面为精基准加工导轨面，如图 1-20b 所示。导轨面高频感应淬火后，以导轨面自为基准磨削导轨面。

2）若零件上有某个表面不需要加工，则应选择该表面作为粗基准。这样能保证加工面与不加工面间的相互位置精度。如图 1-21 所示，选 A 面作粗基准。

3）如果工件上有多个不加工表面，则应选择其中与加工面位置精度要求较高的不加工表面为粗基准。

加工重要表面的
粗基准选择

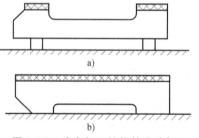
a)

b)

图 1-20　床身加工的粗基准选择

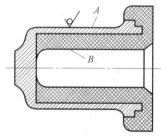

图 1-21　以不加工面为粗基准

4）如果零件上每个表面都需加工时，则应选加工余量和位置误差最小的表面作为粗基准。如图 1-22 所示的零件，毛坯为自由锻的锻件，各表面都需加工，小端外圆的加工余量 5mm 比大端 8mm 少，大、小端外圆存在着轴线偏心距 $e = 3$mm。以小端外圆表面为粗基准，因为偏心量 e 小于大端外圆的单边加工余量 4mm，所以大端外圆的加工余量足够；而以大端外圆为粗基准时，由于小端外圆加工余量小，偏心量 e 大于小端外圆的单边加工余量 2.5mm，小端外圆将有半边无法加工，造成废品。

5）作为粗基准的表面，应尽量平整光洁，有一定面积可以使工件定位可靠，夹紧方便。

6）粗基准在同一自由度方向只能使用一次。因为毛坯面粗糙且精度低，若重复使用将产生较大的误差，如图 1-23 所示。

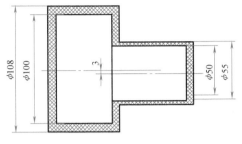

图 1-22 以余量小的表面为粗基准

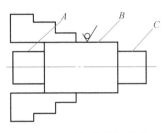

图 1-23 重复使用粗基准
A、C—加工面 B—毛坯面

实际上，无论精基准还是粗基准的选择，上述原则都不可能同时满足，有时甚至互相矛盾。因此，在选择时应根据具体情况进行分析，权衡利弊，保证其主要要求。

3. 辅助定位基准的选择

某些零件由于结构特殊，很难以零件本身的表面作为定位基准，只能在工件上特意做出专门供定位用的表面，或把工件上原有某表面提高其加工精度作定位基准用。这种特意为定位要求而做出的定位表面称为辅助定位基准。如图 1-24 所示，内止口和中心孔为活塞的辅助定位基准。

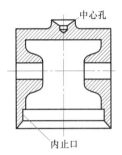

图 1-24 活塞的辅助
定位基准

任务 1.4 拟订机械加工工艺路线

工艺路线的拟订是制订工艺规程的重要内容，其主要任务是选择各表面的加工方法，确定各表面的加工顺序以及整个工艺过程的工序数目和各工序的内容等。

拟订工艺路线时必须从产品质量、生产率及经济性三方面综合考虑，应在保证加工质量的前提下，选择最经济的加工方案。

1.4.1 拟订机械加工工艺路线的基本过程

零件工艺路线的拟订，与零件的加工要求、生产批量及现有生产条件等因素有关，可以提出几种不同的方案，进行分析比较，最后确定一个比较合理的方案。目前还没有一套通用而完整的工艺路线拟订方法，只总结出一些综合性原则，在具体运用这些原则时，应视具体条件综合分析。拟订机械加工工艺路线的基本过程如图 1-25 所示。

1.4.2 表面加工方法的选择

选择表面加工方法时，一般先根据表面精度和表面粗糙度要求选定最终的加工方法，然后再确定精加工前准备工序的加工方法，可以分成几步（阶段）来达到此要求，即确定加工方案。由于获得同一精度和表面粗糙度的加工方法往往有几种，选择时还要考虑生产率要求和经济效益，同时还应考虑零件材料的性质、零件的结构和尺寸大小、生产类型以及工厂的具体生产条件等因素。

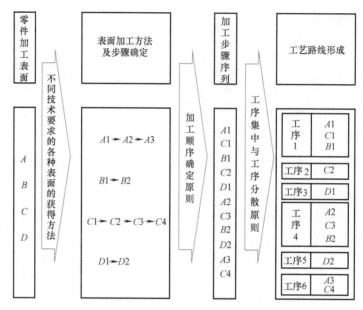

图 1-25　拟订机械加工工艺路线的基本过程

（1）零件材料的性质　零件材料不同，加工方法也不一样。例如，非铁金属不宜采用磨削方法精加工，以免因砂轮堵塞而烧伤零件，而多用高速精车或金刚镗的方法加工；淬硬钢零件的精加工宜用磨削方法。

（2）零件的结构和尺寸　零件的形状结构、尺寸大小也会影响加工方法的选择。例如，箱体上的小孔都用铰孔，大孔则用镗孔；对回转体零件，可以在车床上加工内孔。

（3）生产类型　选择加工方法要与生产类型相适应。大批大量生产应选用生产率高和质量稳定的加工方法。例如，平面和孔大批大量生产时采用拉削加工；单件小批生产时则宜采用刨削、铣削平面和钻、扩、铰孔加工。

（4）具体生产条件　应充分利用现有设备和工艺手段，发挥创造性，挖掘潜力。还要重视新工艺和新技术，提供工艺水平。

（5）特殊要求　除此之外，还要考虑一些特殊要求，如表面纹路方向的要求等。

表 1-10～表 1-12 分别列出了外圆表面、平面和内孔表面的加工方案，可供选择时参考。

表 1-10　外圆表面加工方案

序号	加工方案	经济精度	经济表面粗糙度值 $Ra/\mu m$	适用范围
1	粗车	IT11 以下	12.5 以上	适用于淬火钢以外的各种金属
2	粗车—半精车	IT8～IT10	3.2～6.3	
3	粗车—半精车—精车	IT7～IT8	0.8～1.6	
4	粗车—半精车—精车—滚压（或抛光）	IT7～IT8	0.025～0.2	
5	粗车—半精车—磨削	IT7～IT8	0.4～0.8	主要适于淬火钢，也可用于非淬火钢，但不宜加工非铁金属
6	粗车—半精车—粗磨—精磨	IT6～IT7	0.1～0.4	
7	粗车—半精车—粗磨—精磨—超精加工（或轮式超精磨）	IT5	0.012～0.1	

（续）

序号	加工方案	经济精度	经济表面粗糙度值 $Ra/\mu m$	适用范围
8	粗车—半精车—精车—金刚石车	IT6~IT7	0.025~0.4	主要用于要求较高的非铁金属加工
9	粗车—半精车—粗磨—精磨—超精磨或镜面磨	IT5以上	0.008~0.025	极高精度的外圆加工
10	粗车—半精车—粗磨—精磨—研磨	IT5以上	0.008~0.1	

表1-11 平面加工方案

序号	加工方案	经济精度	经济表面粗糙度值 $Ra/\mu m$	适用范围
1	粗车	IT11以下	12.5以上	端面加工
2	粗车—半精车	IT8~IT10	3.2~6.3	
3	粗车—半精车—精车	IT7~IT8	0.8~1.6	
4	粗车—半精车—磨削	IT6~IT8	0.2~0.8	
5	粗刨（或粗铣）	IT11以下	6.3~12.5	一般加工不淬硬平面（端铣 Ra 值较小）
6	粗刨（或粗铣）—精刨（或精铣）	IT8~IT10	1.6~6.3	
7	粗刨（或粗铣）—精刨（或精铣）—刮研	IT6~IT7	0.1~0.8	精度较高的不淬硬平面，批量大时宜采用序号8方案
8	以宽刃精刨代替上述刮研	IT7	0.2~0.8	
9	粗刨（或粗铣）—精刨（或精铣）—磨削	IT7	0.2~0.8	精度要求高的平面加工
10	粗刨（或粗铣）—精刨（或精铣）—粗磨—精磨	IT6~IT7	0.025~0.4	
11	粗铣—拉	IT7~IT9	0.2~0.8	大批量生产较小的平面（精度由拉刀的精度决定）
12	粗铣—精铣—磨削—研磨	IT5以上	0.008~0.1	高精度平面

表1-12 内孔表面加工方案

序号	加工方案	经济精度	经济表面粗糙度值 $Ra/\mu m$	适用范围
1	钻	IT11以下	12.5以上	加工未淬火钢及铸铁的实心毛坯，也适于非铁金属加工。孔径小于 $\phi15mm$
2	钻—铰	IT8~IT10	1.6~6.3	
3	钻—粗铰—精铰	IT7~IT8	0.8~1.6	
4	钻—扩	IT10~IT11	6.3~12.5	加工未淬火钢及铸铁的实心毛坯，也适于非铁金属加工。孔径大于 $\phi15mm$
5	钻—扩—铰	IT8~IT9	1.6~3.2	
6	钻—扩—粗铰—精铰	IT7	0.8~1.6	
7	钻—扩—机铰—手铰	IT6~IT7	0.2~0.4	
8	钻—扩—拉	IT7~IT9	0.1~1.6	大批大量生产（精度由拉刀的精度而定）
9	粗镗（或扩孔）	IT11以下	6.3~12.5	除淬火钢以外的各种材料，毛坯已有底孔
10	粗镗（粗扩）—半精镗（精扩）	IT9~IT10	1.6~3.2	

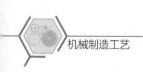
（续）

序号	加工方案	经济精度	经济表面粗糙度值 $Ra/\mu m$	适用范围
11	粗镗（粗扩）—半精镗（精扩）—精镗（铰）	IT7～IT8	0.8～1.6	除淬火钢以外的各种材料，毛坯已有底孔
12	粗镗（粗扩）—半精镗（精扩）—精镗—浮动镗刀精镗	IT6～IT7	0.4～0.8	
13	粗镗（粗扩）—半精镗—磨孔	IT7～IT8	0.2～0.8	主要适于淬火钢，也可用于非淬火钢，但不宜加工非铁金属
14	粗镗（粗扩）—半精镗—粗磨—精磨	IT6～IT7	0.1～0.2	
15	粗镗—半精镗—精镗—精细镗（金刚镗）	IT6～IT7	0.05～0.4	主要用于要求较高的非铁金属加工
16	钻—（扩）—粗铰—精铰—珩磨；钻—（扩）—拉—珩磨；粗镗—半精镗—精镗—珩磨	IT6～IT7	0.025～0.2	适于很高精度的孔加工
17	以研磨代替上述方法中的珩磨	IT5～IT6	0.008～0.1	

需要注意的是：任何一种加工方法，可以获得的精度和表面粗糙度均有一个较大的范围。例如，精细地操作、选择低的切削用量，可获得较高的精度，但是又会降低生产率，提高成本。反之，若增加切削用量以提高生产率，虽然成本降低了，但获得的精度也较低。所以，只有在一定的精度范围内才是经济的，这个一定范围的精度就是指在正常加工条件下（即不采用特别的工艺方法，不延长加工时间）所能达到的精度，称为经济精度。相应的表面粗糙度称为经济表面粗糙度。在大批生产中，为了保证较高的生产率和成品率，往往选择加工精度范围的上限（即用高精度的加工方法去加工较低精度的工件表面）。而在小批生产中，由于生产条件的不完善，往往选择加工精度范围的下限。

1.4.3 加工阶段的划分

在制订工艺路线时，为确定各表面的加工顺序和工序的数目，生产中已总结出一些指导性原则及具体安排中应注意的问题，工艺过程中划分加工阶段的原则就是其中之一。当零件的加工质量要求较高时，往往不可能在一个工序内集中完成全部加工工作，而是要把整个加工过程划分为几个阶段，即粗加工、半精加工、精加工阶段及光整加工阶段等。

1. 工艺过程的四个加工阶段

（1）粗加工阶段　粗加工阶段主要是切除各表面上的大部分余量，因此主要问题是如何获得高的生产率。

（2）半精加工阶段　半精加工阶段的主要任务是达到一般的技术要求，即完成次要表面的加工，并为主要表面的精加工做准备，一般在最终热处理前进行。

（3）精加工阶段　精加工阶段的主要任务是保证各主要表面达到图样规定的质量要求。

（4）光整加工阶段　对于表面粗糙度和尺寸精度要求很高（例如标准公差等级为IT6及以上，表面粗糙度值 $Ra \leqslant 0.32\mu m$）的零件表面，还需要进行光整加工。光整加工阶段以提高加工的尺寸精度和降低表面粗糙度值为主，一般不能用来提高形状精度和位置精度。

应当指出：加工阶段的划分是指零件加工的整个过程而言，不能以某一表面的加工或某

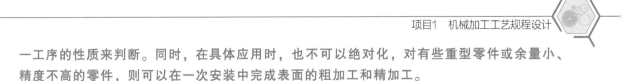

一工序的性质来判断。同时，在具体应用时，也不可以绝对化，对有些重型零件或余量小、精度不高的零件，则可以在一次安装中完成表面的粗加工和精加工。

2. 划分加工阶段的原因

（1）利于保证加工质量　在粗加工时，由于加工余量大，工件所受的切削力、夹紧力也大，将引起较大的变形，如不分阶段连续进行粗、精加工，上述变形来不及恢复，将影响零件的最终加工精度。所以，需要划分加工阶段，逐步恢复和修正变形，逐步提高加工质量。

（2）便于合理使用设备　粗加工要求采用刚度好、效率高而精度较低的机床；精加工则要求机床精度高。划分加工阶段后，可避免以粗干精或以精干粗，充分发挥机床的性能，延长其使用寿命。

（3）便于安排热处理工序和检验工序　粗加工之后，往往要安排去应力热处理，以消除内应力；一般也要安排检验工序，以便尽早发现不合格品。精加工前经常要安排淬火等最终热处理，热处理产生的变形可以通过精加工予以消除。

（4）便于及时发现毛坯缺陷，以及避免损伤已加工表面　毛坯经粗加工阶段后，缺陷即已暴露，可及时发现和处理。同时，精加工工序安排在最后，可避免加工完成的表面在搬运和夹紧中受损伤。

1.4.4　加工顺序的安排

1. 切削加工顺序的安排

安排切削加工顺序总的原则是前面工序为后续工序创造条件，尽快提供精基准。具体原则如下：

（1）先粗后精　零件的加工一般应划分加工阶段，先进行粗加工，然后半精加工，最后是精加工和光整加工，应将粗、精加工分开进行。

（2）先主后次　先安排主要表面的加工，后进行次要表面的加工。因为主要表面加工容易出废品，应放在前阶段进行，以减少工时浪费；次要表面的加工面积较小，精度要求一般也较低，与主要表面有位置要求，应在主要表面的相应加工之后进行加工。

（3）先面后孔　加工时，应先加工平面，后加工内孔。因为平面一般面积较大，轮廓平整，易于加工。先加工好平面，便于加工孔时的定位安装，利于保证孔与平面的位置精度，同时也为孔加工带来方便，能改善孔加工刀具的初始工作条件。

（4）基准先行　用作精基准的表面，需首先加工出来。所以，第一道工序一般是进行定位表面的粗加工和半精加工（有时包括精加工），然后再以精基准表面定位加工其他表面。

2. 热处理工序的安排

热处理可以提高材料的力学性能，改善金属的切削性能以及消除残余应力。在制订工艺路线时，应根据零件的技术要求和材料的性质，合理安排热处理工序。根据其目的与作用不同可分为预备热处理和最终热处理。

（1）预备热处理　预备热处理主要包括时效处理、正火处理、退火处理和调质处理等。

① 时效处理可以消除内应力、减少工件变形。一般安排在粗加工的前后，对于精密零件，可安排多次时效处理。

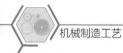

② 正火与退火处理的目的是消除内应力、细化晶粒、改善组织及切削加工性能，为最终热处理做准备。高碳钢采用退火，低碳钢采用正火。一般安排在粗加工之前。

③ 调质处理即对零件淬火后再高温回火，它能消除内应力、改善切削加工性能并能获得良好的综合力学性能。对一些性能要求不高的零件，调质也常作为最终热处理。

（2）最终热处理　最终热处理主要指淬火处理、渗碳淬火处理及渗氮处理等，主要目的是提高零件的硬度和耐磨性，常安排在精加工（磨削）之前进行。其中渗氮由于热处理温度较低，零件变形很小，也可以安排在精加工之后。

3. 辅助工序的安排

为了保证加工质量及工艺过程的顺利进行，还需安排必要的辅助工序。检验是主要的辅助工序。除每道工序由操作者自行检验外，还需要在粗加工之后、精加工之前、零件转换车间时、重要工序之后、全部加工完毕、进库之前等情况下安排检验工序。

除检验外，还有表面强化、去毛刺、倒棱、清洗和防锈等其他辅助工序。注意不要遗漏，要同等重视。

1.4.5　工序的集中与分散

零件的加工顺序确定以后，如何将这些内容组成工序，就需要考虑采用工序集中还是工序分散的方法。两种划分工序的指导思想各有特点，应根据具体情况，酌情使用。

1. 工序集中

每道工序包含的加工内容多，整个工艺过程的工序少、工艺路线短，称为工序集中。其主要特点是：

① 可以采用高效率机床和工艺装备，生产率高。

② 可以减少机床、操作工人的数量，从而节省车间面积、简化生产计划和生产组织工作。

③ 便于一次安装完成多个表面加工，减少了工件的安装次数，有利于保证加工表面之间的相互位置精度。

④ 采用的工装设备结构复杂，调整维修困难，生产准备工作量大。

2. 工序分散

每道工序包含的加工内容少，零件的加工分散在很多工序中完成，此时工艺路线长、工序多，称之为工序分散。工序分散的特点是：

① 机床设备及安装结构简单，便于调整，容易实现产品的变换。

② 工人技术要求低。由于每一个人只需要掌握该工序很少的加工内容所需要的技术，所以相对的技术要求较低。

③ 可以采用最合理的切削用量，减少机动时间。

④ 所需设备和工艺装备的数量多，操作工人多，占地面积大。

在拟订工艺路线时，工序集中或分散的程度主要取决于生产规模、零件的结构特点和技术要求，有时还要考虑各工序生产节拍的一致性。一般情况下，单件小批生产时，只能工序集中，在一台普通机床上加工出尽量多的表面；大批大量生产时，既可以采用多刀、多轴等高效、自动机床，将工序集中，也可以将工序分散后组织流水生产。批量生产应尽可能采用效率较高的半自动机床，使工序适当集中。

对于重型零件，为了减少工件装卸和运输的劳动量，工序应适当集中；对于刚度差且精度高的精密零件，则工序应适当分散。

从发展趋势来看，倾向于采用工序集中的方法来组织生产。

1.4.6　机床及工艺装备的选择

在制订工艺规程时，需要确定各工序加工时所需要的加工设备及工艺装备。加工设备是指完成工艺过程的主要生产装置，如各种机床、加热炉等；工艺装备是指产品在制造过程中所采用的各种工具的总称，包括夹具、刀具、辅具、量具、模具等，简称为工装。对同一零件的同一表面的加工，可采用多种不同的设备与工装，但其生产率与成本是不一样的，只有选择合适的设备与工装，才能满足优质、高产、低成本的要求。设备与工装等的选择应注意以下几点：

（1）设备与工装的尺寸规格　设备与工装的主要规格、尺寸应与工件的外廓尺寸相适应。

（2）设备与工装的精度范围　设备与工装的工作精度范围应与零件加工时某工序所要求的精度相适应。低精度零件用高精度设备或工装加工，会使加工费用增大，并使设备与工装的精度下降；而高精度零件在低精度设备上加工一般来说不能满足零件的加工精度要求。

（3）设备与工装的生产率　设备与工装的生产率与零件加工的生产类型相适应。对单件小批生产，应尽量选择通用设备、通用夹具、标准刀具、通用量具等；对大批量生产，应选择专用设备、夹具、量具，选择组合与专用刀具；对单件小批生产的高精度零件，也可以选择数控机床或加工中心加工，以保证高质量、高效率。

（4）结合企业生产现场情况　设备与工装的选择应结合本企业生产的实际情况，应优先选择本企业现有的设备与工装，充分挖掘潜力，取得良好的经济效益。在保证加工质量、生产率及生产成本的前提下，也可组织外协加工。在个别情况下，单件生产大型零件时，若缺乏大型设备也可采用"蚂蚁啃骨头"的办法以小干大。

（5）切削用量　正确选择切削用量，对满足加工精度、提高生产率、降低刀具的消耗意义很大。在一般工厂，由于工件材料、毛坯状况、刀具的材料与几何角度及机床刚度等工艺因素的变化较大，故在工艺文件上不规定切削用量，而由操作者根据实际情况自己确定。但是在大批量生产中，特别是流水线或自动线生产上，必须合理地确定每一道工序的切削用量。确定切削用量可查有关的工艺手册，或按经验估计而定。

（6）工时定额　工时定额是完成某一工序所规定的时间。工时定额的确定可采用理论计算并参照现场工人的生产实际情况，在充分调查研究、广泛征求工人意见的基础上实事求是地予以确定。

任务1.5　加工余量的确定及工序尺寸

从毛坯加工至成品的过程中一般包括多道工序，每道工序所应保证的尺寸称为工序尺寸，它们是逐步向设计尺寸逼近的。编制工艺规程的一个重要工作就是确定每道工序的工序尺寸及其公差，当基准重合表面多次加工时，确定工序尺寸必须预先知道每次的加工余量。

为了使加工表面达到所需的精度和表面质量而切除的表层金属称为加工余量，确定加工余量是制订加工工艺的重要内容之一。加工余量过大，不但浪费金属，增加切削工时，增大机床和刀具的载荷和磨损，有时还会将加工表面所需保留的耐磨表面层（如床身导轨表面）切掉；加工余量过小，则不能消除前道工序的误差和表层缺陷，以致产生废品，或者使刀具切削在很硬的表层（如氧化皮、白口层）上，导致刀具急剧磨损。

1.5.1 加工余量的确定

1. 工序余量

工序余量是指某一表面在一道工序中切除的金属层厚度。工序余量等于前后两道工序基本尺寸之差，如图 1-26 所示。

1）加工余量均是非对称的单边余量。

对于外表面（图 1-26a），加工余量为

$$Z = a - b$$

对于内表面（图 1-26b），加工余量为

$$Z = b - a$$

式中　Z——本工序的工序余量；

　　　a——前工序的工序基本尺寸；

　　　b——本工序的工序基本尺寸。

2）旋转表面的加工余量是双边余量。

对于外表面（图 1-26c），加工余量为

$$Z = d_a - d_b$$

对于内表面（图 1-26d），加工余量为

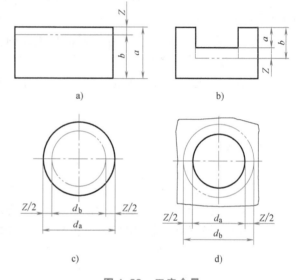

图 1-26　工序余量

$$Z = d_b - d_a$$

式中　Z——本工序的工序余量；

　　　d_a——前工序的直径；

　　　d_b——本工序的直径。

当加工某个表面的工序分为几个工步时，则相邻两个工步尺寸之差就是工步余量。它是某个工步在加工表面上切除的金属层厚度。

2. 工序基本余量、最大余量、最小余量及余量公差

由于毛坯制造和各个工序尺寸都存在着误差，因此，加工余量也是个变动值。当工序尺寸用基本尺寸计算时，所得的加工余量称为基本余量或称公称余量。

最小余量（Z_{min}）是保证该工序加工表面的精度和质量所需切除的金属层最小厚度。最大余量（Z_{max}）是该工序余量的最大值。以图 1-27a 所示的外表面为例来计算基本余量、最大余量和最小余量，其他各类表面的情况与此类似。

当尺寸 a、b 均等于工序基本尺寸时，基本余量为：

$$Z = a - b$$

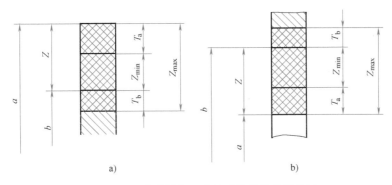

图 1-27　工序余量与工序尺寸及其公差的关系

a）被包容面（轴）　b）包容面（孔）

则最小余量为 $\qquad$ $Z_{\min} = a_{\min} - b_{\max}$

而最大余量为 $\qquad$ $Z_{\max} = a_{\max} - b_{\min}$

由图 1-27a、b 可以看出，工序余量和工序尺寸公差的关系式为

$$Z = Z_{\min} + T_a$$

$$Z_{\max} = Z + T_b = Z_{\min} + T_a + T_b$$

式中　T_a——前工序的工序尺寸公差；

T_b——本工序的工序尺寸公差。

余量公差是加工余量的变动范围，其计算式为

$$T_Z = Z_{\max} - Z_{\min} = T_a + T_b$$

式中　T_Z——本工序余量公差。

所以，余量公差等于前工序与本工序的工序尺寸公差之和。

工序尺寸公差带的布置一般都采用"单向、入体"原则。即在数值上：对于被包容面（轴类），公差都标成下极限偏差，取上极限偏差为零；对于包容面（孔），公差都标成上极限偏差，取下极限偏差为零。但是，孔中心距尺寸和毛坯尺寸的公差带一般都采取"双向对称"布置。

3. 总加工余量

总加工余量是指零件从毛坯变为成品时从某一表面所切除的金属层总厚度，其值等于某一表面的毛坯尺寸与零件设计尺寸之差，也等于该表面各工序余量之和。总加工余量的计算式为

$$Z_{总} = \sum Z_i$$

式中　Z_i——第 i 道工序的工序余量。

总加工余量也是一个变动值，其值及其公差一般可以从有关手册中查得或凭经验确定。

图 1-28 所示为轴和孔的加工余量与加工尺寸的分布关系。

4. 加工余量的影响因素

为了合理确定加工余量，首先必须了解影响加工余量的因素。影响加工余量的主要因素有：

1）上一道工序的表面粗糙度值 Ra 和表面缺陷层 S_a。为了保证加工质量，本工序中必须减小上一道工序留下的微观几何形状误差，并将由于切削加工而在表面留下的一层组织已

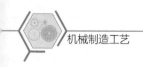

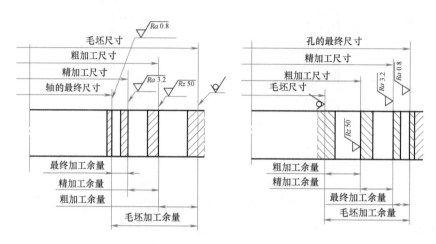

图 1-28　轴和孔的加工余量和加工尺寸的分布关系

遭破坏的塑性变形层全部切除。

2）上一道工序的尺寸公差 T_a。由于工序尺寸有公差，上一道工序的实际工序尺寸有可能出现上极限尺寸或下极限尺寸。为了使本工序的实际工序尺寸在极限尺寸范围内，本工序的加工余量应包括上一道工序的公差。

3）工件各表面相互位置的空间偏差 $\boldsymbol{\rho}_a$。工件有些形状偏差和位置偏差不包括在尺寸公差的范围内，但这些误差又必须在本工序的加工中纠正。

4）本工序的安装误差 $\boldsymbol{\varepsilon}_b$。

所以，本工序加工余量的计算公式为：

用于双边余量时 　　　　　　$Z \geqslant T_a + 2(Ra + S_a) + 2|\boldsymbol{\rho}_a + \boldsymbol{\varepsilon}_b|$

用于单边余量时 　　　　　　$Z \geqslant T_a + Ra + S_a + 2|\boldsymbol{\rho}_a + \boldsymbol{\varepsilon}_b|$

$\boldsymbol{\rho}_a$ 与 $\boldsymbol{\varepsilon}_b$ 均是空间误差，方向未必相同，所以它们的合成应为向量和，然后取其模。

需要注意的是：对于不同零件和不同工序，上述公式中各部分的数值与表现形式也各有不同。

5. 确定加工余量的方法

（1）分析计算法　应用上述加工余量计算公式通过计算确定余量。此法必须要有可靠的实际数据资料，目前应用较少。

（2）经验估计法　技术人员根据工厂的生产技术水平，靠经验来确定加工余量。为防止余量不足而产生废品，通常所取的加工余量都偏大。此法一般用于单件小批生产。

（3）查表修正法　根据各工厂长期的生产实践与试验研究所积累的有关加工余量资料，制成各种表格并汇编成手册，如机械加工工艺手册、机械工程师手册、工艺设计手册等，确定加工余量时，查阅这些手册，再根据本厂实际加工情况进行适当修正后确定。目前此法应用较为普遍。

总之，确定加工余量的基本原则是在保证加工质量的前提下尽量减少加工余量。

表 1-13 和表 1-14 列出了铸铁件的机械加工余量及毛坯尺寸的极限偏差，表 1-15～表1-18列出了平面、外圆和内孔的部分常见加工方法的加工余量或工序尺寸，可供参考。

表 1-13　铸铁件的机械加工余量　　（单位：mm）

铸铁件最大尺寸	浇注时位置	公称尺寸																	
		1级精度						2级精度						3级精度					
		≤50	>50~120	>120~260	>260~500	>500~800	>800~1250	≤50	>50~120	>120~260	>260~500	>500~800	>800~1250	≤50	>50~120	>120~260	>260~500	>500~800	>800~1250
≤120	顶面	2.5	2.5					3.5	4.0					4.5					
	底面及侧面	2	2					2.5	3.0					3.5					
>120~260	顶面	2.5	3.0	3.0				4.0	4.5	5.0				5.0		5.5			
	底面及侧面	2	2.5	2.5				3.0	3.5	4.0				4.0		4.5			
>260~500	顶面	3.5	3.5	4.0	4.5			4.5	5.0	6.0	6.5			6.0		7.0	7.0		
	底面及侧面	2.5	3.0	3.5	3.5			3.5	4.0	4.5	5.0			4.5		6.0	6.0		
>500~800	顶面	4.5	4.5	5.0	5.5	5.5		5.0	6.0	6.5	7.0	7.5		7.0		7.0	8.0	9.0	
	底面及侧面	3.5	3.5	4.0	4.5	4.5		4.0	4.5	4.5	5.0	5.5		5.0		6.0	6.0	7.0	
>800~1250	顶面	5.0	5.0	6.0	6.5	7.0	7.0	6.0	7.0	7.0	7.5	8.0	8.5	7.0		8.0	8.0	9.0	10.0
	底面及侧面	3.5	4.0	4.5	4.5	5.0	5.0	4.0	5.0	5.0	5.5	5.5	6.5	5.5		6.0	6.0	7.0	7.5

表 1-14　铸铁件毛坯尺寸的极限偏差　　（单位：mm）

铸铁件最大尺寸	公称尺寸																	
	1级精度						2级精度						3级精度					
	≤50	>50~120	>120~260	>260~500	>500~800	>800~1250	≤50	>50~120	>120~260	>260~500	>500~800	>800~1250	≤50	>50~120	>120~260	>260~500	>500~800	>800~1250
≤120	±0.2	±0.3					±0.5	±0.8					±1.0					
>120~260	±0.3	±0.4	±0.6				±0.8	±1.0	±1.2				±1.5	±2.0	±2.5			
>260~500	±0.4	±0.6	±0.8	±1.0			±1.0	±1.2	±1.5	±2.0			±1.8	±2.2	±3.0			
>800~1250	±0.6	±0.8	±1.0	±1.2	±1.4	±1.6	±1.2	±1.5	±2.0	±2.5	±3.0		±2.2				±4.0	±5.0

表 1-15　平面加工余量　　　　　　　　　（单位：mm）

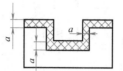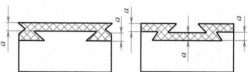

加工性质	加工表面长度	加工表面宽度					
		≤100		>100~300		>300~1000	
		余量 a	公差	余量 a	公差	余量 a	公差
粗加工后精刨或精铣	≤300	1.0	0.3	1.5	0.5	2.0	0.7
	>300~1000	1.5	0.5	2.0	0.7	2.5	1.0
	>1000~2000	2.0	0.7	2.5	1.2	3.0	1.2
精加工后磨削,零件安装时未经校准	≤300	0.3	0.10	0.4	0.12	—	—
	>300~1000	0.4	0.12	0.5	0.15	0.6	0.15
	>1000~2000	0.5	0.15	0.6	0.15	0.7	0.15
精加工后磨削,零件安装在夹具中或用千分表校准	≤300	0.2	0.10	0.25	0.12	—	—
	>300~1000	0.25	0.12	0.30	0.15	0.4	0.15
	>1000~2000	0.3	0.15	0.40	0.15	0.4	0.15
刮	≤300	0.15	0.06	0.15	0.06	0.2	0.10
	>300~1000	0.2	0.10	0.20	0.10	0.25	0.12
	>1000~2000	0.25	0.12	0.25	0.12	0.30	0.15

注：1. 表中数值为每一加工表面的加工余量。
　　2. 当精刨或精铣时，最后一次行程前留的余量应≥0.5mm。
　　3. 热处理的零件磨前的加工余量需将表中数值乘以1.2。

表 1-16　加工公差带为 H7 的孔的工序尺寸　　　　　（单位：mm）

加工孔的直径	直径					
	钻		镗	扩	粗铰	精铰
	第1次	第2次				
3	2.9					3H7
4	3.9					4H7
5	4.8					5H7
6	5.8					6H7
8	7.8				7.96	8H7
10	9.8				9.96	10H7
12	11.0			11.85	11.95	12H7
13	12.0			12.85	12.95	13H7
14	13.0			13.85	13.95	14H7
15	14.0			14.85	14.95	15H7
16	15.0			15.85	15.95	16H7
18	17.0			17.85	17.94	18H7
20	18.0		19.8	19.8	19.94	20H7
22	20.0		21.8	21.8	21.94	22H7
24	22.0		23.8	23.8	23.94	24H7

（续）

加工孔的直径	直径					
	钻		镗	扩	粗铰	精铰
	第1次	第2次				
25	23.0		24.8	24.8	24.94	25 H7
26	24.0		25.8	25.8	25.94	26 H7
28	26.0		27.8	27.8	27.94	28 H7
30	15.0	28.0	29.8	29.8	29.93	30 H7
32	15.0	30.0	31.7	31.75	31.93	32 H7
35	20.0	33.0	34.7	34.75	34.93	35 H7
38	20.0	36.0	37.7	37.75	37.93	38 H7
40	25.0	38.0	39.7	39.75	39.93	40 H7
42	25.0	40.0	41.7	41.75	41.93	42 H7
45	25.0	43.0	44.7	44.75	44.93	45 H7
48	25.0	46.0	47.7	47.75	47.93	48 H7
50	25.0	48.0	49.7	49.75	49.93	50 H7
60	30.0	55.0	59.5	59.5	59.9	60 H7
70	30.0	65.0	69.5	69.5	69.9	70 H7
80	30.0	75.0	79.5	79.5	79.9	80 H7
90	30.0	80.0	89.3	—	89.8	90 H7
100	30.0	80.0	99.3	—	99.8	100 H7
120	30.0	80.0	119.3	—	119.8	120 H7
140	30.0	80.0	139.3	—	139.8	140 H7
160	30.0	80.0	159.3	—	159.8	160 H7
180	30.0	80.0	179.3	—	179.8	180 H7

注：1. 在铸铁上加工直径到 φ15mm 时，不用扩孔钻扩孔。

2. 磨削作为孔的最后加工方法时，精镗后的直径参阅表1-17。

表 1-17　磨削内孔的加工余量　　　　　　　　　　　　　（单位：mm）

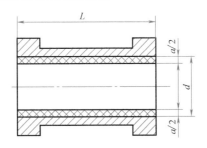

孔的直径 d	零件性质	磨孔的长度 L					磨前加工的公差等级
		≤50	>50~100	>100~200	>200~300	>300~500	
		直径余量 a					
≤10	未淬硬	0.2					IT11
	淬硬	0.2					
>10~18	未淬硬	0.2	0.3				
	淬硬	0.3	0.4				

（续）

孔的直径 d	零件性质	磨孔的长度 L					磨前加工的公差等级
		≤50	>50~100	>100~200	>200~300	>300~500	
		直径余量 a					
>18~30	未淬硬	0.3	0.3	0.4			IT11
	淬硬	0.3	0.4	0.4			
>30~50	未淬硬	0.3	0.3	0.4	0.4		
	淬硬	0.4	0.4	0.4	0.5		
>50~80	未淬硬	0.4	0.4	0.4	0.4		
	淬硬	0.4	0.5	0.5	0.5		
>80~120	未淬硬	0.5	0.5	0.5	0.5	0.6	
	淬硬	0.5	0.5	0.5	0.6	0.7	
>120~180	未淬硬	0.6	0.6	0.6	0.6	0.6	
	淬硬	0.6	0.6	0.6	0.6	0.7	
>180~260	未淬硬	0.6	0.6	0.7	0.7	0.7	
	淬硬	0.7	0.7	0.7	0.7	0.8	
>260~360	未淬硬	0.7	0.7	0.7	0.8	0.8	
	淬硬	0.7	0.8	0.8	0.8	0.9	
>360~500	未淬硬	0.8	0.8	0.8	0.8	0.8	
	淬硬	0.8	0.8	0.8	0.9	0.9	

注：1. 当加工在热处理时易变形的薄壁轴套时需将表中数值乘以1.2。

2. 单件小批生产时，本表数值应乘以1.3并取小数点后一位。

表 1-18　磨削外圆的加工余量　　　　　　　（单位：mm）

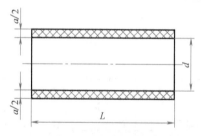

轴的直径 d	磨削方法	零件性质	轴的长度 L						磨前加工的公差等级
			≤100	>100~250	>250~500	>500~800	>800~1200	>1200~2000	
			直径余量 a						
≤10	中心磨	未淬硬	0.2	0.2	0.3				IT11
		淬硬	0.3	0.3	0.4				
	无心磨	未淬硬	0.2	0.2	0.2				
		淬硬	0.3	0.3	0.4				
>10~18	中心磨	未淬硬	0.2	0.3	0.3	0.3			
		淬硬	0.3	0.3	0.4	0.5			
	无心磨	未淬硬	0.2	0.2	0.2	0.3			
		淬硬	0.3	0.3	0.4	0.5			

（续）

轴的直径 d	磨削方法	零件性质	轴的长度 L						磨前加工的公差等级
			≤100	>100~250	>250~500	>500~800	>800~1200	>1200~2000	
			直径余量 a						
>18~30	中心磨	未淬硬	0.3	0.3	0.3	0.4	0.4		
		淬硬	0.3	0.4	0.4	0.5	0.6		
	无心磨	未淬硬	0.3	0.3	0.3	0.3			
		淬硬	0.3	0.4	0.4	0.5			
>30~50	中心磨	未淬硬	0.3	0.3	0.4	0.5	0.6	0.6	
		淬硬	0.4	0.4	0.5	0.6	0.7	0.7	
	无心磨	未淬硬	0.3	0.3	0.3	0.4			
		淬硬	0.4	0.4	0.5	0.5			
>50~80	中心磨	未淬硬	0.3	0.4	0.4	0.5	0.6	0.7	
		淬硬	0.4	0.5	0.5	0.6	0.8	0.9	
	无心磨	未淬硬	0.3	0.3	0.3	0.4			
		淬硬	0.4	0.5	0.5	0.6			
>80~120	中心磨	未淬硬	0.4	0.4	0.5	0.5	0.6	0.7	IT11
		淬硬	0.5	0.5	0.6	0.6	0.8	0.9	
	无心磨	未淬硬	0.4	0.4	0.4	0.5			
		淬硬	0.5	0.5	0.6	0.7			
>120~180	中心磨	未淬硬	0.5	0.5	0.6	0.6	0.7	0.8	
		淬硬	0.5	0.6	0.7	0.8	0.9	1.0	
	无心磨	未淬硬	0.5	0.5	0.5	0.5			
		淬硬	0.5	0.6	0.7	0.8			
>180~260	中心磨	未淬硬	0.5	0.6	0.6	0.7	0.8	0.9	
		淬硬	0.6	0.7	0.7	0.8	0.9	1.1	
>260~360	中心磨	未淬硬	0.6	0.6	0.7	0.7	0.8	0.9	
		淬硬	0.7	0.7	0.8	0.9	1.0	1.1	
>360~500	中心磨	未淬硬	0.7	0.7	0.8	0.8	0.9	1.0	
		淬硬	0.8	0.8	0.9	0.9	1.0	1.2	

注：1. 决定加工余量的轴的长度计算，可参阅《金属机械加工工艺人员手册》。

2. 单件小批生产时，本表数值应乘以 1.2 并取小数点后一位。

在确定加工余量时，要分别确定加工总余量（毛坯余量）和工序余量。加工总余量的大小与选择的毛坯精度有关。用查表法确定工序余量时，粗加工余量不能用查表法得到，而是由总余量减去其他各工序余量之和得到。

1.5.2 工序尺寸及其公差的确定

当工序基准、定位基准或测量基准与设计基准重合，表面多次加工时，如轴、孔和某些平面的加工，其工序尺寸及其公差的计算只需考虑各工序的加工余量和所能达到的精度。计算顺序是由最后一道工序开始向前推算，计算步骤如下：

① 查表确定或凭经验估计加工总余量和工序余量。

② 求工序基本尺寸。从设计尺寸开始，由工序余量计算公式一直倒着推算到毛坯尺寸，某工序基本尺寸等于后道工序尺寸加上或减去后道工序余量。

③ 确定工序尺寸公差。最终工序尺寸及公差等于设计尺寸及公差，其余工序公差按经济精度确定，见表1-10~表1-12。

④ 标注工序尺寸及其偏差。最后一道工序的公差按设计尺寸标注，其余工序尺寸公差按"单向入体"原则标注，毛坯尺寸公差按对称偏差标注。

例1-1 某轴类零件，其外圆经"粗车—精车—粗磨—精磨"达到设计要求 $\phi30_{-0.013}^{0}$ mm，表面粗糙度值为 $Ra0.4\mu m$。试确定各工序尺寸及其偏差。

解：根据前述的计算步骤，通过查表或凭经验，确定加工总余量及其公差、工序余量及其经济精度和经济表面粗糙度，然后计算工序基本尺寸，结果见表1-19。

表1-19 工序尺寸及公差的计算 （单位：mm）

工序名称	工序余量	工序基本尺寸	经济精度等级	经济表面粗糙度值 $Ra/\mu m$	工序尺寸及其极限偏差
精磨	0.1	30	h6($_{-0.013}^{0}$)	0.4	$\phi30_{-0.013}^{0}$
粗磨	0.4	30+0.1=30.1	h7($_{-0.025}^{0}$)	0.8	$\phi30.1_{-0.025}^{0}$
精车	1.5	30.1+0.4=30.5	h9($_{-0.062}^{0}$)	3.2	$\phi30.5_{-0.062}^{0}$
粗车		30.5+1.5=32	h12($_{-0.250}^{0}$)	12.5	$\phi32_{-0.250}^{0}$
毛坯	8	30+8=38	±1.2		$\phi38\pm1.2$

任务1.6 工艺尺寸链的计算

编制零件机械加工工艺规程的一个非常重要的工作就是确定每道工序的工序尺寸及其公差。当加工零件时，多次转换工艺基准会引起测量基准、工序基准、定位基准与设计基准不重合。此时，必须运用工艺尺寸链原理来计算并确定各工序尺寸及其公差。

1.6.1 工艺尺寸链及其建立方法

1. 工艺尺寸链的定义和特征

在零件加工过程中，由相互联系的一组尺寸所形成的尺寸封闭图形称为工艺尺寸链。

如图1-29a所示，零件图上标注设计尺寸为 A_1 和 A_0。先加工 A 面，再以 A 面定位按尺寸 A_1 调刀加工 B 面、按尺寸 A_2 对刀加工 C 面，从而间接保证尺寸 A_0。A_1、A_2 和 A_0 这些相互联系的尺寸就形成一个尺寸封闭图形，即为工艺尺寸链，如图1-29b 所示。

通过分析可以看出，工艺尺寸链的主要特征是封闭性和关联性。

封闭性：尺寸链中各个尺寸的排列首尾相连，呈一封闭形式，不封闭就不

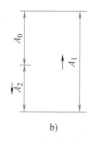
工艺尺寸链

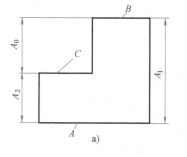

图1-29 零件加工中的尺寸联系

成为尺寸链。

关联性：任何一个直接保证的尺寸变化，必将使间接保证的尺寸随之变化，如图1-29中A_1或A_2变化，都将引起A_0的变化。

2. 工艺尺寸链的组成

组成工艺尺寸链的每一个尺寸称为尺寸链的环，分为封闭环和组成环。图1-29b中，A_1、A_2和A_0都是尺寸链的环。

（1）封闭环　封闭环是在加工过程中间接获得的、最后保证的或在机器装配中最后形成的尺寸，用A_0表示。图1-29中的A_0就是封闭环，每个尺寸链有且仅有一个封闭环。

（2）组成环　在尺寸链中，除封闭环以外，其他的环均称为组成环。组成环是加工过程中直接获得的、直接保证的尺寸，它又影响到封闭环的尺寸，用A_i（$i=1$、2、3…）表示。按其对封闭环的影响不同，组成环又可分为增环和减环。

① 增环。当其他组成环不变，而该环尺寸增大（或减小）使封闭环随之增大（或减小），即同向变化时，称为增环。图1-29b中的A_1即为增环，简记为$\overrightarrow{A_1}$。

② 减环。当其他组成环不变，而该环尺寸增大（或减小）反而使封闭环随之减小（或增大），即反向变化时，称为减环。图1-29b中的A_2即为减环，简记为$\overleftarrow{A_2}$。

3. 工艺尺寸链的建立方法

利用工艺尺寸链进行工序尺寸及其公差的计算，关键在于正确建立尺寸链，确定封闭环和增、减环。

（1）确定封闭环　正确确定封闭环是解算工艺尺寸链最关键的一步。封闭环确定错了，整个工艺尺寸链的计算将是错误的。

对于工艺尺寸链，要认准封闭环是"间接、最后"获得的尺寸，是"自然而然"形成的尺寸。在大多数情况下，封闭环可能是零件设计尺寸中的一个尺寸或者是加工余量值。

封闭环的确定还要考虑零件的加工方案。如果加工方案改变，则封闭环也将改变。图1-29a中，当以平面A定位加工平面B和平面C，直接获得尺寸A_1和A_2时，则间接获得的尺寸A_0即为封闭环。但是，如果仍以平面A定位加工平面B，再以平面B定位加工平面C时，则直接获得的尺寸A_1和A_0成为组成环，间接获得的尺寸A_2变成封闭环。

在零件的设计图中，封闭环一般是未注的尺寸，即开环。

（2）查找组成环　从封闭环某一端开始，按照工艺过程的顺序，向前查找该表面最近一次加工所得的尺寸，直至到达封闭环另一端，所经过的尺寸都为该尺寸链的组成环。

注意，组成环的查找应该遵循"路线最短、环数最少"原则，这样更容易满足封闭环的精度要求或者使各组成环的加工更简便、更经济。

（3）确定增、减环　对于环数少的尺寸链，可以根据增、减环的定义直接判别。对于环数多的尺寸链，根据定义判别不够直观和方便，此时可以采用箭头法。即从A_0开始，沿着各环顺时针或逆时针依次画箭头，凡箭头方向与封闭环A_0相同者为减环，相反者为增环。如图1-30所示，$\overrightarrow{A_1}$、$\overrightarrow{A_2}$、$\overrightarrow{A_4}$、$\overrightarrow{A_6}$、$\overrightarrow{A_9}$、$\overrightarrow{A_{11}}$为增

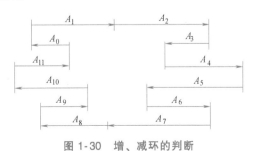

图1-30　增、减环的判断

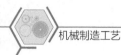

环，其余均为减环。

1.6.2 工艺尺寸链的计算方法

1. 工艺尺寸链计算的基本公式

工艺尺寸链的计算方法有极值法和概率法两种。概率法适用于解算组成环数较多且大批大量生产的尺寸链，实际生产中工艺尺寸链一般多采用极值法（或称极大极小值法）解算。表 1-20 规定了尺寸链计算中使用的符号。

表 1-20　尺寸链计算中使用的符号

环名	符 号 名 称							
	基本尺寸	最大尺寸	最小尺寸	上极限偏差	下极限偏差	公差	平均尺寸	中间偏差
封闭环	A_0	A_{0max}	A_{0min}	ES_0	EI_0	T_0	A_{0av}	Δ_0
增环	$\overrightarrow{A}_i$	$\overrightarrow{A}_{imax}$	$\overrightarrow{A}_{imin}$	$\overrightarrow{ES}_i$	$\overrightarrow{EI}_i$	$\overrightarrow{T}_i$	$\overrightarrow{A}_{iav}$	$\overrightarrow{\Delta}_i$
减环	$\overleftarrow{A}_j$	$\overleftarrow{A}_{jmax}$	$\overleftarrow{A}_{jmin}$	$\overleftarrow{ES}_j$	$\overleftarrow{EI}_j$	$\overleftarrow{T}_j$	$\overleftarrow{A}_{jav}$	$\overleftarrow{\Delta}_j$

其计算的基本公式如下：

（1）封闭环的基本尺寸计算　封闭环的基本尺寸等于所有增环的基本尺寸之和减去所有减环的基本尺寸之和，即

$$A_0 = \sum_{i=1}^{n} \overrightarrow{A}_i - \sum_{j=n+1}^{m} \overleftarrow{A}_j \qquad (1\text{-}1)$$

式中　n——增环的环数；

m——组成环的总环数。

（2）封闭环的极限尺寸计算　封闭环的上极限尺寸等于所有增环的上极限尺寸之和减去所有减环的下极限尺寸之和，封闭环的下极限尺寸等于所有增环的下极限尺寸之和减去所有减环的上极限尺寸之和，即

$$A_{0max} = \sum_{i=1}^{n} \overrightarrow{A}_{imax} - \sum_{j=n+1}^{m} \overleftarrow{A}_{jmin} \qquad (1\text{-}2)$$

$$A_{0min} = \sum_{i=1}^{n} \overrightarrow{A}_{imin} - \sum_{j=n+1}^{m} \overleftarrow{A}_{jmax} \qquad (1\text{-}3)$$

（3）封闭环的上、下极限偏差计算　封闭环的上极限偏差等于所有增环的上极限偏差之和减去所有减环的下极限偏差之和，封闭环的下极限偏差等于所有增环的下极限偏差之和减去所有减环的上极限偏差之和，即

$$ES_0 = \sum_{i=1}^{n} \overrightarrow{ES}_i - \sum_{j=n+1}^{m} \overleftarrow{EI}_j \qquad (1\text{-}4)$$

$$EI_0 = \sum_{i=1}^{n} \overrightarrow{EI}_i - \sum_{j=n+1}^{m} \overleftarrow{ES}_j \qquad (1\text{-}5)$$

（4）封闭环的公差计算　封闭环的公差等于所有组成环的公差之和，即

$$T_0 = \sum_{i=1}^{m} T_i \qquad (1\text{-}6)$$

由式（1-6）可知，封闭环的公差比任何一个组成环的公差都大。为了减小封闭环的公差，应使尺寸链中组成环的环数尽量少，也就是应遵循尺寸链的最短路线原则。

（5）平均尺寸计算法　用极值法求解尺寸链时还可以使用平均尺寸来计算。当大部分组成环的尺寸公差对称分布时，采用平均尺寸计算法比较简便。计算过程如下：

先将已知各环的极限偏差写成对称分布形式，即

$$A_{iav} \pm \frac{1}{2}T_i \tag{1-7}$$

式中　$A_{iav} = A_i + \Delta_i$，$\Delta_i = \frac{1}{2}(\mathrm{ES}_i + \mathrm{EI}_i)$。

然后由式（1-1）计算未知环的平均尺寸 A_{iav}，未知环的公差由式（1-6）算得。最后按式（1-7）直接写出所求环的极限偏差分布。

当工艺尺寸链的环数较多（5环以上）且为大批大量生产时，应该按概率法计算。此时，除封闭环的公差计算公式外，其他计算公式同极值法计算公式。

采用概率法计算工艺尺寸链时，其公差值的计算公式为

$$T_0 = K_m \sqrt{\sum_{i=1}^{m-1} T_i^2} \tag{1-8}$$

式中　K_m——平均分配系数，一般 $K_m = 1 \sim 1.7$，当工艺稳定而生产批量较大时取小值，反之取大值；如各环尺寸均符合正态分布，可取 $K_m = 1$，其他情况建议取 $K_m = 1.5$。

显然，在组成环较多且公差值不变的情况下，由概率法计算得出的封闭环公差值要比用极值法计算的更小。因此，在保证封闭环精度不变的前提下，应用概率法可以使组成环公差放大，从而降低了加工时对工艺尺寸的精度要求，降低了加工难度和加工成本。

2. 工艺尺寸链的计算形式

在解算工艺尺寸链时，有正计算、反计算和中间计算三种计算形式。

（1）正计算　已知全部组成环的尺寸及其公差，求封闭环的尺寸及其公差。该情况常用于根据初步确定的工序尺寸及公差验算加工后的工件尺寸是否符合设计图样的要求，以及验算加工余量是否足够。

（2）反计算　已知封闭环求组成环。这种情况实际上是将封闭环的公差值合理地分配给各组成环，分配时一般按照各组成环的经济精度来确定组成环的公差值，加以适当调整后，使各组成环公差之和等于或小于封闭环的公差值。通常在制订工艺规程确定工序尺寸时，由于基准不重合而需要进行的尺寸换算就属于此类计算。另外，反计算还可用于根据机器装配精度确定各零件尺寸及其极限偏差的情况。

（3）中间计算　已知封闭环和部分组成环，求某一组成环。此类计算应用最广，广泛用于加工中基准不重合时的工序尺寸的计算。

1.6.3 典型工艺尺寸链案例的分析与计算

1. 测量基准与设计基准不重合时的工序尺寸计算

在零件加工过程中常会遇到一些表面加工之后设计尺寸不便直接测量的情况，因此需要在零件上另选一个易于测量的表面作为测量基准进行测量，以间接检验设计尺寸。

例1-2　如图1-31a所示的套筒两端面已加工完毕，加工孔底面 C 时，要保证尺寸 $16_{-0.35}^{0}\mathrm{mm}$，因该尺寸不便测量，试标出测量尺寸。

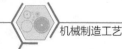

解：由于孔的深度可以用深度游标卡尺测量，因而尺寸 $16_{-0.35}^{0}$ mm 可以通过尺寸 $A_1 = 60_{-0.17}^{0}$ mm 和孔深尺寸 A_2 间接计算出来，建立工艺尺寸链如图 1-31b 所示。尺寸 $16_{-0.35}^{0}$ mm 间接获得，显然是封闭环，A_1 为增环，A_2 为减环。

图 1-31 测量尺寸的换算
a) 套筒 b) 尺寸链

由式 (1-1) 求基本尺 $16\text{mm} = 60\text{mm} - A_2$

则 $A_2 = 44\text{mm}$

由式 (1-4) 求下极限偏差 $0 = 0 - EI_2$

则 $EI_2 = 0$

由式 (1-5) 求上极限偏差 $-0.35\text{mm} = -0.17\text{mm} - ES_2$

则 $ES_2 = +0.18\text{mm}$

所以测量尺寸 $A_2 = 44_{0}^{+0.18}$ mm

通过分析以上计算结果可以发现，由于基准不重合而进行尺寸换算，将带来如下两个问题：

① 换算的结果明显提高了对测量尺寸的精度要求。如果能按原设计尺寸进行测量，其公差为 0.35mm，换算后的测量尺寸公差为 0.18mm，测量公差减小了 0.17mm，此值恰是另一组成环的公差值。

② 假废品问题。测量零件时，当 A_1 的尺寸在 $60_{-0.17}^{0}$ mm 范围，A_2 的尺寸在 $44_{0}^{+0.18}$ mm 范围时，则 A_0 必在 $16_{-0.35}^{0}$ mm 范围内，零件为合格品。

假如 A_2 的实测尺寸超出 $44_{0}^{+0.18}$ mm 的范围，按理说零件应为废品。但是如果最多偏大或偏小 0.17mm，即 A_2 极限尺寸为 44.35 或 43.83mm 时，只要 A_1 的尺寸也相应为最大 60mm 或最小 59.83mm，则算得 A_0 的尺寸相应为 (60-44.35)mm = 15.65mm 和 (59.83-43.83)mm = 16mm，满足设计要求 $16_{-0.35}^{0}$ mm，可见零件仍为合格品，这就出现了假废品。

由此可以推断，只要测量尺寸的超差量小于其他组成环的公差之和时，则有可能出现假废品。这时，需重新测量其他组成环的尺寸，再算出封闭环的尺寸，以判断是否是真废品。

2. 定位基准与设计基准不重合时，工序尺寸及其公差的确定

例 1-3 如图 1-32a 所示，零件尺寸 $60_{-0.12}^{0}$ mm 已经保证，现以面 1 定位精铣面 2，试标出其工序尺寸。

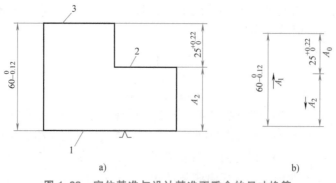

a) b)

图 1-32 定位基准与设计基准不重合的尺寸换算

解：当以面1定位加工面2时，将按工序尺寸 A_2 进行加工，设计尺寸 $25^{+0.22}_{0}$ mm 是本工序间接保证的尺寸，为封闭环。其尺寸链如图 1-32b 所示，其中 A_1 为增环，A_2 为减环。尺寸 A_2 的计算如下：

由式（1-1）求基本尺寸　　　　　$25\text{mm} = 60\text{mm} - A_2$

则　　　　　　　　　　　　　　　$A_2 = 35\text{mm}$

由式（1-4）求下极限偏差　　　　$+0.22\text{mm} = 0 - \text{EI}_2$

则　　　　　　　　　　　　　　　$\text{EI}_2 = -0.22\text{mm}$

由式（1-5）求上极限偏差　　　　$0 = -0.12\text{mm} - \text{ES}_2$

则　　　　　　　　　　　　　　　$\text{ES}_2 = -0.12\text{mm}$

求得工序尺寸　　　　　　　　　　$A_2 = 35^{-0.12}_{-0.22}\text{mm}$

和例 1-2 一样，当定位基准与设计基准不重合进行尺寸换算时，也会提高本工序的加工精度（例 1-3 的公差从 0.22mm 提高到 0.1mm），增大了加工难度。同时，也会出现假废品的问题。

在进行工艺尺寸链计算时，还有一种情况必须注意。如图 1-32a 所示，如果零件图中标注的设计尺寸为 $60^{0}_{-0.20}$ mm 和 $25^{+0.22}_{0}$ mm 按例 1-3 的加工过程，则经过计算可得工序尺寸 A_2，其公差 $T_2 = 0.1$ mm，显然精度要求过高，加工难以达到，有时甚至出现零或负公差值。遇到这种情况一般可采取以下措施：

① 减小上道工序的公差。一般情况下，应使平均尺寸不变，来压缩公差，重新设定尺寸，再求解本工序尺寸及其公差。例如将 A_1 的公差从 0.12mm 压缩到 0.1mm，这样 A_2 的公差 $T_2 = 0.12$ mm，很方便加工，实际上是尺寸链的反计算。

② 改变定位基准或加工方式。如采用第一种方法仍无法满足加工要求，则只能设法使定位基准与设计基准重合，即采用面3为定位基准，直接保证设计尺寸。这样将使夹具结构复杂，操作不方便。此外，还可以改变加工方式，如采用复合铣刀，同时铣削面2和面3，以保证设计尺寸。

3. 从尚需继续加工的表面上标注的工序尺寸计算

例 1-4　图 1-33a 所示为齿轮内孔的局部简图，设计要求为孔径 $\phi40^{+0.05}_{0}$ mm，键槽深度尺寸为 43.6$^{+0.34}_{0}$ mm，其加工顺序为：①镗内孔至 $\phi39.6^{+0.1}_{0}$ mm；②插键槽至尺寸 A_1；③淬火；④磨内孔至 $\phi40^{+0.05}_{0}$ mm。试确定插键槽的工序尺寸 A_1。

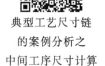

典型工艺尺寸链
的案例分析之
中间工序尺寸计算

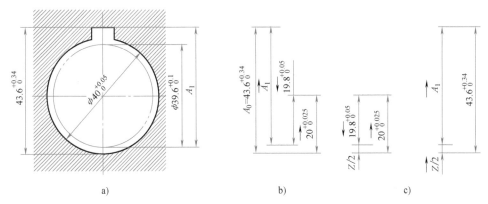

a)　　　　　　　　　　　　b)　　　　　　　　　　　c)

图 1-33　内孔及键槽加工及其工艺尺寸链

解：首先建立工艺尺寸链，如图 1-33b 所示。要注意的是，当有直径尺寸时，一般应考虑用半径尺寸，这样尺寸链才能封闭。此时，只需将直径的公称尺寸及公差都取 1/2 即可。

因最后工序是直接保证 $\phi 40^{+0.05}_{0}$ mm，间接保证 $43.6^{+0.34}_{0}$ mm，故 $43.6^{+0.34}_{0}$ mm 为封闭环，尺寸 A_1 和 $20^{+0.025}_{0}$ mm 为增环，$19.8^{+0.05}_{0}$ mm 为减环。

由式（1-1）求基本尺寸　　$43.6\text{mm} = A_1 + 20\text{mm} - 19.8\text{mm}$

则　　　　　　　　　　　　　$A_1 = 43.4\text{mm}$

由式（1-4）求上极限偏差　$+0.34\text{mm} = ES_1 + 0.025\text{mm} - 0$

则　　　　　　　　　　　　　$ES_1 = +0.315\text{mm}$

由式（1-5）求下极限偏差　$0 = EI_1 + 0 - 0.05\text{mm}$

则　　　　　　　　　　　　　$EI_1 = +0.050\text{mm}$

所以　　　　　　　　　　　　$A_1 = 43.4^{+0.315}_{+0.050}\text{mm}$

按入体原则标注为　　　　　　$A_1 = 43.45^{+0.265}_{0}\text{mm}$

另外，尺寸链还可以列成图 1-33c 所示的形式，引进半径余量 $Z/2$，左图中 $Z/2$ 是封闭环，右图中的 $Z/2$ 则认为是已经获得，而 $43.6^{+0.34}_{0}$ mm 是封闭环。其解算结果与利用图 1-33b 所示解算结果尺寸链相同。

4. 保证渗氮、渗碳层深度的工艺计算

有些零件的表面需进行渗氮或渗碳处理，并且要求精加工后要保持一定的渗层深度。为此，必须确定渗前加工的工序尺寸和热处理时的渗层深度。

例 1-5　如图 1-34a 所示，某内孔零件材料为 38CrMoAlA，孔径为 $\phi 145^{+0.04}_{0}$ mm，内孔表面需要渗氮且渗氮层深度为 0.3 ~ 0.5mm。其加工过程为：①磨内孔至 $\phi 144.76^{+0.04}_{0}$ mm（图 1-34b）；②渗氮深度为 A_1；③磨内孔至 $\phi 145^{+0.04}_{0}$ mm（图 1-34c），并保留渗层深度 $A_0 = 0.3 \sim 0.5$mm。试求渗氮时的深度 A_1。

解：在孔的半径方向上建立工艺尺寸链，如图 1-34d 所示。两次磨内孔的直径尺寸为工序尺寸，是直接获得的，A_1 渗氮深度也可通过工艺手段直接控制，只有 $A_0 = 0.3 \sim 0.5$mm $= 0.3^{+0.2}_{0}$mm 是磨孔后间接获得的。因此，A_0 为封闭环，其余为组成环。A_1 的解算过程如下：

由式（1-1）求基本尺寸　$0.3 = 72.38\text{mm} + A_1 - 72.5\text{mm}$

则　　　　　　　　　　　　$A_1 = 0.42\text{mm}$

由式（1-4）求上极限偏差　$+0.2\text{mm} = +0.02\text{mm} + ES_1 - 0$

则　　　　　　　　　　　　$ES_1 = +0.18\text{mm}$

由式（1-5）求下极限偏差　$0 = 0 + EI_1 - 0.02\text{mm}$

则　　　　　　　　　　　　$EI_1 = +0.02\text{mm}$

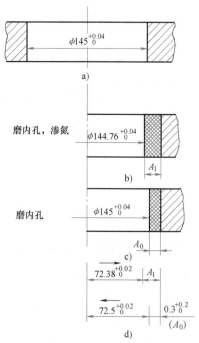

图 1-34　保证渗层深度的尺寸换算

所以　　　　　　　　　　　　　$A_1 = 0.42^{+0.18}_{+0.02}$ mm

则渗层深度为 0.44~0.60mm。

5. 靠火花磨削时的工序尺寸计算

靠火花磨削是一种定量磨削，是指在磨削工件端面时，由工人根据砂轮靠磨工件时产生的火花的大小来判断磨去余量的多少，从而间接保证加工尺寸的一种磨削方法。

例 1-6　图 1-35a 所示为阶梯轴设计图，图 1-35b、c 所示为加工工序简图。加工顺序为：①精车各端面，保证工序尺寸 A_1 和 A_2；②靠火花磨削 B 面，保证设计尺寸 $A_3 = 80^{0}_{-0.17}$ mm。求精车时的工序尺寸 A_1 和 A_2。

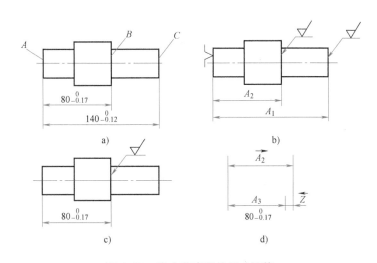

图 1-35　靠火花磨削的尺寸换算

解： 精车端面 A、C 时，工序尺寸 A_1 直接保证设计尺寸，所以 $A_1 = 140^{0}_{-0.12}$ mm。

工序尺寸 A_2 与设计尺寸、$80^{0}_{-0.17}$ mm 只相差一个磨削余量 Z，建立工艺尺寸链，如图 1-35d 所示。由于是定量磨削，所以余量 Z 是组成环（减环），A_2 是增环，要保证的设计尺寸 $A_3 = 80^{0}_{-0.17}$ mm 是封闭环。靠火花磨削余量按经验数值确定为 $Z = 0.1$ mm ± 0.02mm，现在按平均尺寸计算法求解工序尺寸 A_2。

由式（1-7）得　　　　　　$A_3 = 80^{0}_{-0.17} = (79.915 \pm 0.085)$ mm

由式（1-1）得　　　　　　$A_2 = 79.915$ mm + 0.1mm = 80.015mm

由式（1-6）得　　　　　　$\frac{1}{2} T_2 = 0.085$ mm - 0.02mm = 0.065mm

所以　　　　　　　　　　　$A_2 = (80.015 \pm 0.065)$ mm

靠火花磨削具有以下特点：

① 靠火花磨削能保证磨去最小余量，无须停机测量，因此生产率较高。

② 在尺寸链中，磨削余量是直接控制的，为组成环，而保证的设计尺寸为封闭环。

③ 由于靠火花磨削的余量也存在公差，因而靠火花磨削后尺寸的误差要比靠火花磨削前相应尺寸的误差增大一个余量公差值（本例中为 0.04mm），尺寸精度更低。因此，要求靠火花磨削前的工序尺寸公差应比设计尺寸公差缩小一个适当的数值。

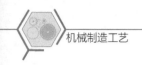

任务1.7　工艺过程的技术经济分析

在制订机械加工工艺规程时，必须在保证零件质量要求的前提下，提高劳动生产率和降低成本。也就是说，必须做到优质、高产、低消耗。

1.7.1　时间定额

劳动生产率是指工人在单位时间内制造的合格产品数量，或者指制造单件产品所消耗的劳动时间。劳动生产率一般用时间定额来衡量。

时间定额又称为工时定额，是在一定的生产技术组织条件下，规定的完成单件产品（如一个零件）或完成某项工作（如某一道工序）必需的时间。时间定额不仅是衡量劳动生产率的指标，也是安排生产计划、计算生产成本的重要依据，还是新建或扩建工厂（车间）时计算设备和工人数量的依据。

制订合理的时间定额是调动工人积极性的重要手段，它一般是技术人员通过计算或类比的方法，或者通过对实际操作时间的测定和分析的方法来确定的。在使用中，时间定额还应定期修订，以使其保持平均先进水平。

在机械加工中，完成一个工件的一道工序所需的时间定额，称为单件时间定额。它由下述部分组成。

（1）基本时间（$T_{基本}$）　基本时间是指直接改变生产对象的尺寸、形状、相对位置、表面状态或材料性质等工艺过程所消耗的时间。对机械加工而言，就是直接切除工序余量所消耗的时间（包括刀具的切入或切出时间），又称机动时间。基本时间可计算求出。以车削外圆为例，基本时间的计算公式为

$$T_{基本} = \frac{L+L_1+L_2}{nf}i = \frac{\pi D(L+L_1+L_2)}{1000vf}\frac{Z}{a_p}$$

式中　　L——零件加工表面的长度（mm）；

L_1、L_2——刀具切出和切入长度（mm）；

n——工件每分钟转数（r/min）；

f——刀具的进给量（mm/r）；

i——进给次数（取决于加工余量 Z 和背吃刀量 a_p）；

v——切削速度（m/min）；

D——工件直径（mm）；

$T_{基本}$——基本时间（min）。

（2）辅助时间（$T_{辅助}$）　辅助时间是为保证完成基本工作而执行的各种辅助动作需要的时间。它包括装卸工件的时间、开动和停止机床的时间、加工中变换刀具（如刀架转位等）的时间、改变加工规范（如改变切削用量）的时间、试切和测量等消耗的时间。

辅助时间的确定方法随生产类型而异。大批大量生产时，为使辅助时间规定得合理，需将辅助动作分解，再分别确定各分解动作的时间，最后予以综合。中批生产时则可根据以往的统计资料来确定。单件小批生产时则常用基本时间的百分比来估算。

基本时间（$T_{基本}$）和辅助时间（$T_{辅助}$）的总和称为操作时间（$T_{操作}$）。

（3）布置工作地时间（$T_{布置}$） 布置工作地时间是指在工作进行期间内，消耗在照看工作地点及保持正常工作状态所耗费的时间。例如，在加工过程中更换刀具、润滑机床、清理切屑、修磨刀具、砂轮及修整工具等所消耗的时间。布置工作地时间（$T_{布置}$）可取操作时间的 2%~7%。

（4）休息与生理需要时间（$T_{休息}$） 休息与生理需要时间是工人在工作班内恢复体力和满足生理上需要所消耗的时间，一般可取操作时间的 2%。

上述时间的总和称为单件时间（$T_{单件}$）。即

$$T_{单件} = T_{基本} + T_{辅助} + T_{布置} + T_{休息}$$

（5）准备与终结时间（$T_{准终}$） 准备与终结时间是指一批工件的加工开始和终结时，所做的准备工作和结束工作而消耗的时间。准备工作所消耗的时间包括：熟悉工艺文件，领取毛坯、材料、工艺装备，安装刀具和夹具，调整机床和其他工艺装备等消耗的时间。结束工作所消耗的时间包括拆下和归还工艺装备、送交成品等消耗的时间。准备与终结时间对一批零件只消耗一次，也就是说，既不是直接消耗在每个零件上，也不是消耗在一个班内的时间，而是消耗在一批工件上的时间，故分摊到每个工件上的时间为 $T_{准终}/N$，N 为批量。

所以批量生产时，单件时间定额为上述时间之和。即

$$T_{定额} = T_{基本} + T_{辅助} + T_{布置} + T_{休息} + T_{准终}/N$$

在大量生产时，每个工作地点完成固定的一道工序，一般不需要考虑准备终结时间，如果要计算，因 N 值很大，$T_{准终}/N \approx 0$，也可忽略不计。所以大批量生产的单件时间定额为

$$T_{定额} = T_{单件} = T_{基本} + T_{辅助} + T_{布置} + T_{休息}$$

1.7.2 提高机械加工生产率的工艺措施

劳动生产率是衡量生产效率的一个综合性指标，它不是一个单纯的工艺技术问题，而是与产品的设计、生产组织和管理工作都密切相关，所以改进产品结构设计、改善生产组织和管理工作，都是提高生产率的有力措施。下面仅讨论与机械加工有关的一些工艺措施。

1. 缩减时间定额

在时间定额的 5 个组成部分中，缩减每一项都能降低时间定额，从而提高劳动生产率。但主要应缩减占时间定额中比重较大部分。例如在单件小批生产中，辅助时间所占比重较大，此时应减少辅助时间；在大批大量生产中，基本时间所占比重较大，此时应缩减基本时间。休息与生理需要时间 $T_{休息}$ 本来所占比重很小，不宜作为缩减对象。

（1）缩减基本时间

1）提高切削用量 v_c、f、a_p。增加切削用量可以缩减基本时间，但会增加切削力、切削热和工艺系统的变形以及刀具的磨损等。因此，必须在保证质量的前提下采用。

要采用大的切削用量，关键是提高机床的承载能力，特别是刀具寿命；要求机床刚度好、功率大；要采用优质的刀具材料，如陶瓷车刀的切削速度可达 500m/min，聚晶氮化硼刀具可达 900m/min，并能加工淬硬钢。

2）减少或合并工作行程长度。在切削加工时，可以通过采用多刀加工、多件加工的方法减少或合并工作行程长度。

图 1-36a 所示为采用三把刀具同时切削同一表面，工作行程约为工件长度的 1/3。

图 1-36b 所示为合并工作行程，采用三把刀具一次性完成三个工作行程，工作行程约可

减少 2/3。

图 1-36c 所示为复合工步加工，也可大大减少工作行程。

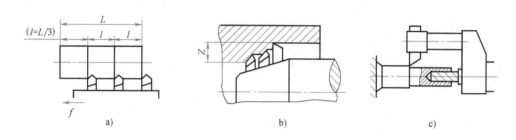

图 1-36 采用多刀加工减少工作行程

多件加工可分为顺序多件加工、平行多件加工和平行顺序多件加工三种方式，如图1-37所示。

图 1-37a 所示为顺序多件加工，这样可以减少刀具的切入和切出长度。这种方式多见于龙门刨床刨削、镗削及滚齿加工中。

图 1-37b 所示为平行多件加工，一个工作行程可以同时加工几个零件，所需基本时间与加工一个零件时基本相同。这种方式常用于铣床和平面磨床上。

图 1-37c 所示为平行顺序多件加工。这种加工方式能显著减少基本时间，常用于铣削和立轴式平面磨削加工中。

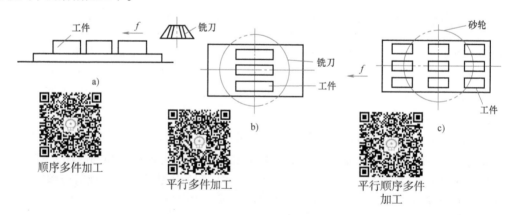

图 1-37 采用多件加工减小切削行程长度

（2）缩减辅助时间　当辅助时间占单件时间的 50%～70% 以上时，若用提高切削用量来提高生产率就不会取得大的效果，此时应考虑缩减辅助时间。缩减辅助时间的方法主要是实现机械化和自动化，或使辅助时间与基本时间重合。具体措施如下：

1）采用先进高效的夹具。在大批大量生产时采用高效的气动或液压夹具，在单件小批生产或中批生产时采用组合夹具、可调夹具或成组夹具，都可减少装卸和找正工件的时间。

2）采用多工位连续加工。采用回转工作台和转位夹具，可在不影响切削的情况下装卸工件，使辅助时间和基本时间重合，例如：图 1-38 所示的利用回转工作台的多工位立铣和图 1-39 所示的采用双工位夹具。

3）采用主动检验或数字显示自动测量装置，可以减少停机测量的时间。

4）采用各种快速换刀装置、自动换刀装置、刀具微调装置及可转位刀具，可以减少在刀具的装卸、刃磨和对刀等方面消耗的时间。

（3）缩减布置工作地时间　缩减布置工作地时间主要是缩减调整和更换刀具的时间，提高刀具或砂轮的寿命。主要方法是采用各种快换刀夹、自动换刀装置、刀具微调装置以及不重磨硬质合金刀片等，以减少工人在刀具在装卸、刃磨和对刀等方面所消耗的时间。

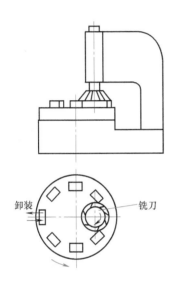

图 1-38　利用回转工作台的多工位立铣　　　　图 1-39　采用双工位夹具

（4）缩减准备与终结时间　在批量生产时，应设法缩减安装工具、调整机床的时间，同时应尽量扩大零件的批量，使分摊到每个零件上的准备与终结时间减少。在中、小批生产时，由于批量小，准备与终结时间在时间定额中占有较大的比重，影响到生产率的提高。因此，应尽量使零件通用化和标准化，或者采用成组技术，以增加零件的生产批量。

2. 采用先进工艺方法

采用先进的工艺方法是提高劳动生产率极为有效的手段。主要有以下几种：

1）采用先进的毛坯制造方法，提高毛坯精度，减少切削加工的劳动量，提高劳动生产率。

2）采用少、无切屑加工工艺，如滚压、冷轧、挤齿等工艺方法，都能有效地提高劳动生产率。

3）采用特种加工。对于某些特硬、特脆、特韧的材料及复杂型面等，采用特种加工能极大地提高劳动生产率。例如用线电极电火花加工机床加工冲模可减少很多钳加工工作量。

4）改进加工方法，如用拉孔代替镗孔、铰孔，用精刨、精磨代替刮研等，都可提高生产率。

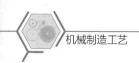

1.7.3 工艺方案的经济性分析

制订机械加工工艺规程时，在满足加工质量的前提下，要特别注意其经济性。一般情况下，满足同一质量要求的加工工艺方案可以有很多种，在这些方案中，必然有一种是经济性最好的工艺方案。所谓经济性好，就是指在机械加工中能用最低的成本制造出合格的产品。这样，就需要对不同的工艺方案进行技术经济分析，从技术上和生产成本等方面进行比较。

1. 生产成本和工艺成本

生产成本是制造一个零件（或产品）所必需的一切费用的总和。生产成本可分为两类费用。

一类是与工艺过程直接有关的那一部分费用，称为工艺成本，如毛坯或原材料费用、生产工人的工资、机床电费（设备的使用）、折旧费和维修费、工艺装备的折旧费和修理费以及车间和工厂的管理费用等。工艺成本约占生产成本的 70%~75%。

另一类是与工艺过程没有直接关系的费用，如行政人员的开支、厂房折旧费、取暖费等。

（1）工艺成本的组成 按照与年产量的关系，工艺成本分为可变费用 V 和不变费用 S 两部分。

可变费用 V——与年产量直接有关，即随年产量的增减而成正比变动的费用。它包括毛坯材料及制造费、操作工人的工资、机床电费、通用机床的折旧费和维修费以及通用工装（夹具、刀具和辅具等）的折旧费和维修费等。可变费用的单位是元/件。

不变费用 S——与年产量无直接关系，不随年产量的增减而变化的费用。它包括调整工人的工资、专用机床的折旧费和专用工艺装备的折旧费和维修费。专用机床和专用工艺装备是专为某工件的某加工工序所用，它不能被其他工序所用，当产量不足、负荷不满时，就只能闲置不用。专用机床和专用工艺装备的折旧年限是确定的。因此，专用机床和专用工艺装备的费用不随年产量的增减而变化。不变费用的单位是元/年。

（2）工艺成本的计算 零件加工全年工艺成本可按下式计算：

$$E = VN + S$$

式中　E——某一零件全年的工艺成本（元/年）；

V——可变费用（元/件）；

N——零件年产量（件/年）；

S——不变费用（元/年）。

每个零件的工艺成本可按下式计算：

$$E_d = V + S/N（元/件）$$

式中　E_d——单件工艺成本（元/件）。

年工艺成本与年产量的关系可用图 1-40 表示，E 与 N 成线性比例，说明年工艺成本随着年产量的变化而成正比变化。

单件工艺成本与年产量是双曲线的关系，如图 1-41 所示。在曲线的 A 段，N 值很小，设备负荷低，E_d 就高，如 N 略有变化时，E_d 将有较大的变化。在曲线的 C 段，N 值很大，大多采用专用设备（S 较大、V 较小），且 S/N 值小，故 E_d 较低，N 值的变化对 E_d 的影响很小。

上述分析表明，当 S 值一定时（主要指专用工装设备费用），就应该有一个相适应的零件年产量。所以，在单件小批生产时，因 S/N 值的占比大，就不适合使用专用工装设备（以降低 S 值）；在大批大量生产时，因 S/N 值的占比小，最好采用专用工装设备（以降低 V 值）。

2. 不同工艺方案的经济性比较

1）如果两种工艺方案基本投资相近，在现有设备情况下，可比较其工艺成本。

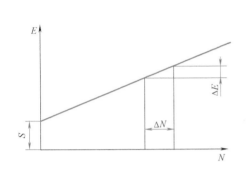

图 1-40　全年工艺成本与年产量的关系

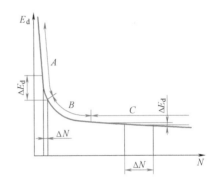

图 1-41　单件工艺成本与年产量的关系

① 如果两种方案只有少数工序不同，可比较其单件工艺成本。如图 1-42 所示，即

方案 I $E_{d1} = V_1 + S_1/N$

方案 II $E_{d2} = V_2 + S_2/N$

则 E_d 值小的方案经济性好。

② 如果两种方案有较多工序不同时，应比较其全年工艺成本。如图 1-43 所示，即

方案 I $E_1 = V_1 N + S_1$

方案 II $E_2 = V_2 N + S_2$

则 E 值小的方案经济性好。

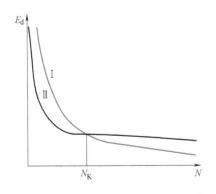

图 1-42　两种方案单件工艺成本的比较

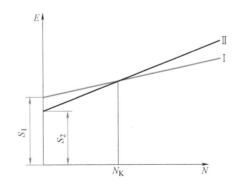

图 1-43　两种方案全年工艺成本的比较

由此可知，各方案的经济性好坏与零件年产量有关，当两种方案的工艺成本相同时的年产量称为临界年产量 N_K。即

$$E_1 = E_2 \text{时} \qquad V_1 N_K + S_1 = V_2 N_K + S_2$$

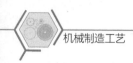

则
$$N_K = \frac{S_2 - S_1}{V_1 - V_2}$$

若 $N < N_K$，宜采用方案 II；若 $N > N_K$，宜采用方案 I。

2）如果两种工艺方案基本相差较大时，则应比较不同方案的基本投资差额的回收期限 t。

例如，方案 I 采用高生产率而价格高的工装设备，基本投资 K_1 大，但工艺成本 E_1 低；方案 II 采用生产率低但价格低的工装设备，基本投资 K_2 小，但工艺成本 E_2 较高。也就是说，方案 I 的低成本是以增加投资为代价的，这时需考虑投资差额的回收期限 t（单位为年），其值可通过下式计算：

$$t = \frac{K_1 - K_2}{E_2 - E_1} = \frac{\Delta K}{\Delta E}$$

式中 ΔK——基本投资差额（元）；

ΔE——全年工艺成本差额（元/年）。

所以，回收期限就是指方案 I 比方案 II 多花费的投资，需要多长时间由于工艺成本的降低而可收回来。显然回收期限 t 越小，经济性越好。但回收期限 t 至少应满足以下要求：

① t 应小于所采用设备的使用年限。

② t 应小于生产产品的更新换代年限。

③ t 应小于国家规定的年限。例如普通机床的回收期限为 4~6 年，夹具的回收期限为 2~3 年。

项目实施

根据图 1-1 所示阶梯轴的相关信息，按照制订机械加工工艺规程的步骤，为其设计加工工艺规程。

1. 计算生产纲领，确定生产类型

已知阶梯轴为单件小批生产，在此无须计算生产纲领，确定生产类型。

2. 零件图的分析

由图 1-1 可知，零件材料为 45 钢，既便于加工，又具有良好的结构工艺性。

在尺寸精度方面，外圆尺寸公差等级最高为 IT8，长度尺寸公差等级最高为 IT6，螺纹和锥面加工要求均较低。

在几何精度方面，内孔 $\phi 22^{+0.052}_{0}$ 有径向圆跳动要求，其基准为 $\phi 38^{0}_{-0.039}$ mm 外圆的中心线，并且径向圆跳动公差为 0.05mm，只要加工时采用基准统一原则，一定能达到要求。

对于表面粗糙度，该零件各表面的表面粗糙度值最小为 $Ra1.6\mu m$，且均为外圆表面，车削加工即能达到要求。

3. 确定毛坯种类、结构及尺寸

考虑该零件的结构为圆形棒状、生产类型为单件小批生产、材料为 45 钢、零件最大直径 $\phi 38^{0}_{-0.039}$ mm，长度为 75mm，零件毛坯采用 $\phi 40$ mm 下料件，下料长度为 78mm。

4. 选择定位基准

（1）目测   根据阶梯轴的毛坯长度 78mm 与零件长度 75mm，用目测方法测定阶梯轴一端的加工余量，一般用在第一个面。

（2）划线 若阶梯轴一端已加工，在加工另一个端面时，需对阶梯轴进行轴向定位，因生产类型为单件小批生产，可采用划线的方法测定加工后阶梯轴的长度。

（3）轴的端面定位 在自定心卡盘的卡爪夹紧面上，车出一个大于卡爪装夹直径的圆弧，用于轴向限位。

（4）一夹一顶定位 用 $\phi38mm$ 外圆和中心孔定位加工螺纹端。

（5）外圆定位 以 $\phi36_{-0.039}^{0}$ mm 外圆定位，加工 $\phi38mm$ 外圆、$\phi18mm$ 孔和 $\phi22_{0}^{+0.052}$ mm 孔，实现基准统一，保证位置精度。

5. 拟订工艺路线

根据阶梯轴图样要求，拟订阶梯轴的工艺路线为"热处理—粗加工—半精加工—精加工"。

粗加工主要包括车端面、钻中心孔、粗车外圆、钻孔、粗车螺纹、粗车锥面、切槽和倒角等。

半精加工主要包括半精车外圆、扩孔、半精车螺纹和半精车锥面等。

精加工主要包括精车外圆、精车螺纹和精车锥面等。

6. 确定加工余量和各工序的工序尺寸

阶梯轴的加工余量主要指半精加工和精加工的余量，粗加工的余量主要取决于毛坯的质量与规格。为满足零件图技术要求，一般半精车的余量约为 1.00mm，精车余量约为 0.10mm。加工螺距为 2mm 的螺纹时，粗车、半精车及精车的余量分别约为 1.1mm、0.4mm 及 0.1mm。

加工阶梯轴时，外圆的工序尺寸主要由各工序间的加工余量确定，轴向尺寸控制比较简单。

7. 确定切削用量及工时定额

粗车时，尽可能选用较大的切削深度（背吃刀量），以减少切削次数。精车时，根据加工要求，尽量选择较小的切削深度（背吃刀量）。

粗车的进给量一般为 0.3~0.5mm/r，精车的进给量一般为 0.1~0.3mm/r。

切削速度根据计算结果，参照所用机床的说明书确定。

根据切削时间、辅助时间和准备时间确定该阶梯轴的工时定额为 25min。

8. 选择设备及工艺装备

根据阶梯轴零件图样的技术要求，采用卧式车床加工，如 CA6140 型车床等。

选用的刀具主要有 45° 外圆车刀、90° 外圆车刀、90° 端面车刀、2mm 宽的切断刀、60° 螺纹车刀、$\phi2.5mm$ 中心钻、麻花钻、扩孔钻和铰刀等。

选用的夹具主要是自定心卡盘和顶尖，以及少许铜片和垫刀块等。

选用的量具主要包括 0~125mm 游标卡尺、25~50mm 千分尺、0~200mm 深度游标卡尺、$\phi18~\phi35mm$ 内径指示表、V 形架、杠杆表、游标万能角度尺、表面粗糙度样块和 M24×2 螺纹环规等。

9. 填写工艺文件

根据前述分析和说明，将设计的阶梯轴零件的机械加工工艺规程填入机械加工工艺过程卡中，见表 1-21。

表 1-21 阶梯轴零件机械加工工艺过程卡片

机械加工工艺过程卡片		产品型号	xxx	零件图号	xxx		共 页
		产品名称	xxx	零件名称	阶梯轴		第 页

材料牌号	毛坯种类	毛坯外形尺寸	每毛坯件数	每台件数	备注
45	圆钢	φ40mm×78mm	1	1	

工序号	工序名称	工序内容	车间	设备	工艺装备	工时 准终	工时 单件	备注
1	下料	φ40mm×78mm						
2	热	热处理:T235	锻 热					
3	车	自定心卡盘夹一端,伸出长度 55mm 左右,车端面,钻中心孔 一夹一顶,钻、卡盘夹住 φ38mm 外圆,直径留余量 1.1mm,切槽,钻、孔 φ18mm 到尺寸 调头,钻、卡盘夹住 φ38mm 外圆,车端面,保证总长 75mm;粗车 φ36mm 外圆,粗车 M24 外圆,直径均留余量 1.1mm,长度 19mm,切槽 半精车 φ36mm 外圆到 φ36.1mm,M24 外圆到 φ24.1mm 调头,卡盘夹住 φ36mm 外圆,半精车 φ38mm 外圆到 φ38.1mm,扩孔 φ22mm 精车 φ38mm 外圆到尺寸,倒角,铰孔 φ22mm 到尺寸,车槽,卡盘夹住 φ38mm 外圆,保证长度尺寸,车 M24 螺纹到尺寸 调头,卡盘夹住 φ38mm 外圆,铰孔 φ36mm 外圆到尺寸,车锥面到尺寸,车 M24 螺纹到尺寸,保证长度尺寸,精车 φ36mm 外圆到尺寸,倒角	金	CA6140	45° 外圆车刀,90° 外圆车刀,90° 端面车刀,2mm 宽的切断刀,60° 螺纹车刀,φ2.5mm 中心钻,麻花钻,扩孔钻和铰刀 0~125mm 游标卡尺,φ18~φ35mm 内径指示表,0~200mm 深度游标卡尺,M24×2 螺纹环规,25~50mm 千分尺,游标万能角度尺,V 形块,杠杆表,表面粗糙度样块 顶尖,少许铜片,垫刀块			
4	检验	综合检查						
5	入库	清洗,涂防锈油,入库						

					编制(日期)	审核(日期)	会签(日期)
标记	处数	更改	签字	日期			
标记	处数	更改	签字	日期			

学后测评

1. 什么生产过程？简述其内容。

2. 什么是工艺过程、工序、工步、工作行程、安装和工位？简述它们之间的关系。

3. 某企业年产 4105 型柴油机 1000 台，已知连杆的备品率为 5%，机械加工废品率为 1%，试计算连杆的生产纲领，并说明其生产类型及主要工艺特征。

4. 如题图 1-1 所示的零件，在单件小批生产时其机械加工工艺过程为：在刨床上分别刨削六个表面，达到图样要求；粗刨导轨面 A，分两次切削；刨削两个越程槽；精刨导轨面 A；钻孔；扩孔；铰孔；去毛刺。试确定其工艺过程的组成：工序、安装、工位、工步、工作行程。

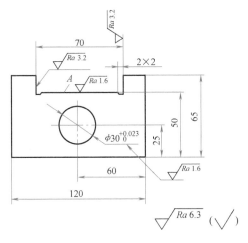

题图 1-1

5. 如题图 1-2 所示的零件，成批生产，毛坯为 $\phi35$mm 棒料。工艺过程为：在锯床上切断下料，车端面、钻中心孔；调头车另一端面、钻中心孔；在另一台车床上将整批工件靠螺纹一边都车至 $\phi30$mm；调头再车整批工件的 $\phi18$mm 外圆；换车床车 $\phi20$mm 外圆、车螺纹、倒角；在铣床上铣两平面，转 90°，铣另外两平面；去毛刺。试确定其工序、安装、工位、工步、工作行程。

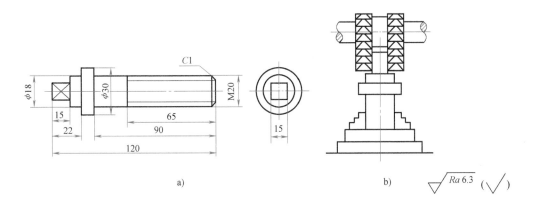

a)　　　　　　　　　　　　　　　　　b)

题图 1-2

6. 获得尺寸精度的机械加工方法有哪些？各有何特点？

7. 毛坯有哪些类型？如何选择？

8. 如题图 1-3 所示的零件，若按调整法加工，试分析加工平面 2 时及镗孔 4 的设计基准、定位基准、工序基准和测量基准。

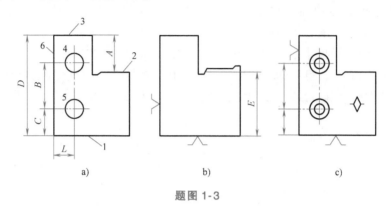

题图 1-3

9. 简述粗基准和精基准的选择原则。

10. 零件的切削加工顺序安排的原则是什么？常用的热处理工序是如何安排的？

11. 制订工艺规程时，为什么要划分加工阶段？什么情况下可以不划分或不严格划分加工阶段？

12. 试拟订题图 1-4 所示零件批量生产时的机械加工工艺路线。

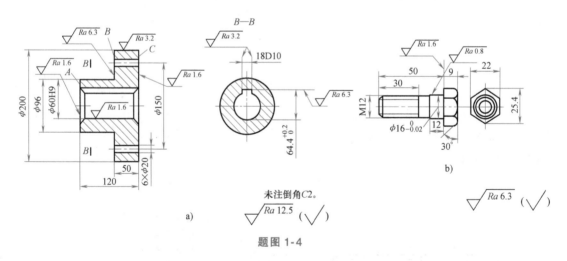

题图 1-4

13. 有一轴类零件，经过"粗车—精车—粗磨—精磨"达到设计尺寸 $\phi 50_{-0.016}^{0}$ mm。各工序的加工余量及工序尺寸公差见下表。试计算各工序基本尺寸及其极限偏差。

工序名称	加工余量/mm	工序尺寸公差/mm	工序基本尺寸及其极限偏差
毛坯		±1.6	
粗车	4.5	0.250	
精车	1.9	0.062	
粗磨	0.5	0.039	
精磨	0.1	0.016	

14. 什么是工艺尺寸链？试举例说明封闭环、增环、减环的概念。

15. 试判别题图1-5所示各工艺尺寸链中的增环和减环。

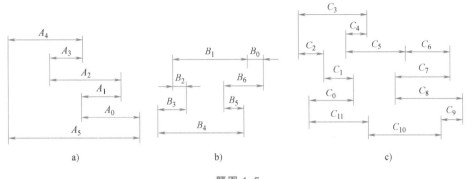

a)　　　　　　　　　b)　　　　　　　　　c)

题图 1-5

16. 在车床上按调整法加工一批如题图1-6所示的工件，现以加工完成的1面为定位基准加工端面2和3。试分别按极值法和概率法计算工序尺寸及其极限偏差，并对极值法计算结果做假废品分析。

17. 工件如题图1-7所示，$A_1 = 70^{\ 0}_{-0.05}$ mm，$A_2 = 60$mm± 0.04mm，$A_3 = 30^{+0.15}_{-0.05}$mm，因 A_3 不便测量，试重新标出测量尺寸及其公差。

18. 如题图1-8所示的工件，已加工完成外圆、内孔及端面，现需在铣床上铣出右端缺口，求调整刀具时的测量尺寸 H、A 及其极限偏差。

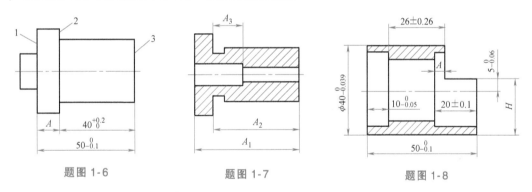

题图 1-6　　　　　　　题图 1-7　　　　　　　题图 1-8

19. 如题图1-9a所示轴套零件，除孔之外的各表面均已加工完毕。试分别计算三种定位方案钻孔的工序尺寸及其极限偏差。

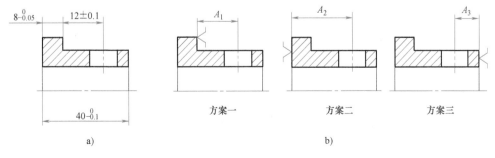

a)　　　　　　　　　　　　　　　　b)

题图 1-9

20. 题图 1-10 所示为一模板零件，镗削两孔 O_1、O_2 时均以底面 M 为定位基准，试标注镗削两孔的工序尺寸。检验两孔孔距时，因其测量不便，试标出测量尺寸 A 的大小及其极限偏差。若 A 超差，可否直接判定该模板为废品？

21. 题图 1-11 所示带键槽轴的工艺过程为：车外圆至 $\phi 30.5_{-0.1}^{\ 0}$ mm，铣键槽深度为 $H_{\ 0}^{+T_H}$，热处理，磨外圆至 $\phi 30_{+0.016}^{+0.036}$ mm。设磨后外圆与车后外圆的同轴度为 $\phi 0.05$ mm，求保证键槽深度设计尺寸 $4_{\ 0}^{+0.2}$ mm 的铣槽工序尺寸 $H_{\ 0}^{+T_H}$。

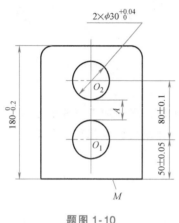

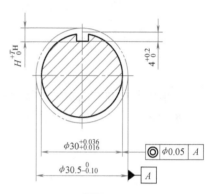

题图 1-10

题图 1-11

22. 如题图 1-12 所示的工件，由于设计尺寸 $0.66_{-0.15}^{\ 0}$ mm 不便测量，车削时采用：钻孔、镗孔 $\phi 6.3$ mm、$\phi 7_{\ 0}^{+0.1}$ mm；调头车端面 2，保证总长 $11.4_{-0.08}^{\ 0}$ mm，镗孔 $\phi 7_{\ 0}^{+0.1}$ mm，保证深度 A_1。试分析计算：

（1）校核所注轴向尺寸能否保证设计要求。

（2）按等公差法分配各组成环的公差，并求出工序尺寸 A_1。

23. 如题图 1-13 所示，阶梯轴精车后靠火花磨削 M 面、N 面。试计算试切法精车 M 面、N 面的工序尺寸。（靠火花磨削余量为 0.1 mm±0.02 mm）

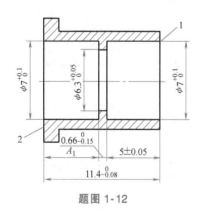

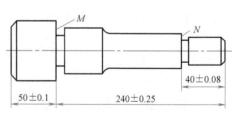

题图 1-12

题图 1-13

24. 什么是时间定额？批量生产和大量生产时的时间定额分别如何计算？

25. 什么是工艺成本？它由哪两类费用组成？单件工艺成本与年产量有何关系？

项目 2

机械加工精度分析

【知识目标】

1. 了解加工精度与加工误差的区别和联系。
2. 熟悉影响加工精度的因素。
3. 掌握误差复映规律。
4. 了解加工误差的性质，掌握加工误差的综合分析方法。
5. 掌握提高加工精度的工艺措施。

【能力目标】

1. 能正确地分析零件加工误差的产生原因。
2. 能采用分布曲线法和点图法对加工误差进行综合分析。

项目引入

如图 2-1 所示，采用球面磨床磨削挺杆的球面 C，技术要求是：球面 C 沿边缘 B 检查时的轴向圆跳动误差不大于 0.05mm。现对其工艺进行验证，判断工艺过程是否稳定，查明产生加工误差的影响因素，并提出改进措施。

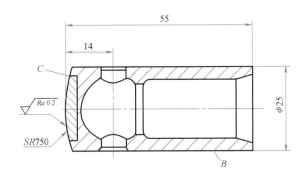

图 2-1 挺杆

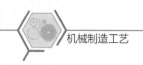

任务 2.1 工艺系统制造误差对加工精度的影响

2.1.1 认识机械加工精度

加工精度主要包括零件的尺寸精度和形状精度、表面相对位置精度三个部分。所谓加工精度是指零件在加工后的实际几何参数（尺寸、形状和表面相对位置）与图样所要求的理想几何参数相符合的程度。符合的程度越好，加工精度越高。经加工后零件的实际几何参数与理想零件的几何参数总有所不同，它们之间的差值称为加工误差。在生产实际中都是用误差的大小来反映加工精度的。研究加工精度的目的就是研究如何把各种误差控制在允许范围内（即公差范围内）。弄清各种因素对加工精度的影响规律，从而找出降低加工误差、提高加工精度的措施。

在机械加工中，机床、夹具、刀具和工件构成了一个完整的加工系统，称为工艺系统。工艺系统的各个部分，如机床、夹具、刀具和工件都存在误差，统称为工艺系统误差。工艺系统误差中的各种误差在不同的具体条件下，以不同的程度反映为工件的加工误差。工艺系统误差是产生零件加工误差的根源，由于它是原始存在的，故又称为原始误差。工艺系统误差在加工过程中必然影响工件和刀具的相对运动关系，使工件产生加工误差。所以工艺系统误差是影响工件加工精度的主要因素，主要包括原理误差、机床误差、刀具误差、夹具误差，以及工艺系统受力变形、热变形和内应力变形引起的误差等，如图2-2所示。

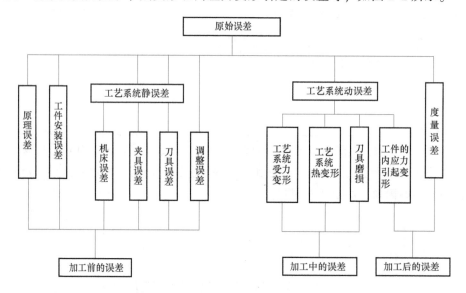

图 2-2 原始误差

研究各种原始误差的物理实质，掌握其变化的基本规律，是保证和提高零件加工精度的基础。

2.1.2 加工原理误差

在实践中，完全精确的加工原理常常很难实现，或者加工效率低，或者使机床或刀具的结构极为复杂，难以制造。有时由于连接环节多，机床传动链中的误差增加，或机床刚度和制造精度很难保证。

原理误差是由于采用了近似的加工运动、近似轮廓形状的刀具或近似的加工方法而产生的原始误差。

例如，在车床上车削模数蜗杆时，传动关系如图2-3所示。传动比i可用下式表示

$$i = \frac{工件螺距\ P_1}{机床丝杆螺距\ P} = \frac{z_1 z_3}{z_2 z_4}$$

因螺距等于蜗杆的螺距$P_1 = \pi m$，而π是一个无理数（$\pi = 3.141\cdots$），只能按近似数值选配交换齿轮，由此将产生一定的螺距误差。当交换齿轮选择得合理时，可以使误差减小到可以忽略的程度。

又如用仿形法铣削齿形时，理论上应要求刀具轮廓与工件齿槽的形状完全相同，即同一模数的各种齿数的齿形都应各有一把铣刀来加工，而生产中通常是用8或16把铣刀组成的模数铣刀来加工所有齿数的齿形，每把铣刀的轮廓是根据某一种模数中的某一种齿数的齿形来设计和制造的，如按齿数17的齿形

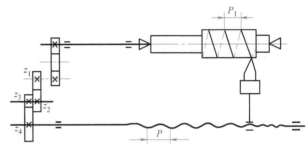

图2-3　车削模数蜗杆时的传动关系

设计的铣刀，可以用来加工齿数为17~20的齿轮。因此，当加工其他齿数的齿形时，就会产生齿形误差。

再如用齿轮滚刀加工渐开线齿轮，由于滚刀制造困难，通常采用阿基米德基本蜗杆或法向直廓基本蜗杆代替渐开线基本蜗杆。虽然减少了制造的难度，但由于采用了近似刀具轮廓形状而产生了加工误差。又由于滚刀的切削刃数有限（8~12个），用这种滚刀加工齿轮就是一种近似的加工方法。因为切削不连续，包络而成的实际齿形不是一条光滑的渐开线，而是一条折线。

采用近似的加工原理，一定会产生加工误差，但使得加工成为可能，并且简化了加工过程，使机床结构及刀具形状得以简化，刀具数量大大减少，生产成本降低，生产率有效提高。因此，只要将误差合理地限制在规定的公差范围之内，就是一种行之有效的方法。

2.1.3　机床误差

机床误差是由机床本身各部件的制造误差、安装误差和使用过程中的磨损等引起的。其中，对工件加工精度影响较大的是主轴回转误差和导轨误差等机床本身的制造误差。

1. 主轴回转误差

机床主轴是工件或刀具的位置基准和运动基准，其误差直接影响着工件的加工精度。对主轴的精度要求，最主要的就是在运转时需保证主轴回转中心线在空间的位置稳定不变，即所谓回转精度。

实际的加工过程说明，主轴回转中心线的空间位置在每一瞬间都是变动的，即存在运动误差。主轴回转中心线运动误差的表现形式为纯轴向窜动、纯径向跳动和纯角度摆动三种形

式，如图 2-4 所示。

不同形式的主轴运动误差对加工精度的影响是不同的。同一形式的主轴运动误差在不同加工方式中对加工精度的影响也是不一样的。

（1）主轴纯径向跳动误差对加工精度的影响　在镗床上镗孔时，主轴纯径向跳动误差对加工精度的影响如图 2-5 所示。设由于主轴的纯径向跳动使轴心在 Y 坐标方向上做简谐直线运动，其频率与主轴转速相同，其幅值为 A；再设主轴中心偏移量最大（等于 A）时，镗刀刀尖正好通过水平位置 1。当镗刀转过一个 φ 角时（位置 $1'$），刀尖轨迹的水平分量和垂直分量分别为

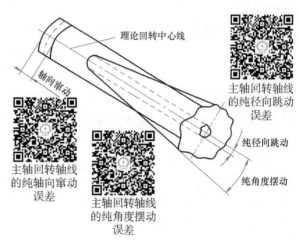

图 2-4　主轴回转误差的基本形式

$$Y = A\cos\varphi + R\cos\varphi = (A+R)\cos\varphi$$

$$Z = R\sin\varphi$$

将两式平方后相加，并整理可得

$$\frac{Y^2}{(R+A)^2} + \frac{Z^2}{R^2} = 1$$

这是一个椭圆方程式，即镗出的孔是椭圆形的，如图 2-5 细双点画线所示。

车削时，主轴的纯径向跳动对工件的圆度影响很小，如图 2-6 所示。假定主轴轴心沿 Y 坐标轴做简谐直线运动，在工件 1 处（主轴中心偏移最大之处）切出的半径比 2、4 处切出的半径小一个幅值 A，而在工件 3 处切出的半径则比 2、4 处切出的半径大一个幅值 A。这样，上述四点的工件直径都相等，其他各点的直径误差也很小，所以车削出的工件表面接近于一个正圆，但中心偏移。

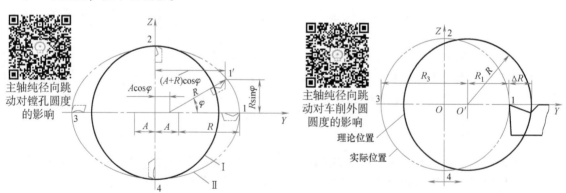

图 2-5　纯径向圆跳动对镗孔圆度的影响
Ⅰ—理想形状　Ⅱ—实际形状

图 2-6　车削时纯径向跳动对圆度的影响

（2）主轴纯轴向窜动误差对加工精度的影响　主轴的纯轴向窜动对内、外圆加工没有影响，但所加工的端面却与内、外圆中心线不垂直。主轴每转一周，就要沿轴向窜动一次，向前窜动的半周中形成右螺旋面，向后窜动的半周中形成左螺旋面，最后切出如同端面凸轮

一样的形状，并在端面中心附近出现一个凸台，如图 2-7 所示。

当加工螺纹时，必然会产生单个螺距内的周期误差。

（3）主轴纯角度摆动误差对加工精度的影响　主轴纯角度摆动误差对加工精度的影响也因加工方法而异。车削外圆时，会产生圆柱度误差，并使工件呈锥形；镗孔时，孔将呈椭圆形，如图 2-8 所示。

实际上，主轴工作时，其回转中心线的运动误差是上述三种运动形式的综合。

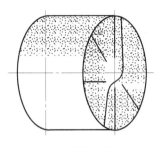

图 2-7　主轴的纯轴向窜动
对端面加工的影响

（4）影响主轴回转精度的因素及提高回转精度的措施　主轴回转中心线的运动误差不仅和主轴部件的制造精度有关，而且还与切削过程中主轴受力、受热后的变形有关。但主轴部件的制造精度是主要影响因素，是主轴回转精度的基础，它包含轴承误差、轴承间隙、与轴承相配合零件的制造误差等。

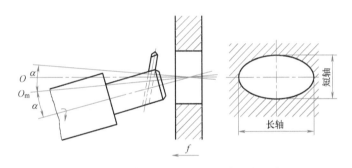

图 2-8　主轴的纯角度摆动对镗孔的影响
O—工件孔中心线　O_m—主轴回转中心线

当主轴采用滑动轴承支承时，主轴是以轴颈在轴承内回转的，对于车床类机床，主轴的受力方向是一定的，这时主轴轴颈被压向轴套表面某一位置。因此，主轴轴颈的圆度误差将直接传递给工件，而轴套内孔的圆度误差对加工精度的影响很小，如图 2-9a 所示。

对镗床类机床，主轴所受切削力的方向是随着镗刀的旋转而旋转的，因此，轴套内孔的圆度误差将传递给工件，而主轴轴颈的圆度误差对加工精度的影响很小，如图 2-9b 所示。

当主轴用滚动轴承支承时，主轴的回转精度不仅取决于滚动轴承的精度，在很大程度上还和轴承的配合件有关。滚动轴承的精度取决于内、外环滚道的圆度误差，内座圈的壁厚差及滚动体的尺寸误差和圆度误差等。

主轴轴承间隙对回转精度也有影响，如轴承间隙过大，会使主轴工作时的油膜厚度增大，刚度降低。

由于轴承的内、外座圈和轴套很薄，

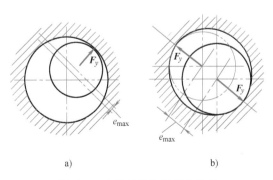

a)

b)

图 2-9　主轴轴颈与轴套内孔的
误差引起的径向跳动

因此，与之相配合的轴颈或箱体轴承孔的圆度误差会使轴承的内、外座圈发生变形而引起主轴回转误差。

为提高主轴的回转精度，一般从主轴部件和轴承等方面采取措施。

1）提高主轴部件的制造精度。首先应提高轴承的回转精度，如选用高精度的滚动轴承，或采用高精度的多油楔动压轴承和静压轴承。其次是提高箱体支承孔、主轴轴颈和与轴承相配合零件的有关表面的机械加工精度。此外，还可在装配时先测出滚动轴承及主轴锥孔的径向圆跳动误差，然后调节径向圆跳动的方位，使误差相互补偿或抵消，以减少轴承误差对主轴回转精度的影响。

2）对滚动轴承进行预紧。对滚动轴承适当预紧可以消除间隙，甚至产生微量过盈，由于轴承内、外圈和滚动体弹性变形的相互制约，既增加了轴承刚度，又对轴承内、外圈滚道和滚动体的误差起均化作用，因而可提高主轴的回转精度。

3）使主轴的回转误差不反映到工件上。直接保证工件在机械加工过程中的回转精度而不依赖于主轴，是保证工件形状精度的最简单而有效的方法。例如，在镗床上加工箱体类零件的孔时，可采用前、后导向套的镗模，刀杆与主轴浮动联接，使刀杆的回转精度与机床主轴回转精度也无关，仅由刀杆和导向套的配合质量决定。

2. 导轨误差

床身导轨是机床中确定主要部件相对位置的基准，也是运动的基准，它的各项误差将直接影响被加工零件的精度。对机床导轨的精度要求主要包括在水平面内的直线度、在垂直面内的直线度和两导轨间的平行度（扭曲）三个方面。

（1）导轨在水平面内有直线度误差

以车床为例，导轨在水平面内的直线度误差使得刀尖的直线运动轨迹产生同样程度的位移 ΔY，而此位移刚好发生在被加工表面的法线方向，所以工件的半径误差 ΔR 就等于 ΔY，如图 2-10 所示。此项误差对于卧式车床和外圆磨床，对加工精度的影响极大，使工件产生圆柱度误差（鞍形或鼓形）。

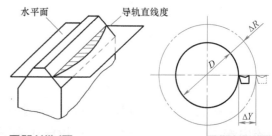

图 2-10　车床导轨在水平面内直线度误差引起的误差

车床导轨在水平面内直线度引起的误差（中凸）

车床导轨在水平面内直线度引起的误差（中凹）

（2）导轨在垂直面内有直线度误差

以车床为例，车床导轨在垂直面内的直线度误差使得刀尖在被加工表面的切线方向产生了位移 ΔZ，从而造成加工误差 $\Delta R \approx \Delta Z^2 / (2R)$，除加工圆锥形的表面外，对加工精度的影响不大，可以忽略不计，如图 2-11 所示。但对于龙门刨床、龙门铣床及导轨磨床来说，导轨在垂直面内的直线度误差将直接反映到工件上。如图 2-12 所示，龙门刨床工作台为薄长件，刚度较差，若床身导轨为中凹形，刨出的工件也是中凹形。

（3）两导轨间有平行度误差　此时，导轨发生了扭曲，如图 2-13 所示。刀尖相对于工件在水平和垂直两个方向发生偏移，从而影响加工精度。设垂直于纵向工作行程的任意横截面内前、后导轨的平行度误差为 δ，则工件半径变化量 ΔR 因 δ 很小，$\alpha \approx \alpha'$，而近似地等于

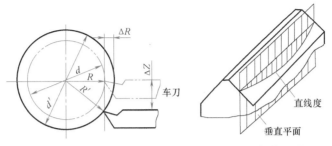

图 2-11　车床导轨在垂直面内直线度误差引起的误差

刀尖的水平位移 ΔY，即

$$\Delta R \approx \Delta Y = \frac{H}{B}\delta$$

一般，车床取 $H/B \approx 2/3$，外圆磨床取 $H \approx B$，因此这项原始误差对加工精度的影响不容忽视。由于 δ 在纵向不同位置处的值不同，因此加工出的工件产生圆柱度误差（呈鞍形、鼓形或锥度等）。

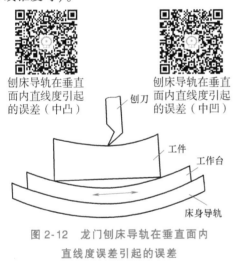

刨床导轨在垂直面内直线度引起的误差（中凸）　刨床导轨在垂直面内直线度引起的误差（中凹）

图 2-12　龙门刨床导轨在垂直面内
直线度误差引起的误差

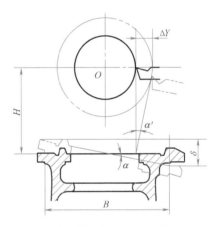

图 2-13　车床导轨扭曲
对工件形状的影响

机床导轨的几何精度不仅取决于机床的制造精度，而且与使用时的磨损及机床的安装状况有很大的关系。尤其是对大、重型机床，因导轨刚性较差，床身在自重作用下很容易发生变形，因此为减少导轨误差对加工精度的影响，除提高导轨制造精度外，还应注意机床的安装和调整，并应提高导轨的耐磨性。

3. 传动链误差

对于某些加工方式，如车或磨螺纹、滚齿、插齿以及磨齿等，为保证工件的加工精度，除了前述的因素外，还要求刀具与工件之间具有准确的传动比。例如车削螺纹时，要求工件每转一转，刀具走一个行程；在用单头滚刀滚齿时，要求滚刀每转一转，工件转过一个齿等。这些成形运动间的传动比关系是由机床的传动链来保证的，若传动链存在误差，它是影响加工精度的主要因素。

传动链误差是由于传动链中的传动元件存在制造误差和装配误差引起的。使用过程中有磨损，也会产生传动链误差。各传动元件在传动链中的位置不同，影响也不同。通过传动链

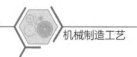

误差的谐波分析可以判断误差来自传动链中的哪一个传动元件，并可根据其大小找出影响传动链误差的主要环节。

为减少传动链误差对加工精度的影响，可采取下列措施：

1）减少传动链中的传动元件数量，缩短传动链，以减少误差来源。

2）提高传动元件，特别是末端传动元件的制造精度和装配精度。

3）传动链齿轮间存在间隙，同样会产生传动链误差，因此需消除间隙。

4）采用误差矫正机构来提高传动精度。

2.1.4 刀具与夹具制造误差

1. 刀具的制造误差

刀具制造误差对加工精度的影响，随刀具种类的不同而不同。

采用定尺寸刀具（如钻头、铰刀、丝锥、板牙、拉刀等）加工时，刀具的尺寸误差直接影响工件的尺寸精度。一些多刃的孔加工刀具，如安装不当（几何偏心等）或两侧切削刃刃磨不对称，都会使加工表面尺寸扩大。

采用成形刀具加工时，刀具切削基面上的投影就是加工表面的母线形状。因此，切削刃的形状误差以及刃磨、安装、调整不正确，都会直接影响工件加工表面的形状精度。

采用展成法加工时，刀具与工件要做具有严格运动关系的啮合运动，加工表面是切削刃在相互啮合运动中的包络面，切削刃的形状必须是加工表面的共轭曲线。因此，切削刃的形状误差以及刃磨、安装、调整不正确，同样会影响工件加工表面的形状精度。

采用一般刀具（如车刀、铣刀、镗刀等）加工时，加工表面的形状由机床运动精度保证，尺寸由调整决定，刀具的制造误差对加工精度无直接影响，但如果刀具几何参数和形状不适当，将影响刀具的磨损和使用寿命，间接影响工件的加工精度。

2. 刀具的磨损

刀具的磨损，即刀具在加工表面法向的磨损量（图 2-14 中的 μ），它直接反映刀具磨损对加工精度的影响。刀具的磨损过程如图 2-15 所示，可分为三个阶段。

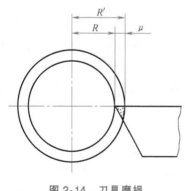

图 2-14　刀具磨损

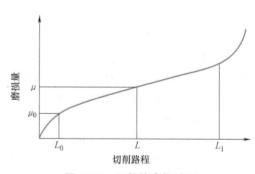

图 2-15　刀具的磨损过程

第一阶段称为初期磨损阶段（$L < L_0$），磨损快，磨损量 μ 与切削路程 L 成非线性关系。

第二阶段称为正常磨损阶段（$L_0 < L < L_1$），其特点是磨损较慢，磨损量 μ 与切削路程 L 成线性关系。

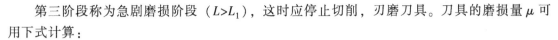

第三阶段称为急剧磨损阶段（$L>L_1$），这时应停止切削，刃磨刀具。刀具的磨损量 μ 可用下式计算：

$$\mu=\mu_0+\frac{k(L-L_0)}{1000}\approx\mu_0+\frac{kL}{1000}$$

式中　μ——刀具磨损量（μm）；

　　　μ_0——刀具初始磨损量（μm）；

　　　k——单位磨损量（$\mu m/1000m$）；

　　　L——切削路程（m）。

刀具磨损使同一批工件的尺寸前后不一致，车削长工件时会产生锥度。

为减少刀具的制造误差和磨损对加工精度的影响，除合理规定定尺寸刀具和成形刀具的制造公差外，还应根据工件材料和加工要求，准确选择刀具材料、切削用量、冷却润滑，并准确刃磨，以减少刀具磨损。必要时，还可以对刀具的尺寸磨损进行补偿。

3. 夹具的制造误差与磨损

夹具误差包括工件的定位误差和夹紧变形误差、夹具的安装误差、分度误差以及夹具的磨损等。除定位误差中的基准不重合误差之外，其他误差均与夹具的制造精度有关。

夹具误差首先影响工件被加工表面的位置精度，其次影响尺寸精度和形状精度。如图 2-16 所示，夹具体上的定位轴的外径误差、定位轴与安装钻模板圆柱表面间的同轴度误差，以及钻模板的孔距误差都会影响到尺寸 25mm±0.15mm。又如铣床夹具上对刀装置的位置误差将影响加工表面的位置等。

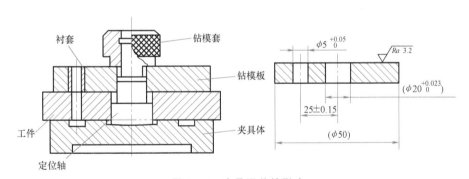

图 2-16　夹具误差的影响

夹具的磨损主要是定位元件、刀具引导元件的磨损，如镗模套的磨损将增大镗杆与镗模套间的间隙，因而增大加工误差。定位元件的磨损会使孔与基准面间的位置误差增大。

为减少夹具误差所造成的加工误差，夹具的制造误差一般取零件公差的 1/3~1/5。对于容易磨损的定位元件、导向元件等，除应采用耐磨材料外，应做成可拆卸的，以方便更换。

任务 2.2　工艺系统受力变形对加工精度的影响

2.2.1　工艺系统刚度

由机床、夹具、工件、刀具所组成的工艺系统是一个弹性系统，如图 2-17 所示的车床

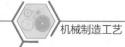

各部位弹性连接。在加工过程中，工艺系统会受到切削力、传动力、夹紧力、重力以及惯性力等外力的作用。由于工艺系统本身不是一个绝对刚体，在上述外力作用下，各组成部分将产生相应的变形，使得已经调整好的刀具与工件的相对位置发生变化，造成工件几何形状和尺寸两方面的误差。其中，切削力所引起的变形对加工精度的影响最大。

例如车削细长轴时，如图 2-18 所示，由于轴受力变形，车削的细长轴会出现中间粗两头细的形状。

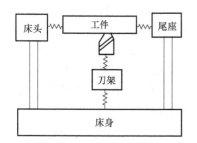

图 2-17　车床各部位弹性连接

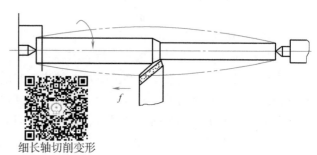

细长轴切削变形

图 2-18　细长轴车削时的受力变形

又如图 2-19 所示，在内圆磨床上采用切入式磨孔时，由于内圆磨头轴的弹性变形，内孔会出现锥度误差。

因此，工艺系统的受力变形是影响加工精度的一个主要因素，也是影响表面质量的一个因素。弹性系统在外力作用下所产生的变形位移的大小取决于外力的大小和系统抵抗外力的能力。

所谓刚度是指物体或系统抵抗使其变形的外力的能力。工艺系统的刚度是以切削力和在该方向上所引起的刀具和工件间的相对变形位移的比值来表示的，即

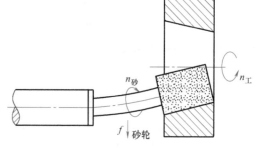

图 2-19　切入式磨孔时磨头轴的受力变形

$$K_{系统} = \frac{F}{y}$$

式中　$K_{系统}$——工艺系统的刚度（N/mm）；

　　　F——切削力（N）；

　　　y——变形位移（mm）。

工艺系统受力变形所产生的加工误差是指在加工过程中刀具相对工件在切削接触点法线方向的相对变形位移 y，其值的大小与切削力 F 和工艺系统刚度 $K_{系统}$ 有关，即

$$y = \frac{F}{K_{系统}}$$

由于切削力 F 有 F_x、F_y、F_z 三个分力，所以刚度也有相应的三个方向的刚度，但是，在切削加工中，对加工精度影响最大的是切削刃沿加工表面的法线方向（y 方向上），所以计算工艺系统刚度就只考虑此方向上的切削分力 F_y 和相对变形位移 $y_{系统}$，即

$$K_{系统} = \frac{F_y}{y_{系统}}$$

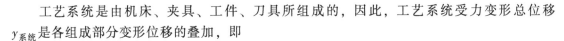

工艺系统是由机床、夹具、工件、刀具所组成的，因此，工艺系统受力变形总位移 $y_{系统}$ 是各组成部分变形位移的叠加，即

$$y_{系统} = y_{机床} + y_{刀具} + y_{工件} + y_{夹具}$$

而

$$K_{机床} = \frac{F_y}{y_{机床}}, \quad K_{刀具} = \frac{F_y}{y_{刀具}}, \quad K_{工件} = \frac{F_y}{y_{工件}}, \quad K_{夹具} = \frac{F_y}{y_{夹具}}$$

则

$$K_{系统} = \frac{F_y}{y_{系统}} = \frac{1}{\dfrac{1}{K_{机床}} + \dfrac{1}{K_{刀具}} + \dfrac{1}{K_{工件}} + \dfrac{1}{K_{夹具}}}$$

也就是说，当知道工艺系统各组成部分的刚度后，就可求出这个工艺系统的刚度。

现以在车床上用两顶尖定位加工光轴为例，由于机床、刀具和工件的刚度不等以及刀具在加工过程中所处的位置不同而形成不同的系统刚度 $K_{系统}$。

对于车削加工所用的车刀，因其变形甚微可忽略不计。机床夹具按机床部件处理，不再单独计算。因此，由图 2-20 可知：

$$\begin{aligned} y_{系统} &= y_{工件} + y_{机床} \\ &= y_{工件} + y_{头架} + (y_{尾座} - y_{头架})x/L + y_{刀架} \\ &= y_{工件} + (1 - x/L)y_{头架} + y_{尾座}x/L + y_{刀架} \end{aligned}$$

式中 $y_{工件}$、$y_{机床}$、$y_{头架}$、$y_{尾座}$、$y_{刀架}$ 分别为工件、机床、头架、尾座及刀架在加工过程中的 x 位置处的变形量。

根据材料力学的公式可得

$$y_{工件} = \frac{F_y L^3}{3EJ}\left(\frac{x}{L}\right)^2\left(\frac{L-x}{L}\right)^2$$

由于力 F_y 的作用，作用在床头上的力为 F_1，作用在尾座上的力为 F_2。

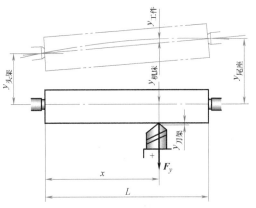

图 2-20　光轴车削时的受力变形

由于

$$F_1 = \left(\frac{L-x}{L}\right)F_y$$

$$F_2 = \frac{x}{L}F_y$$

而有

$$y_{头架} = \frac{F_y}{K_{头架}}\left(1 - \frac{x}{L}\right)$$

$$y_{尾座} = \frac{F_y}{K_{尾座}}\left(\frac{x}{L}\right)$$

刀架的位移量 $y_{刀架}$ 根据下式计算：

$$y_{刀架} = \frac{F_y}{K_{刀架}}$$

将上述各项代入 $y_{系统}$ 公式中并加以简化得

$$y_{系统} = \frac{F_y L^3}{3EJ}\left(\frac{x}{L}\right)^2\left(\frac{L-x}{L}\right)^2 + \frac{F_y}{K_{头架}}\left(1 - \frac{x}{L}\right)^2 + \frac{F_y}{K_{尾座}}\left(\frac{x}{L}\right)^2 + \frac{F_y}{K_{刀架}}$$

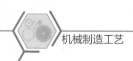

式中　　　　　　　E——弹性模量（N/mm²）；

　　　　　　　　J——截面惯性矩（mm⁴）；

$K_{头架}$、$K_{尾座}$、$K_{刀架}$——分别为床头、尾座和刀架的刚度（N/mm）。

当在车床上加工细长轴时，由于刀具在两端时系统刚度最高，工件变形很小；当在工件中间时，由于工件刚度很低而变形很大，因此加工后出现腰鼓形，如图2-21所示。

假设工件材料为钢，尺寸为$\phi30mm\times600mm$，$F_y=300N$，只考虑工件变形时，则有

$$y_{工件}=\frac{F_yL^3}{3EJ}\left(\frac{1}{2}\right)^2\times\left(\frac{1}{2}\right)^2=\frac{F_yL^3}{48EJ}$$

此时，$E=2\times10^5N/mm^2$，$J=\pi D^4/64=3.14\times(30mm)^4/64=39740.6mm^4$

则　　　$y_{工件}=0.170mm$

此时，加工后的中间直径将比两端大0.34mm，误差很大。

2.2.2　误差复映现象

加工工件时，在工艺系统刚度为常值的情况下（如车刀横向进给车槽或纵向车一个短而粗的圆柱表面），由于余量不均匀或硬度不均匀也会造成加工误差。

如图2-22所示，当毛坯有圆度误差时，将刀尖调整到要求的尺寸后。在工件每一转的过程中，切削深度将发生变化。车刀切至椭圆长轴时为最大背吃刀量a_{p1}，切至椭圆短轴时为最小背吃刀量a_{p2}，其余位置的背吃刀量则在a_{p1}和a_{p2}之间。因此径向力也随背吃刀量a_p的变化而由最大值F_{ymax}变到最小值F_{ymin}，它所引起的变形量也由于y_1变到y_2，所以加工后工件仍有圆度误差。毛坯的形状误差以类似的形式复映到加工后的工件表面上，这种现象称为"误差复映"。

误差复映现象

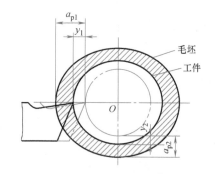

图2-21　车削时由于工件和机床
刚度不足而造成的加工误差

图2-22　毛坯形状的误差复映

误差复映的程度以误差复映系数ε表示，其大小可根据系统刚度$K_{系统}$来计算。根据图2-22可知工件的误差为

$$\Delta_{工件}=y_1-y_2=\frac{F_1-F_2}{K_{系统}}$$

根据切削原理公式有　　　　　　　　$F=\lambda C_p a_p f^{0.75}$

式中　　λ——F_y/F_z，一般取$\lambda=0.4$；

　　　　C_p——与工件材料和刀具几何角度有关的系数，由切削用量手册查得；

a_p——背吃刀量（mm）；

f——进给量（mm）。

则

$$\Delta_{\text{工件}} = \frac{F_1 - F_2}{K_{\text{系统}}} = \lambda C_p f^{0.75} \frac{a_{p1} - a_{p2}}{K_{\text{系统}}} = \frac{\lambda C_p f^{0.75} \Delta_{\text{毛坯}}}{K_{\text{系统}}}$$

令

$$\frac{\lambda C_p f^{0.75}}{K_{\text{系统}}} = \varepsilon$$

则

$$\Delta_{\text{工件}} = \varepsilon \Delta_{\text{毛坯}}$$

$$\varepsilon = \Delta_{\text{工件}} / \Delta_{\text{毛坯}}$$

式中 ε——误差复映系数。

可以看出，工艺系统刚度越高，误差复映系数就越小，复映在零件上的误差也越小。当镗孔、磨内孔和车细长轴时，工艺系统刚度较低，误差复映现象比较严重。为了减小误差复映系数，可以改善刀具的几何形状和刃磨质量以减小 C_p，减小进给量也可以减小 ε。除此之外，还可以分几个工作行程来逐步消除 $\Delta_{\text{毛坯}}$ 所复映的误差。

若加工过程分几次进给进行，每次的复映系数记为 ε_1、ε_2、ε_3、$\cdots$、ε_n，则总的复映系数 $\varepsilon = \varepsilon_1 \varepsilon_2 \varepsilon_3 \cdots \varepsilon_n$，由于变形位移 y 总是小于背吃刀量 a_p，所以 ε 总小于1。因此，经过几次进给后，ε 降到很小的数值，加工误差也就降到允许范围以内了。在成批大量生产中，用调整法加工一批工件时，误差复映规律表明了因毛坯的直径尺寸不一致造成加工后该批工件的分散。

例2-1 车削一批钢轴，毛坯的直径尺寸为 $\phi 50\text{mm} \pm 3\text{mm}$，用 YT15[一] 车刀一次车到工序尺寸，所用的进给量为 $f = 1\text{mm/r}$，背吃刀量 $a_p = 0.35\text{mm}$，切削速度 $v_c = 100\text{m/min}$，$K_{\text{系统}} = 1.96 \times 10^4 \text{N/mm}$。试求这批工件加工后的直径误差。

解： $\Delta_{\text{毛坯}} = 3\text{mm} - (-3\text{mm}) = 6\text{mm}$

查切削用量手册得

$$C_p = 1884\text{N/mm}$$

取 $\lambda = 0.4$

则

$$\varepsilon = \frac{0.4 \times 1884\text{N/mm} \times 1^{0.75}}{1.96 \times 10^4 \text{N/mm}} = 0.0384$$

$$\Delta_{\text{工件}} = 0.0384 \times 6\text{mm} = 0.23\text{mm}$$

所以，加工后工件的直径误差为 0.23mm。

2.2.3 惯性力和夹紧力的影响

1. 惯性力引起的加工误差

在加工过程中，由于旋转零件、夹具或工件等的不平衡而产生的惯性力，对工件加工精度的影响是很大的。该惯性力在每一转中不断改变方向，因此它在径向的分力有时与切削力方向相同，有时则相反，从而引起工艺系统某些环节受力变形发生变化，造成加工误差。当惯性力与切削力方向同向时，工件被推离刀具，减小了切削深度；当惯性力与切削力方向反向时，工件被推向刀具，增加了切削深度。总的结果是使工件产生圆度误差。

[一] 鉴于目前行业中沿用较多，保留此类牌号。

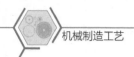

为消除惯性力对加工精度的影响，生产中常采用"配重平衡"的方法。必要时，还可降低转速。

2. 夹紧力引起的加工误差

当工件刚度较差时，由于夹紧不当而产生夹紧变形，也常常引起加工误差。如图2-23所示，用自定心卡盘夹持薄壁套筒镗孔时，夹紧前如图2-23a所示；夹紧后外圆与内孔呈三角棱圆形，如图2-23b所示；镗孔后如图2-23c所示，外圆形状不变，而内孔呈圆形；松开自定心卡盘后则如图2-23d所示，外圆恢复圆形而内孔则呈三角棱圆形。

为了减小夹紧变形，如图2-23e、f所示，在工件外面加一个开口的过渡环或加大其与卡爪接触面积，以使夹紧均匀，减小变形。

3. 重力所引起的加工误差

在切削力很小的精密机床中，工艺系统因有关部件自身重力作用所引起的变形而造成加工误差也较突出。例如，用带有悬伸式磨头的平面磨床磨平面时，由于磨头部件的自重变形将使得磨削平面产生平行度和平面度误差，如图2-24所示。

为了减小由于重力而产生的变形问题，除机床设计时加强机床刚性外，可根据工艺系统变形的规律，采取补偿变形的方法。

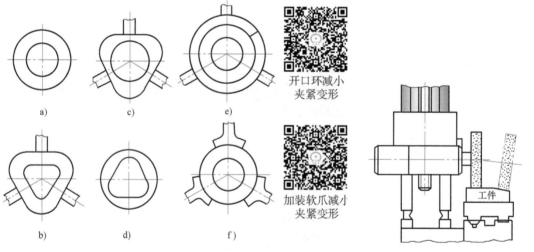

开口环减小夹紧变形

加装软爪减小夹紧变形

工件

图 2-23　由于夹紧变形而造成的加工误差　　图 2-24　因重力变形而造成的加工误差

任务2.3　工艺系统热变形对加工精度的影响

在机械加工过程中，工艺系统在各种热源的影响下，常产生一定的热变形。由于热源分布的不均匀性以及各环节结构和材料的不同，使工艺系统各部分产生的热源既复杂又不均匀，从而破坏了工艺系统各组成部分间的相对位置精度和相对运动精度，造成了加工误差。

工艺系统热变形对精加工影响较大。据统计，在某些精密加工中，由于热变形引起的加工误差约占总加工误差的40%~70%；在大型零件加工中，热变形对加工精度的影响也十分显著；在自动化生产中，热变形导致加工精度不断变化。

在机械加工过程中，引起工艺系统热变形的热源大致可分为两类：内部热源和外部热源。

内部热源主要包括：一种是来自切削过程的切削热，它以不同的比例传递给工件、刀具、切屑及周围的介质；另一种是摩擦热，它来自于机床中的各种运动副和动力源，如高速运动导轨副、齿轮副、丝杠螺母副、蜗杆副、摩擦离合器、电动机等。

外部热源主要来自外部环境，如气温、阳光、取暖设备、灯光、人体等。

切削热和摩擦热是工艺系统的主要热源。

2.3.1 机床热变形对加工精度的影响

不同类型的机床因其结构与工作条件的差异而使热源和变形形式各不相同。

磨床的热变形对加工精度的影响较大，一般外圆磨床的主要热源是砂轮主轴的摩擦热及液压系统的发热；而车床、铣床、钻床、镗床等机床的主要热源是主轴箱，主轴箱轴承的摩擦热及主轴箱中油的发热导致主轴箱及与它相连部分的床身温度升高。

图 2-25 所示为卧式车床的热变形。其中图 2-25a 表示温度升高使床身变形、主轴抬高和倾斜；图 2-25b 所示为主轴抬高量和倾斜量与运转时间之间的关系。

关于各类机床工作时热变形的大致趋势及减少机床热变形对加工精度影响的途径，可查阅有关资料。

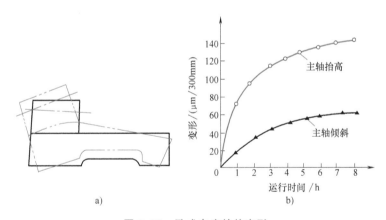

图 2-25 卧式车床的热变形

2.3.2 工件热变形对加工精度的影响

工件的热变形是由切削热引起的，热变形的情况与加工方法和受热是否均匀有关。

轴类零件在车削或磨削时，一般是均匀受热，温度逐渐升高，其直径也逐渐胀大，胀大部分将被刀具切除，待工件冷却后则形成圆柱度误差和直径尺寸误差。

细长轴用两顶尖定位车削时，热变形将使工件伸长，导致工件产生弯曲变形，加工后将产生圆柱度误差。工件热伸长量 ΔL 按下式计算：

$$\Delta L = \alpha L \Delta t$$

式中　α——工件材料的热膨胀系数（1/℃）；

　　　L——工件在热变形方向上的尺寸（mm）；

　　　Δt——工件平均温升（℃）。

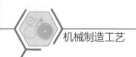

例如，6级丝杠螺距积累误差按规定在全长上不许超过0.02mm，现磨削长度为3000mm的丝杠，每个工作行程温度将升高3℃，能否满足要求？（钢材的热膨胀系数 $\alpha = 12 \times 10^{-6}/℃$）

工件热伸长量为 $\quad \Delta L = 12 \times 10^{-6}/℃ \times 3000mm \times 3/℃ = 0.1mm$

因此，由于切削热引起的热伸长而产生的误差是规定的公差0.02mm的5倍，不能满足要求。同时可见受热变形对加工精度影响的严重性。

当工件能够自由伸长时，工件的热变形主要影响尺寸精度，否则加工光轴时会产生圆柱度误差，加工螺纹时会产生螺距误差。

当进行铣、刨、磨等平面加工时，工件由于单面受热，上、下表面产生温差而引起热变形，从而导致工件向上凸起，中间切去的材料较多，冷却后被加工表面呈凹形，产生平面度误差。

上面关于工件不均匀受热的变形分析只是粗略的，实际加工中情况较为复杂。例如在平面磨削中，工件热变形既与实际切削深度有关，也与连续磨削次数有关。

为减小工件热变形对加工误差的影响，可采取下列措施：

1）在切削区施加充分的切削液。

2）提高切削速度或进给量，以减少传入工件的热量。

3）粗、精加工分开，使粗加工的余热不带到精加工工序中。

4）勿等刀具和砂轮过分磨钝后再进行刃磨和修正，以减少切削热和磨削热。

5）使工件在夹紧状态下有伸缩的自由，如采用弹簧顶尖等。

2.3.3 刀具热变形对加工精度的影响

使刀具产生热变形的热源主要也是切削热。尽管切削热大部分被切屑带走或传进工件，传到刀具上的热量很少（占总热量的3%~5%），但因刀具切削部分质量小（体积小）、热容量小，所以刀具切削部分的温升大。例如用高速钢刀具车削时，刃部的温度高达700~800℃，刀具热伸长量可达0.03~0.05mm。因此，刀具热变形对加工精度的影响不容忽略。

图2-26所示为车削时车刀的热变形与切削时间的关系曲线。当车刀连续车削时，车刀变形情况如曲线A，经过10~20min即可达到热平衡，此时车刀变形的影响很小；当车刀停止切削后，车刀冷却变形过程如曲线B；当车削一批短小轴类零件时，由于需要装卸工件，车削过程时断时续，车刀热变形在Δ范围内变动，其变形过程如曲线C。

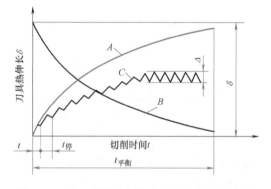

图2-26 车刀的热变形与切削时间的关系曲线

加工大型零件时，刀具热变形往往造成几何形状误差。例如车削长轴时，可能由于刀具的热伸长而变成锥体。

为减小刀具热变形对加工误差的影响，可采取下列措施：

1）减小刀具伸出长度。

2）改善散热条件。

3）改进刀具角度，减小切削热。

4）合理选用切削用量以及加工时的切削液，使刀具得到充分冷却等。

任务2.4　工件内应力变形对加工精度的影响

2.4.1　内应力及其产生原因

所谓内应力（又称残余应力），是指当外部载荷去掉以后，仍残存在工件内部的应力，或者说是在没有外力作用时而存在于工件内部的应力。工件中一旦产生内应力之后，内应力就会使工件金属处于一种高能位的不稳定状态，本能地要向低能位的稳定状态转化，并伴随有变形发生，从而使工件丧失原有的加工精度。就整个工件而言，内应力是互相平衡的，所以在零件内部，内应力是成对出现的。

当加工时，内应力的平衡遭到破坏，要重新进行平衡。在重新平衡时，零件会发生变形，破坏原有精度。内应力越大，加工后的变形也越大。

1. 毛坯制造中产生的内应力

由于锻、铸、焊和热处理等热加工过程中零件各个表面冷却速度不均匀、塑性变形程度不一致而又互相牵制，以及金相组织的转变引起金属不均匀的体积变化，因此使其内部产生较大的内应力。

图2-27a所示为一个铸造毛坯，其内外壁厚不等，壁1和壁2较薄，壁3较厚。浇注后的冷却过程中，壁1和壁2冷却较快，壁3冷却较慢。因此，当壁1和壁2从塑性状态冷却到弹性状态时，壁3的温度仍较高，尚处于塑性状态。这时壁1和壁2在收缩时并未受到壁3的阻碍，铸件内部没有产生内应力。但当壁3继续冷却到弹性状态时，企图收缩，受到温度已很低的壁1和壁2的限制，使壁3内部产生残余拉应力，壁1和壁2产生残余压应力，并处于平衡状态。此时，若在壁2处铣个缺口，则壁2的应力消失，壁1和壁3在各自的压、拉内应力作用下产生伸长和收缩变形，直到内应力重新分布，达到新的平衡。工件将发生图2-27b所示的变形。

为了克服这种内应力重新分布而引起的变形，特别是对大型和精度要求高的零件，一般在铸件粗加工后安排进行时效处理，然后再做精加工。

铸件内应力
及其变形
（一边切开）

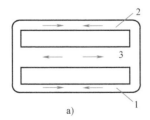

a)

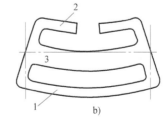

b)

图2-27　铸造内应力及其变形

铸件内应力
及其变形
（中间切开）

机床床身铸件
内应力及其变形

2. 冷校直产生的内应力

一些细长轴工件（如丝杠等）由于刚度低，容易发生弯曲变形，常采用冷校直的方法

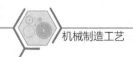

使之变直。冷校直就是在原有变形的相反方向施加力 F，使工件向反方向弯曲，产生塑性变形，以达到校直的目的。

如图 2-28a 所示，一根无内应力向上弯曲的长轴，当中部受到载荷 F 作用时，将产生内应力，其中心线以上部分产生压应力，中心线以下部分产生拉应力，如图 2-28b 所示，两条虚线之间是弹性变形区，虚线之外为塑性变形区。

当外力 F 去除以后，弹性变形部分本来可以完全恢复而消失，但因塑性变形部分恢复不了，内、外层金属就产生互相牵制的作用，形成新的内应力平衡状态，如图 2-28c 所示。所以说，冷校直后的工件虽然减少了弯曲，但是依然处于不稳定状态。此时，若进行切削加工，工件将产生新的弯曲变形。

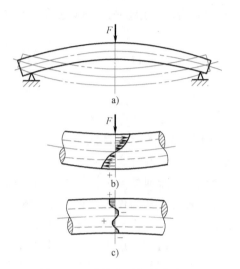

图 2-28 冷校直引起的内应力

3. 切削加工产生的内应力

在切削加工时形成的力和热的作用下，被加工表面产生塑性变形，也会引起内应力，并在加工后发生变形。

2.4.2 减小或消除内应力的方法

为了克服内应力的重新分布而引起的变形，一般采取以下几个措施：

1) 安排热处理工序来消除毛坯和零件粗加工后产生的内应力，对于特别精密的零件，还要进行多次消除内应力的热处理工序。

2) 对于结构复杂、刚度低的零件，将工艺过程分为粗加工、半精加工、精加工三个阶段，以减小内应力引起的变形。

3) 严格控制切削用量和刀具磨损，使零件不致产生较大的内应力。

4) 合理设计零件结构，尽量减小各部分厚度尺寸差值，以减小毛坯制造中的内应力。

5) 采用无切削力的特种工艺方法，如电化学加工、电蚀加工等。

任务 2.5 调整误差的影响因素

在机械加工中，由于"机床-夹具-工件-刀具"工艺系统没有调整到正确的位置而产生的加工误差，称为调整误差。

2.5.1 试切法调整

试切法调整就是对被加工工件进行"试切-测量-调整-再试切"，直至达到符合规定的尺寸要求后，再正式切出整个加工表面。这种调整方法主要用于单件小批生产中。显然这时引起调整误差的因素有：

1. 测量误差

测量误差是指测量器具误差、测量温度变化、测量力以及视觉偏差等引起的误差，它将使加工误差扩大。

2. 微量进给的影响

在试切过程中，总是微量调整刀具的进给量，以便最后达到零件的尺寸精度要求。但是，在低速微量进给中，常会出现进给机构的"爬行"现象，结果使刀具的实际进给量比手轮转动刻度数偏大或偏小些，以致难于控制尺寸精度，造成加工误差。

3. 切削厚度的影响

在切削加工中，刀具所能切掉的最小切削厚度是有一定限度的。锐利的切削刃最小切削厚度仅为 $5\mu m$，已钝的切削刃最小切削厚度达 $20\sim50\mu m$，切削厚度再小时切削刃就切不下金属而在加工表面上打滑，只起挤压作用。精加工时，试切的金属层总是很薄，由于打滑和挤压，试切的金属实际上可能没有被切削下来。这时，如果认为试切尺寸已经合格，就合上纵向行程机构进行正式切削，则新切到部分金属层厚度将比试切部分的要大，刀具不会打滑，因此最后得到的工件尺寸会比试切时得到的小些，如图 2-29a 所示。粗加工时，新切到部分的金属层厚度大大超过试切部分，切削力突然增加，由于工艺系统受力变形，产生让刀也大些，如图 2-29b 所示，车削外表面时就会使工件尺寸变大。

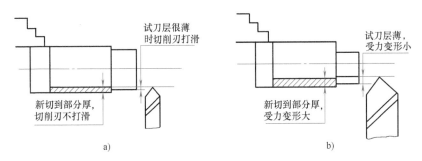

图 2-29 试切法调整

2.5.2 按定程机构调整

在半自动机床、自动机床和自动线上，广泛采用行程挡块、靠模及凸轮机构来保证加工精度。这些机构的制造精度和磨损，以及与其配合使用的离合器行程开关、控制阀等的灵敏度就成了影响调整误差的主要因素。

2.5.3 用样件或样板调整

在各种仿形机床、多刀机床和专用机床的加工中，常采用专门的样件或样板来调整刀具、机床与工件之间的相对位置。这样，样件或样板本身的制造误差、安装误差、对刀误差就成为影响调整误差的主要因素。

任务2.6 加工误差的综合分析

前述各种误差因素都是局部的、单因素的。在实际生产中，影响加工精度的因素往往是错综复杂的，有的可以相互补充或抵消，有的则必须相互叠加；很多原始误差的出现带有一定的随机性，而且还往往有许多考察不清或认识不到的误差因素。因此，难以用前述的单因

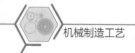

素估算法来分析其因果关系，这时只能对生产现场实际加工出的一批工件进行测量检查，运用数理统计的方法对影响加工精度的误差因素进行综合处理和分析，从中找出误差产生的原因与规律，并加以控制和消除，以保证工件达到规定的技术要求。

2.6.1 加工误差的性质

根据加工一批零件中出现加工误差的性质不同可将误差分为系统性误差和随机性误差两类。

1. 系统性误差

当顺序加工一批零件时，若产生误差的大小和方向基本保持不变，则这种误差称为常值系统性误差；若误差的大小和方向随加工时间按一定的规律变化，则这种误差称为变值系统性误差。以上两类误差均称为系统性误差。

原理误差和机床、刀具、夹具、量具的制造误差等都是常值系统性误差，它们和加工顺序（或加工时间）没有关系。例如，铰刀本身直径偏大0.02mm，加工后一批孔的尺寸也都偏大0.02mm。

变值系统性误差是由变性因素所引起的。例如，刀具的磨损量随加工表面的长度而变，工艺系统的热变形对加工精度的影响又因具体结构、材料、温度和时间等因素而变化。在这种情况下，误差因素的影响是有规律地变化的。

2. 随机性误差

随机性误差又称偶然性误差。在加工一批零件中，产生误差的大小和方向是无规律变化的，这种误差称为随机性误差。它是由于各种彼此之间没有任何依赖关系的随机因素共同作用而产生的，因此随机性误差出现的时机和大小，事先是不能确定的。

例如，毛坯复映的误差、定位误差、夹紧误差、多次调整误差以及内应力引起的变形误差等都是随机性误差。随机性误差从表面上来看似乎没有什么规律，但是应用数理统计方法可以找出一批工件加工误差的总体规律，并加以控制。

需要注意的是：对于某一具体误差来说，应根据实际情况来判定其是属于系统性误差还是随机性误差。例如在大量生产中，加工一批工件往往需要经过多次调整，每次调整产生的调整误差就不可能是常值，其变化也无一定规律，此时的调整误差就是随机性误差。但对于一次调整中加工出来的工件来说，调整误差就属于常值性系统误差。

加工误差是许多系统性误差和随机性误差共同作用的结果，因此应对具体加工条件下可能产生误差的因素和大小加以分析和研究。误差性质不同，解决的途径也不同。

2.6.2 分布曲线法

加工误差统计分析法是以实测数据为基础，应用概率论理论和数理统计的方法，分析计算一批工件的误差，从而划分其性质，提出消除或控制误差的一种方法。生产中常用的统计分析方法有分布曲线法和点图法两种。

1. 实际分布曲线

采用调整法加工出的一批工件，其尺寸总是在一定范围内变化的，这种现象称为尺寸分散。尺寸分散范围就是这批工件的最大尺寸和最小尺寸之差。如果将这批工件的实际尺寸测量出来，并按一定的尺寸间隔分成若干组，然后以各个组的尺寸间隔宽度（称为组距）为底，以同一尺寸间隔内的零件数量（称为频数 m）或以频数与该批零件总数之比（称为频率 m/n）为高作出若干矩形，即为直方图。如果以每个区间的中点（中心值）为横坐标，以每组频数或频率为纵坐标得到一些相应的点，将这些点连成折线，即为分布折线图。当所测零件数量足够多，尺寸间隔很小时，此折线便非常接近于一条曲线，这就是实际分布曲线。

表 2-1 列出了一批 $\phi 28^{\ 0}_{-0.015}$ mm 活塞销孔镗孔后孔径的测量数据统计，据此绘制其直方图和分布折线图，如图 2-30 所示。

表 2-1 活塞销孔直径频数统计表

组别 k	尺寸范围/mm	组中心值 x/mm	频数 m	频率 m/n
1	27.992~27.994	27.993	4	4/100
2	27.994~27.996	27.995	16	16/100
3	27.996~27.998	27.997	32	32/100
4	27.998~28.000	27.999	30	30/100
5	28.000~28.002	28.001	16	16/100
6	28.002~28.004	28.003	2	2/100

由图 2-30 可以看出：

① 尺寸分散范围（28.004mm - 27.992mm = 0.012mm）小于公差带范围（$T = 0.015$mm），表示本工序能满足加工精度要求。

② 部分工件超出公差范围（阴影部分）成为废品，究其原因是尺寸分散范围中心（27.9979mm）与公差范围中心（27.9925mm）不重合，存在较大的常值系统性误差（$\Delta_{常} = 0.0054$mm），如果设法使尺寸分散范围中心与公差范围中心重合，即把镗刀伸出量调短 0.0027mm，使实际分布折线左移到理论分布折线位置，则可消除常值系统性误差，使全部尺寸都落在公差范围之内。

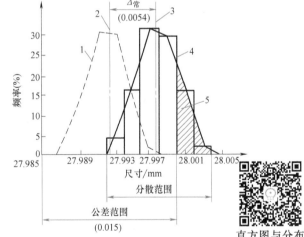

图 2-30 活塞销孔直径尺寸分布图
1—理论分布位置 2—公差范围中心（27.9925） 3—分散范围中心（27.9979） 4—实际分布位置 5—废品区

直方图与分布折线图的绘制

2. 直方图和分布折线图的绘制方法

① 收集数据。一个工序加工的全部零件称为总体，从总体中抽出来进行研究的一批零件称为样本。收集数据时，通常在一次调整完成的机床加工的一批工件中取 100 件（称为样本容量），测量各工件的实际尺寸或实际误差，并找出其中的最大值 $x_{\max}$ 和最小值 $x_{\min}$。

② 分组。将抽取的工件按尺寸大小分成 k 组。一般，当样本容量为 50~100 时，k 取 6~10；当样本容量为 100~250 时，k 取 7~12。通常，每组至少有 4~5 个数据。

③ 计算组距 h。

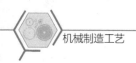

组距
$$h = \frac{x_{\max} - x_{\min}}{k-1}$$

按上式计算出的组距 h 应根据量仪的最小分辨值的整数倍进行圆整。

④ 计算组界。

各组组界
$$x_{\min} + (j-1)h \pm \frac{h}{2} (j = 1, 2, 3, \cdots, k)$$

各组中心值
$$x_{\min} + (j-1)h$$

⑤ 统计频数 m_i，计算频率 m_i/n。

⑥ 绘制直方图和分布折线图。

3. 正态分布曲线

实践表明：在正常的生产条件下，若无占优势的影响因素存在，加工的零件数量又够多，那么其尺寸总是按正态分布的。因此在研究加工精度问题时，通常都是用正态分布曲线（高斯曲线）来代替实际分布曲线，使加工误差的分析计算得到简化。正态分布曲线如图 2-31 所示。

（1）正态分布曲线的方程式

$$y = \frac{1}{\sigma\sqrt{2\pi}} e^{-\frac{(x-\bar{x})^2}{2\sigma^2}}$$

式中　y——分布曲线的纵坐标，表示分布曲线的概率密度（分布密度）；

e——自然对数的底，$e = 2.718$；

x——分布曲线的横坐标，表示工件的实际尺寸或误差（也可以表示角度、跳动量等）；

$\bar{x}$——工件的平均尺寸，即

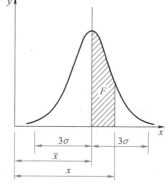

图 2-31　正态分布曲线

正态分布
曲线及其特

$$\bar{x} = \frac{x_1 + x_2 + \cdots + x_n}{n} = \frac{1}{n}\sum_{i=1}^{n} x_i$$

x_i——第 i 个零件的尺寸；

n——样本总数；

σ——工序的标准差（均方根偏差），表示零件尺寸分散情况的指标，即

$$\sigma = \sqrt{\frac{(x_1-\bar{x})^2 + (x_2-\bar{x})^2 + \cdots + (x_n-\bar{x})^2}{n}}$$

由上式可知，零件尺寸越分散，$(x_n-\bar{x})^2$ 就越大，均方根偏差 σ 也就越大。

为了方便起见，可以把全部尺寸范围划分成若干相等的间隔，则

$$\bar{x} = \frac{x'_1 m_1 + x'_2 m_2 + \cdots + x'_k m_k}{m_1 + m_2 + \cdots + m_k} = \frac{\sum_{i=1}^{k} x_i m_i}{n}$$

式中　x'_i——第 i 个间隔的零件平均尺寸；

m_i——第 i 个间隔中的零件数；

k——组数。

正态分布曲线下面所包含的全部面积代表了全部工件，即 100%。

$$\int \frac{1}{\sigma\sqrt{2\pi}} e^{-\frac{(x-\bar{x})^2}{2\sigma^2}} dx = 1$$

而图 2-31 中阴影部分面积 F 为尺寸从 $\bar{x}$ 到 x 间的工件频率，即

$$F = \frac{1}{\sigma\sqrt{2\pi}} \int_{\bar{x}}^{X} e^{-\frac{(x-\bar{x})^2}{2\sigma^2}} dx$$

为计算方便，令 $\dfrac{x-\bar{x}}{\sigma} = Z$，当 $\sigma = 1$ 时，则 $F = \phi(Z) = \dfrac{1}{\sqrt{2\pi}} \int_{0}^{Z} e^{-\frac{z^2}{2}} dZ$

各种不同的 Z 值的函数 $\phi(Z)$ 值见表 2-2。

表 2-2 函数 $\phi(Z)$ 值

Z	$\phi(Z)$	Z	$\phi(Z)$	Z	$\phi(Z)$	Z	$\phi(Z)$	Z	$\phi(Z)$	Z	$\phi(Z)$	Z	$\phi(Z)$
0.01	0.0040	0.17	0.0675	0.33	0.1293	0.49	0.1879	0.80	0.2881	1.30	0.4032	2.20	0.4861
0.02	0.0080	0.18	0.0714	0.34	0.1331	0.50	0.1915	0.82	0.2939	1.35	0.4115	2.30	0.4893
0.03	0.0120	0.19	0.0753	0.35	0.1368	0.52	0.1985	0.84	0.2995	1.40	0.4192	2.40	0.4918
0.04	0.0160	0.20	0.0793	0.36	0.1406	0.54	0.2054	0.86	0.3051	1.45	0.4265	2.50	0.4938
0.05	0.0199	0.21	0.0832	0.37	0.1443	0.56	0.2123	0.88	0.3106	1.50	0.4332	2.60	0.4953
0.06	0.0239	0.22	0.0871	0.38	0.1480	0.58	0.2190	0.90	0.3159	1.55	0.4394	2.70	0.4965
0.07	0.0279	0.23	0.0910	0.39	0.1517	0.60	0.2257	0.92	0.3212	1.60	0.4452	2.80	0.4974
0.08	0.0319	0.24	0.0948	0.40	0.1554	0.62	0.2324	0.94	0.3264	1.65	0.4505	2.90	0.4981
0.09	0.0359	0.25	0.0987	0.41	0.1591	0.64	0.2389	0.96	0.3315	1.70	0.4554	3.00	0.49865
0.10	0.0398	0.26	0.1023	0.42	0.1628	0.66	0.2454	0.98	0.3365	1.75	0.4599	3.20	0.49931
0.11	0.0438	0.27	0.1064	0.43	0.1664	0.68	0.2517	1.00	0.3413	1.80	0.4641	3.40	0.49966
0.12	0.0478	0.28	0.1103	0.44	0.1700	0.70	0.2580	1.05	0.3531	1.85	0.4678	3.60	0.499841
0.13	0.0517	0.29	0.1141	0.45	0.1772	0.72	0.2642	1.10	0.3643	1.90	0.4713	3.80	0.499928
0.14	0.0557	0.30	0.1179	0.46	0.1776	0.74	0.2703	1.15	0.3749	1.95	0.4744	4.00	0.499968
0.15	0.0596	0.31	0.1217	0.47	0.1808	0.76	0.2764	1.20	0.3849	2.00	0.4772	4.50	0.499997
0.16	0.0636	0.32	0.1255	0.48	0.1844	0.78	0.2823	1.25	0.3944	2.10	0.4821	5.00	0.4999996

（2）正态分布曲线的特点

1）曲线呈钟形，中间高，两边低，表示尺寸靠近分散中心的工件占大部分，而尺寸远离分散中心的工件极少数。

2）曲线以 $x = \bar{x}$ 为轴对称分布，表示工件尺寸大于 $\bar{x}$ 和小于 $\bar{x}$ 的频率相等。

3）均方根偏差 σ 是决定曲线形状的唯一参数。如图 2-32 所示，σ 越大，曲线越平坦，尺寸越分散，也就是加工精度越低；σ 越小，曲线越陡峭，尺寸越集中，也就是加工精度越高。故 σ 表明了一批零件的精度高低（σ 小时，零件的精度高）。

4）曲线分布中心 $\bar{x}$ 改变时，整个曲线将沿 x 轴平移，但曲线的形状不变，如图 2-33 所示。这是常值系统性误差影响的结果。

5）正态分布曲线与横坐标没有交点。由曲线方程式可知，只有当 $x=\pm\infty$ 时，才使 $y=0$，实际上零件尺寸分散有一定的范围，故 y 不可能为0。

6）从表 2-2 中可以查出，当 $Z=3$，即 $x-\bar{x}=\pm3\sigma$ 时，$\phi(Z)=0.49865$，$F=49.865\%$，则 $2\phi(Z)=0.9973$，$2F=99.73\%$。由此可知，当 $x-\bar{x}=\pm3\sigma$ 时，此尺寸零件出现概率已达 99.73%，在这个尺寸范围以外（$x-\bar{x}>3\sigma$ 或 $x-\bar{x}<-3\sigma$）的零件只占 0.27%，可忽略不计。如果 $x-\bar{x}=\pm3\sigma$ 代表零件的公差 T，则 99.73% 就表示加工一批零件时的合格率，0.27% 表示废品率。因此，当 $x-\bar{x}=\pm3\sigma=T$ 时，加工一批零件基本上都是合格品了。所以，一般取 6σ 为正态分布曲线的尺寸分散范围。

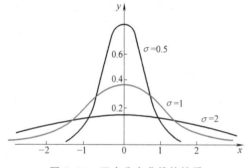

图 2-32 正态分布曲线的性质

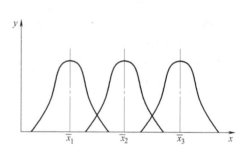

图 2-33 σ 不变时 $\bar{x}$ 使分布曲线移动

例 2-2 已知 $\sigma=0.005\text{mm}$，零件尺寸公差 $T=0.02\text{mm}$，且公差对称于分散范围中心，$x=0.01\text{mm}$，试求此时的废品率。

解：
$$Z=x/\sigma=0.01/0.005=2$$
查表 2-2 得   当 $Z=2$ 时，$\phi(Z)=0.4772$，则 $2\phi(Z)=0.9544$

故废品率为 $[1-2\phi(Z)]\times100\%=[1-0.9544]\times100\%=4.6\%$

例 2-3 车削一批轴的外圆，其图样规定的尺寸为 $\phi20_{-0.1}^{0}\text{mm}$，根据测量结果，此工序的分布曲线为正态分布，其 $\sigma=0.025\text{mm}$，曲线的顶峰位置与零件尺寸公差中心相差 0.03mm，偏于右端。试求其合格率和废品率。

解：根据题意，作出的分布曲线如图 2-34 所示。

因此，合格率有 A、B 两部分计算

$$Z_A=\frac{X_A}{\sigma}=\frac{0.5T+0.03}{\sigma}=\frac{0.5\times0.1+0.03}{0.025}=3.2$$

$$Z_B=\frac{X_B}{\sigma}=\frac{0.5T-0.03}{\sigma}=\frac{0.5\times0.1-0.03}{0.025}=0.8$$

查表 2-2 得   当 $Z_A=3.2$ 时，$\phi(Z_A)=0.49931$

当 $Z_B=0.8$ 时，$\phi(Z_B)=0.2881$

故合格率为 $(0.49931+0.2881)\times100\%=78.741\%$

废品率为 $(0.5-0.2881)\times100\%=21.2\%$

由图 2-34 可知，虽有废品，但对尺寸大于零件上极限尺寸的不合格零件还可进行修复。

4. 非正态分布

工件实际尺寸的分布情况，有时并不近似于正态分布，而是出现非正态分布。例如，将两次调整下加工的零件混在一起，尽管每次调整下加工的零件是按正态分布的，但由于两次调整的工件平均尺寸及工件数可能不同，于是分布曲线将出现图2-35a所示的双峰曲线。如果加工中刀具或砂轮的尺寸磨损比较显著，就会出现图2-35b所示的平顶分布。当工艺系统出现显著的热变形，分布曲线往往不对称（例如刀具热变形严重，加工轴时偏左，加工孔时偏右），如图2-35c所示。用试切法加工时，由于操作者主观上存在着宁可返修也不要报废的操作倾向，往往也会出现不对称分布的情况（加工轴时宁大勿小，偏右；加工孔时宁小勿大，偏左）。

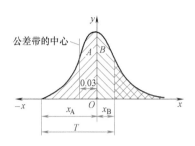

图 2-34　轴直径尺寸分布曲线移动

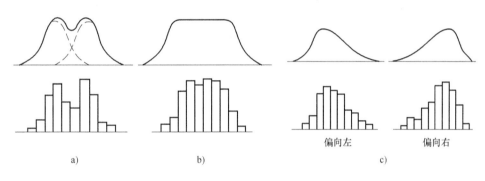

图 2-35　非正态分布

a）双峰曲线　b）平顶分布　c）不对称分布

5. 正态分布曲线的应用

1）计算合格率和废品率。

2）判断加工误差的性质。如果加工过程中没有变值系统性误差，那么它的尺寸分布应服从正态分布。如果尺寸分散中心与公差带中心重合，则说明不存在常值系统性误差；若尺寸分散中心与公差带中心不重合，则两中心之间的距离即为常值系统性误差。如果实际尺寸分布与正态分布有较大出入，说明存在变值系统性误差，则可根据图2-35所示初步判断变值系统性误差的类型。

3）判断工序的工序能力能否满足加工精度的要求。应用分布曲线可以判断某工序的工序能力能否满足加工精度的要求。所谓工序能力是指处于控制状态的加工工艺所能加工合格品的能力，可以用工序的尺寸分散范围来表示其工序能力，大多数加工工艺的分布都接近正态分布，而正态分布的尺寸分散范围是 6σ，故一般工序能力都取 6σ。因此，工序能力能否满足加工精度要求，可以用工序能力系数 C_p 判断，它是公差 T 和实际加工误差（分散范围 6σ）之比，即

$$C_p = \frac{T}{6\sigma}$$

式中　T——工件公差；

　　　σ——均方根偏差。

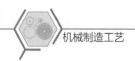
如果 $C_p \geq 1$，则认为工序具有不出废品的必要条件；如果 $C_p < 1$，那么该工序产生废品是不可避免的。根据工序能力系数 C_p 的大小，可将工序能力分成 5 个等级，见表 2-3。一般情况下，工序能力不应低于二级。

表 2-3 工序能力等级

工序能力系数值	工艺等级名称	说　　　明
$C_p > 1.67$	特级工艺	工序能力过高
$1.67 \geq C_p > 1.33$	一级工艺	工序能力足够
$1.33 \geq C_p > 1.00$	二级工艺	工序能力勉强
$1.00 \geq C_p > 0.67$	三级工艺	工序能力不足，可能出少量不合格品
$0.67 \geq C_p$	四级工艺	工序能力极差，必须加以改进

加工过程中随机性误差和系统性误差是同时存在的，采用分布曲线法分析加工误差时，由于没有考虑工件加工的先后顺序，故不能反映误差的变化趋势，因此很难把随机性误差和变值系统性误差区分开来。由于必须要等一批工件加工结束后才能得出分布情况，因此不能在加工过程中及时提供控制误差的资料。而点图法则可以克服和弥补分布曲线法的不足。

2.6.3　点图法

点图法及其应用

1. 点图的形式

（1）个值点图　如果按加工顺序逐个地测量一批工件的尺寸，并以横坐标代表工件的加工顺序，以纵坐标代表工件的尺寸（或误差），即可绘制图 2-36a 所示的点图。为缩短点图长度，可将顺次加工出的 m 个工件编成一组，以组序为横坐标，以工件的尺寸（或误差）为纵坐标，同组尺寸分别点在同一组序号的垂线上，就可得到图 2-36b 所示的点图。

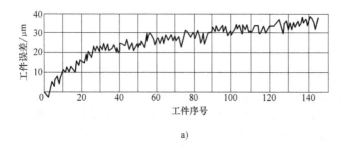
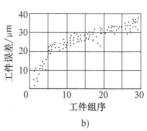

a)　　　　　　　　　b)

图 2-36　个值点图

假设把点图的上、下极限点包络成两根平滑曲线，并作出其平均值的曲线，如图 2-37 所示，能清楚地揭示加工过程中各种误差的性质及其变化趋势。平均值曲线 OO' 表示每一瞬时分散中心的变化情况，反映了变值系统性误差的变化规律，其始点 O 反映了常值系统性误差的影响，上、下限曲线 AA' 和 BB' 间的宽度表示尺寸分散范围，也就是说反映了随机性误差的大小。

（2）$\bar{x}$-R 点图　为了能直接反映变值系统性误差和随机性误差随时间变化的趋势，实际生产中常采用样组点图代替个值点图。最常用的样组点图是 $\bar{x}$-R 控制图（平均值-极差点图），它是将 m 个工件误差的平均值标在点图上（$\bar{x}$ 图），同时把每一组的极差（最大值与最小值之差）画在另一张点图 R 上，由此可清楚地了解到尺寸分散及变化情况，如图 2-38 所示，两者合称为 $\bar{x}$-R 点图。由于 $\bar{x}$ 在一定程度上代表了瞬时分散中心，$\bar{x}$ 点图主要反映系统性误差及其变化趋势。R 代表了瞬时尺寸分散范围，故 R 点图反映的是随机性误差及其变化趋势。因此，单独的 $\bar{x}$ 点图和 R 点图均不能全面反映加工误差的情况，必须将其结合起来使用。

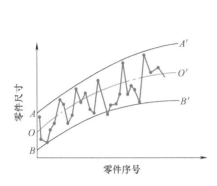

图 2-37 个值点图上反映的误差变化趋势

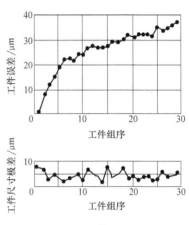

图 2-38 $\bar{x}$-R 点图

在 $\bar{x}$-R 点图上各画上中心线（平均线）和控制线。控制线是用以判断工艺是否稳定的界限。工艺稳定是指一个工序的质量参数的总体分布的平均值 $\bar{x}$ 和均方根偏差 σ 在整个工序中能保持不变。中心线在图中用实线绘制，界限用虚线绘制，它们的数值计算如下：

$\bar{x}$ 点图中心线
$$\bar{\bar{x}} = \frac{1}{K} \sum_{i=1}^{K} \bar{x}_i$$

R 点图中心线
$$\bar{R} = \frac{1}{K} \sum_{i=1}^{K} R_i$$

式中 K——组数；

$\bar{x}_i$——第 i 组的平均值；

R_i——第 i 组的极差；

$\bar{x}$ 点图的上控制线
$$\bar{x}_S = \bar{\bar{x}} + A\bar{R}$$

$\bar{x}$ 点图的下控制线
$$\bar{x}_X = \bar{\bar{x}} - A\bar{R}$$

R 点图的上控制线
$$R_S = D_1 \bar{R}$$

式中系数 A 与 D_1 按表 2-4 选取。

表 2-4 A 与 D_1 系数

每组个数 m	4	5	6	7	8	9	10
A	0.729	0.577	0.463	0.419	0.373	0.337	0.303
D_1	2.23	2.21	1.98	1.90	1.85	1.80	1.76

2. 点图法的应用

点图法是全面质量管理中用以控制产品加工质量的主要方法之一，在实际生产中应用广

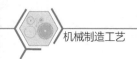

泛，主要用于工艺验证和分析加工过程的质量。

工艺验证的目的是确定现行工艺或准备投入使用的新工艺能否稳定地满足产品的质量要求。使用方法是通过抽样检查，确定工序能力及其系数，从而判断工艺稳定与否。在 $\bar{x}$-R 点图上绘制中心线和控制线后，即可根据图中点的情况判断工艺过程是否稳定，判断标志（正常波动与异常波动的标志）见表 2-5。

表 2-5　正常波动与异常波动的标志

正常波动	异常波动
①没有点子超出控制线 ②大部分点子在中心线上下波动，小部分在控制线附近 ③点子没有明显规律性	①有点子超出控制线 ②点子密集在中心线上下附近 ③点子密集在控制线附近 ④连续 7 点以上出现在中心线一侧 ⑤连续 11 点中有 10 点出现在中心线一侧 ⑥连续 14 点中有 12 点以上出现在中心线一侧 ⑦连续 17 点中有 14 点以上出现在中心线一侧 ⑧连续 20 点中有 16 点以上出现在中心线一侧 ⑨点子有上升或下降趋势 ⑩点子有周期性波动

任务 2.7　保证加工精度的途径

前面分析了各种原始误差对加工精度的影响，并提出了一些解决问题的措施。以下通过一些实例，进一步分析保证和提高加工精度的途径。

2.7.1　减小原始误差法

在生产中，如果发现有误差产生，并且查明了产生误差的原因，就可以直接对误差进行抵消或减少，这种方法称为减小原始误差法。采取的措施不要局限于就事论事，可以从改变加工方式和工装结构等方面入手，以消除产生原始误差的根源，往往事半功倍，达到更好的效果。

例如，加工长径比较大的细长轴时，如图 2-39a 所示，由于工件的刚度极差，很容易产生弯曲变形和振动，从而对加工精度造成影响。采用跟刀架和 90°车刀，虽提高了工件的刚度，减少了背向力 F_y，但只解决了 F_y 把工件顶弯的问题。由于工件在进给力 F_x 的作用下，形成细长杆受偏心压缩而失稳弯曲。工件弯曲后，高速旋转产生的离心力，以及工件受切削热作用产生的热伸长受后顶尖的限制，都会进一步加剧其弯曲变形，因而加工精度仍难以提高。为此，采取下列措施：

① 采用反向进给的切削方式，如图 2-39b 所示，进给方向为由卡盘一端指向尾座。这时，若尾座辅之以回转顶尖，则可消除热变形引起的热伸长的影响，进给力 F_x 对工件起拉伸作用，不会压弯工件，基本消除了进给力引起的弯曲变形。

② 采用大进给量和较大主偏角的车刀，增大了进给力 F_x，使 F_y 和 F_x 对工件的弯曲相互抵消了一部分，振动受到抑制，使切削过程更为平稳。

③ 在卡盘一端的工件上车出一个缩颈，如图 2-40 所示，以增加工件的柔性，减少因坯

料弯曲使其在卡盘强制夹持下产生轴线歪斜的影响。

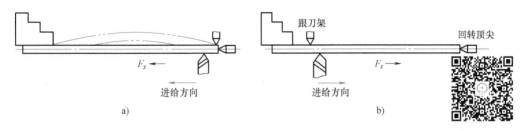

图 2-39　不同进给方向加工细长轴的比较

采用跟刀架及反
向进给减小细长
轴切削变形

又如在加工刚度不足的圆环零件或磨削精密薄片零件时，为消除或减少
夹紧变形而产生的原始误差，可采取以下两个措施：

① 采用弹性夹紧机构，使工件在自由状态下定位和
夹紧。

② 采用临时性加强工件刚度的方法。

图 2-41 所示为采用磁力吸盘夹紧和弹性夹紧两种方式
时工件变形状态的比较。

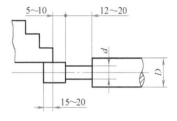

图 2-40　夹持端车出缩颈

如图 2-41a 所示，采用磁力吸盘直接吸牢，磨削后取下
工件，因弹性恢复，使已磨平的表面又产生翘曲。若在工
件和吸盘之间垫入一层薄的橡胶，如图 2-41b 所示，当吸紧
工件时，橡胶被压缩，使工件变形减小，经过多次正反面磨削，便可将工件的变形消除，从
而消除由于夹紧变形而造成的原始误差。

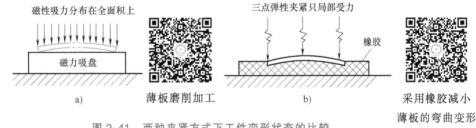

图 2-41　两种夹紧方式下工件变形状态的比较

在磨削精密的薄片零件时，还可以采用环氧树脂黏结剂或厚油脂，利用其流动性，在工
件处于自由状态下时，填充在工件与磁性工作台之间的间隙中，从而增强工件的刚性。在磁
力作用下，工件即不会产生夹紧变形，便可磨出平直的表面，达到消除原始误差的目的。

2.7.2　补偿或抵消误差法

误差补偿法是人为地制造出一种新的误差，去抵消原来工艺系统中的原始误差。当原始
误差是负值时，人为的误差就取正值，反之，取负值，并尽量使两者大小相等。

误差抵消法是利用一种原有的原始误差去抵消另一种原始误差，也是尽量使两者大小相
等，方向相反，从而达到减少加工误差，提高加工精度的目的。

例如在生产 X2012 型龙门铣床时，由于立铣头自重的作用，横梁易发生弯曲变形，如

图 2-42 所示。若此变形量超出检测标准，采用减小原始误差的方法，即加强横梁或减轻铣头的自重，显然是行不通的。于是采用误差补偿法，即在刮研横梁导轨时，故意使导轨产生"向上凸"的几何形状误差（人为地制造出一种新的误差），去抵消横梁因铣头重量而产生的"向下垂"的受力变形（工艺系统中的原始误差），可解决横梁弯曲变形的问题，达到龙门铣床检测标准要求。

龙门铣床横梁
的误差补偿法

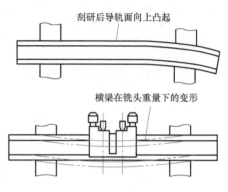

图 2-42　龙门铣床横梁变形与刮研

2.7.3　转移原始误差法

将工艺中影响加工精度的原始误差转移到不影响加工精度或对加工精度影响比较小的方向及零部件上，称为转移原始误差法。这种方法利用不同加工方向和零部件对误差的敏感性不同，提高加工精度。

如图 2-43 所示，在龙门铣床的横梁上安装一个附加梁，使它承受铣头和配重的重量，把横梁因弯曲变形而产生的原始误差转移到附加梁上去。很显然，附加梁的受力变形对加工精度不会产生任何影响，只是机床结构稍加复杂。

例如，转塔车床的转塔刀架在工作时需要经常旋转，因此如何保持其转位精度成了一个难题。如果转塔刀架上外圆车刀的切削基面也像卧式车床那样在水平面内，那么转塔的转位误差就处在敏感方向，对加工精度影响较大。而如果采用立刀安装法，使外圆车刀切削刃的切削基面在垂直面内，就可以把转位误差转移到不敏感的方向，弱化了其对加工精度的影响。

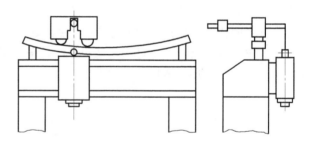

图 2-43　在龙门铣床上安装附加梁来
转移横梁变形产生的误差

再如磨削主轴锥孔保证其和轴颈的同轴度，不是靠机床主轴的回转精度来保证的，而是靠夹具来保证的。当机床主轴与工件之间用浮动联接以后，机床主轴的原始误差就被转移了。

2.7.4　均分与均化原始误差法

在加工中，由于毛坯或上一道工序误差（以下统称原始误差）的存在，由于本工序的误差复映和定位误差的影响，往往造成本工序超差。如果提高上一道工序的加工精度不经济时，可采用均分误差的方法。

均分原始误差方法的实质就是把上一道工序的尺寸（原始误差）按其大小均分为 n 组，使每组工件的误差范围缩小为原来的 $1/n$，然后按各组分别调整刀具与工件之间的相互位置；或采用适当的定位元件，以减少上一道工序加工误差对本工序加工精度的影响。

例如，在剃齿机上加工齿轮，采用心轴定位装夹工件。齿轮内孔直径为 $\phi25^{+0.013}_{0}$ mm（IT6），选用的心轴直径尺寸为 $\phi25.002$ mm，由于孔轴配合间隙过大，造成齿轮齿圈径向跳动超差。此外，剃齿时还易发生振动，引起齿面误差和噪声，因此必须减小配合间隙。由于孔的尺寸公差等级为IT6，若再提高精度是不经济的。这时，采用均分原始误差的方法，把工件按尺寸大小分成三组，对每组工件采用相应的心轴与其配合。工件孔的直径为 $\phi25\sim\phi25.004$mm，采用直径为 $\phi25.002$mm 的心轴，配合精度为 0.004mm；工件孔的直径为 $\phi25.004\sim\phi25.008$mm，采用直径为 $\phi25.006$mm 的心轴，配合精度为 0.004mm；工件孔的直径为 $\phi25.008\sim\phi25.013$mm，采用直径为 $\phi25.011$mm 的心轴，配合精度为 0.005mm。这样做大大减小了配合间隙，提高了配合精度，保证了齿轮精度要求。

对于配合精度要求很高的表面（孔、轴或平面等），常常采用研磨的方法进行加工。尽管研具本身精度不高，但它在和工件做相对运动的过程中，不断对工件进行微量切削，高点逐渐被磨掉（当然，研具也被工件"磨"去一部分），精度逐渐提高，最终使工件达到很高的精度。这种表面之间的摩擦与磨损的过程，就是误差相互比较与相互抵消的过程，称为均化原始误差法。它的实质就是利用有密切联系的表面相互比较、相互检查，从对比中找出差异，然后进行相互修正或互为基准加工，使工件被加工表面的误差不断缩小、均化。

在生产中，许多精密基准件的加工（平板、直尺、角规、端齿分度盘等）都是利用误差均化法加工的。

2.7.5　就地加工法

在机械加工和装配中，有些精度问题涉及零件或部件间的相互关系，相当复杂，如果一味地提高零部件本身精度，有时不仅困难，甚至不可能实现。若采用就地加工法（也称自身加工修配装配法），就可能很方便地解决看起来非常困难的精度问题。就地加工法在机械零件加工中常为保证零件加工精度的有效措施，同时也是更容易保证产品装配精度的有效措施。

例如，在转塔车床的加工制造中，转塔上六个安装刀架的大孔中心线必须保证与机床主轴中心线重合，而六个平面又必须与主轴中心线垂直。若把转塔作为单独零件加工出这些表面，要在装配中达到上述两项要求是非常困难的，因为其中包含了很多复杂的尺寸链关系。而若采用就地加工法，则既经济，又能达到上述技术要求。

采用就地加工法解决转塔车床转塔上六个安装刀架的大孔中心线、六个平面与主轴中心线等位置精度问题的具体方法是：这些表面在装配前不进行精加工，在转塔安装到机床上以后，在机床主轴上安装镗刀杆，使镗刀旋转，转塔做纵向进给运动，依次精镗转塔的六个大孔，然后在机床主轴上安装一个能做径向进给运动的小刀架，刀具边旋转边做径向进给运动，依次精加工转塔的六个平面。由于转塔的大孔是依据机床主轴回旋中心线加工而成的，保证了两者之间的同轴度，同理，也保证了六个平面与机床主轴中心线的垂直度。此时，卸下刀架，换上心轴和千分表，对同轴度误差和垂直度误差进行检查，如图 2-44 所示。

从比例中可以看出，在装配中为保证最终精度，采用就地加工法的要求是：要保证部件之间何种位置关系，就在这

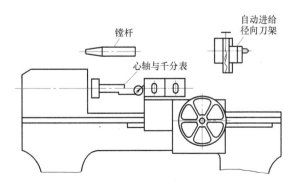

图 2-44　转塔车床转塔的六个孔和平面的加工与检查

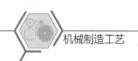

样的位置上利用一个部件安装刀具加工另一个部件。有时，也把这种方法称为"自干自"。

就地加工法在零件的机械加工中也常常用来作为保证加工精度的有效措施，如在机床上就地修正花盘平面的平面度、就地修正卡爪的同轴度等。

2.7.6 加工过程积极控制法

从原始误差的性质来看，常值系统性误差是比较容易解决的，只要测量出误差值，就可以应用前述的误差补偿方法来达到抵消或减小原始误差的目的。变值系统性误差是不能用某一种固定的补偿量所能解决的。于是，在生产中采用了可变补偿的方法，即在加工过程中采用积极控制的方法。

加工过程积极控制法主要有主动测量、偶件配合加工和积极控制起决定作用的加工条件三种形式。

（1）主动测量　主动测量是在加工中随时测量工件的实际尺寸（或形状及位置精度），随时给刀具以附加的补偿量，以控制刀具与工件之间的相对位置，直至工件尺寸的实际值与调定值的差值不超过预定的公差为止。现代机械加工中的自动测量和自动补偿均属于此种形式。

（2）偶件配合加工　偶件配合加工是将互配中的一件作为基准，去控制另一件的加工精度。在加工过程中，自动测量工件的实际尺寸，并与基准件的尺寸比较，直至达到规定的差值时，机床自动停止加工，从而保证偶件间的配合精度。

（3）积极控制起决定作用的加工条件　在一些复杂而精密零件的加工中，不可能对工件的主要精度参数直接进行主动测量和控制，这时，就应对精度起决定性作用的加工条件进行积极控制，把误差控制在极小的范围以内。精密螺纹磨床的自动恒温控制就属于积极控制起决定作用的加工条件形式的突出实例。

在加工过程积极控制法的三种形式中，以主动测量形式应用最为普遍。

项目实施

根据图 2-1 所示的挺杆零件，现对球面磨削工序进行工艺验证，分析其工序能力及工艺稳定性，并查明误差的产生原因。

1. 抽样并测量

抽查的样本容量应不小于 50~100 件，今取 100 件。由图 2-1 可以看出，挺杆初磨球面工序测定值技术要求为轴向圆跳动误差不大于 0.05mm。现采用最小分度值为 0.01mm 的百分表，用目测可估计的值为 0.005mm，依加工顺序分为 25 组，每组件数为 4，并记录测量数据，见表 2-6。

表 2-6　$\overline{x}$-R 点图数据记录

组号	测定值 /μm				总计 $\sum x_i$	平均值 $\overline{x}$	极差 R
	x_1	x_2	x_3	x_4			
1	30	18	20	20	88	22	12
2	15	22	25	20	82	20.5	10
3	15	20	10	10	55	13.75	10

（续）

组号	测定值 /μm				总计 $\sum x_i$	平均值 $\bar{x}$	极差 R
	x_1	x_2	x_3	x_4			
4	30	10	15	15	70	17.5	20
5	25	20	20	30	95	23.75	10
6	20	35	25	20	100	25	15
7	20	20	30	30	100	25	10
8	10	30	20	20	80	20	20
9	25	20	25	15	85	21.25	10
10	20	30	10	15	75	18.75	20
11	10	10	20	25	65	16.25	15
12	10	10	10	30	60	15	20
13	10	50	30	20	110	27.5	40
14	30	10	10	30	80	20	20
15	30	30	20	10	90	22.5	20
16	30	10	15	25	80	20	20
17	15	10	35	20	80	20	25
18	30	40	20	30	120	30	20
19	20	30	10	20	80	20	20
20	10	35	10	40	95	23.75	30
21	10	10	20	20	60	15	10
22	10	10	10	30	60	15	20
23	15	20	45	20	100	25	30
24	10	20	20	30	80	20	20
25	15	10	15	20	60	15	10

$\bar{x}$点图上、下控制线 $\bar{x}_S = \bar{\bar{x}}+A\bar{R} = 33.8$ $\bar{x}_X = \bar{\bar{x}}-A\bar{R} = 7.2$	R 点图控制线 $R_S = D_1\bar{R} = 40.76$	总和	512.50	457
		$\bar{\bar{x}} = 20.5$		$\bar{R} = 18.28$

2. 计算 $\bar{x}$ 和 σ

本项目中按组距 0.005mm 分组，分组统计后得

$$\bar{\bar{x}} = \frac{1}{K} \sum_{i=1}^{K} \bar{x}_i = 20.5\text{mm}$$

$$\sigma = \sqrt{\frac{(x_1-\bar{x})^2 + (x_2-\bar{x})^2 + \cdots + (x_n-\bar{x})^2}{n}} = 0.00896\text{mm}$$

3. 绘制 $\bar{x}$-R 图

先计算出各样组的平均值 $\bar{x}_i$ 和极差 R_i，然后算出 $\bar{x}_i$ 的平均值 $\bar{\bar{x}}$ 和的 R_i 平均值 $\bar{R}$，$\bar{x}$ 点图的上、下控制线位置 $\bar{x}_S$ 和 $\bar{x}_X$，R 点图的上控制线位置。将上述计算数据填入 $\bar{x}$-R 点图记录表中，见表2-6。据此绘制 $\bar{x}$-R 点图，如图2-45所示。

4. 计算工序能力系数，确定工艺等级

$$\sigma = 0.00896\text{mm}$$

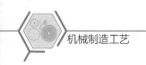
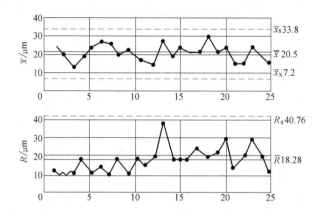

图 2-45 磨削挺杆球面工序轴向圆跳动误差的 $\bar{x}$-R 点图

$$C_{\mathrm{p}} = \frac{T}{6\sigma} = \frac{0.05}{6 \times 0.08096} = 0.93$$

查表 2-3 可知工艺等级为三级。

5. 分析总结

从 $\bar{x}$-R 点图上可以看出，没有点子超出控制线，$\bar{x}$ 点图还表明无明显的变值系统性误差，但在 R 点图上连续 9 点出现在平均线的上侧，同时还有逐渐上升的趋势，说明随机性误差在逐渐增大，虽影响尚不严重，但也不能认为本工序工艺是非常稳定的。

本工序属三级工艺，说明工序能力不足，虽然样本中尚未出现废品，但仍有可能产生少量废品。因此，有必要查明随机性误差逐渐增大的原因，并予以解决。

本项目经检查，主要是弹簧夹头的弹簧拉力不够，因而引起定心精度的不稳定，进而产生了随机性误差。

学后测评

1. 原始误差包括哪些内容？

2. 何谓加工原理误差？由于近似加工方法都将产生加工原理误差，因而都不是完善的加工方法，这种说法对吗？

3. 主轴回转运动误差有哪三种基本形式？它们对加工精度有何影响？

4. 为什么对卧式车床床身在水平平面内直线度要求高于垂直面内直线度要求？而对平面磨床床身导轨的要求则相反？对镗床导轨的直线度，为什么在水平面和垂直面内都有较高要求？

5. 何谓传动链误差？在何种情况下才要考虑机床的传动链误差对加工精度的影响？

6. 刀具的制造误差是如何影响工件的加工精度的？刀具的磨损有哪三个阶段？

7. 在车床上加工心轴时，如题图 2-1 所示，粗、精车外圆 B 及台阶面 A，经检验发现 B 有圆柱度误差、外圆 B 对台阶面 A 有垂直度误差。试从机床几何误差的影响因素分析产生以上误差的原因。

8. 用小钻头加工深孔时，在钻床上常发现孔中心线偏弯，如题图 2-2a 所示；在车床上常发现孔径扩大，如题图 2-2b 所示。试分析其原因。

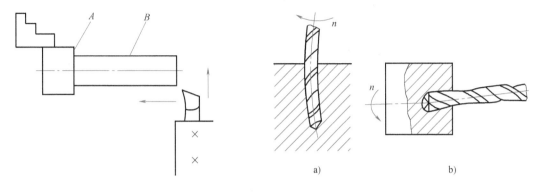

题图 2-1　　　　　　　　　　　　　　题图 2-2

9. 在外圆磨床上磨削薄壁套筒，工件安装在夹具上，如题图 2-3 所示，当磨削外圆至图样要求尺寸（合格），卸下工件后发现工件外圆呈鞍形。试分析造成此项误差的原因。

10. 如果龙门刨床床身导轨不直，如题图 2-4 所示，在工件的刚度很差和很大两种情况下，加工后的工件分别会成什么形状？

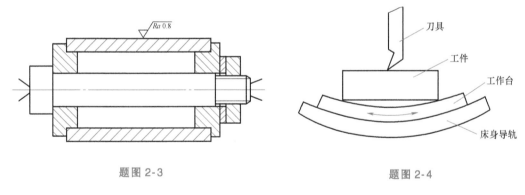

题图 2-3　　　　　　　　　　　　　　题图 2-4

11. 在内圆磨床上加工不通孔，如题图 2-5 所示，若只考虑磨头的受力变形，试推想孔表面会产生怎样的加工误差？

12. 在大型立式车床上加工盘形零件的端面及外圆时，如题图 2-6 所示，因刀架较重，试推想由于刀架自重可能会产生怎样的加工误差？

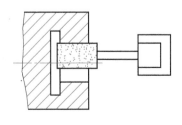
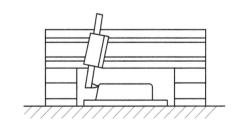

题图 2-5　　　　　　　　　　　　　　题图 2-6

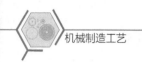

13. 简述误差复映现象，并说明误差复映系数的大小与哪些因素有关。

14. 什么是工件的内应力？试分析产生工件内应力的主要原因。

15. 试分析题图 2-7 所示床身铸坯形成残余内应力的原因，并确定 A、B、C 各点残余内应力的符号。当粗刨床面切去 A 层后，床面将会发生怎样的变形？

16. 如题图 2-8a 所示的铸件，若只考虑铸造残余内应力的影响，试分析用面铣刀铣去上部连接部分后，工件将发生怎样的变形？又如题图 2-8b 所示的铸件，当采用宽度为 B 的三面刃盘铣刀分别将中部板条和左边框板条切开时，开口宽度 B 的尺寸分别如何变化？

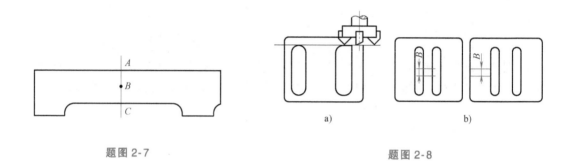

题图 2-7   题图 2-8

17. 根据加工误差的统计规律，可分为哪几类？这几类误差各有什么特点？

18. 在自动车床上加工一批直径为 $\phi 18^{+0.03}_{-0.08}$ mm 的小轴，抽检 25 件，其直径见题表 2-1。

题表 2-1　小轴直径　　　　　　　　　　　　　　　　　（单位：mm）

17.89	17.92	17.93	17.94	17.94
17.95	17.95	17.96	17.96	17.96
17.97	17.97	17.97	17.98	17.98
17.98	17.99	17.99	18.00	18.00
18.01	18.02	18.02	18.04	18.05

试根据以上数据绘制实际尺寸分布曲线，计算合格品率、废品率、可修复废品率及不可修复废品率。

19. 在两台相同的自动车床上加工一批小轴的外圆，要求保证直径 $\phi 11$mm ± 0.02mm。第一台加工 1000 件，其直径尺寸按正态分布，平均值 $X_{11} = 11.005$mm，标准差 $\sigma_1 = 0.004$mm。第二台加工 500 件，其直径尺寸也按正态分布，平均值 $X_{22} = 11.015$mm，标准差 $\sigma_1 = 0.0025$mm。试求：

（1）在同一张图上绘制两台机床加工的两批工件的尺寸分布图，并指出哪台机床的工序精度高。

（2）计算并比较哪台机床的废品率高，并分析其产生的原因及提出改进方法。

20. 加工一批工件，其外圆直径为 $\phi 28$mm ± 0.6mm，测得 25 件的直径见题表 2-2。

题表 2-2　工件外圆直径

试件号	直径/mm	试件号	直径/mm	试件号	直径/mm	试件号	直径/mm	试件号	直径/mm
1	28.1	6	28.10	11	28.20	16	28.00	21	28.10
2	27.90	7	27.80	12	28.38	17	28.10	22	28.12
3	27.70	8	28.10	13	28.43	18	27.90	23	27.90
4	28.00	9	27.95	14	27.90	19	28.04	24	28.06
5	28.20	10	28.26	15	27.84	20	27.86	25	27.80

已知以前在相同工艺条件下加工同类工件的标准差为 0.14mm，试绘制该批零件的 $\bar{x}$-R 点图及判定该工序的稳定程度。

21. 均分原始误差法与均化原始误差法有何异同点？

22. 什么是就地加工法？什么是偶件配合加工？为何这两种方法能保证加工精度？

项目 3

机械加工表面质量分析

【知识目标】

1. 了解表面质量对零件使用性能的影响。
2. 熟悉表面粗糙度的影响因素。
3. 了解影响表面物理力学性能的工艺因素。
4. 掌握控制表面质量的工艺方法。

【能力目标】

能结合生产实际分析零件机械加工表面质量的影响因素，正确选择切削加工刀具和切削用量参数，采用合适的工艺方法，保证零件机械加工表面质量要求。

项目引入

图 3-1 所示为一连接器壳体零件，材料为20 钢。连接器壳体零件表面一般通过车削、铣削、镗削、磨削等机械加工方法获得，壳体零件的机械加工表面质量对壳体零件的相关生产环节和连接器的整体性能有着重要的影响。为此，必须分析机械加工表面质量的影响因素，正确选择切削加工刀具和切削用量参数，采用合适的热处理方法和控制表面质量的工艺方法，保证壳体零件机械加工表面质量要求。

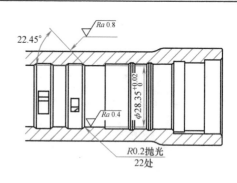

图 3-1 连接器壳体零件

任务 3.1 认识机械加工表面质量

机械加工表面质量是指零件加工后的表面层状态，它是判定零件质量优劣的重要依据。机械零件的失效，极少是因为设计的失误，大多是由于零件的磨损、腐蚀和疲劳等所致。而磨损、腐蚀、疲劳等破坏都是从零件表面开始的，由此可见，零件表面质量将直接影响零件的工作性能，尤其是可靠性和寿命。为此，在研究机械加工精度的同时，也必须探讨影响表面质量的工艺因素和它的变化规律。

3.1.1 机械加工表面质量的含义

经机械加工后的零件表面，并不是理想的光滑表面，它不仅存在宏观的几何形状误差，也存在着微观的几何形状误差和表面波纹度误差，如图3-2所示。零件的表面层材料在加工时会产生物理性质和化学性质的变化，如表面氧化膜的形成，液体、气体的渗入而产生化合物等，造成表面材料的变质。表面质量的主要内容具体如下：

1. 表面层的几何形状特征

表面层的几何形状特征即是加工后的实际表面的几何形状和理想表面的几何形状的偏离量，主要由表面粗糙度和表面波纹度两部分组成。

（1）表面粗糙度　表面粗糙度即表面的微观几何形状误差，其评定参数主要有轮廓的算术平均偏差 Ra、轮廓的最大高度 Rz。实际应用时可根据测量条件和参数的优先使用条件确定使用 Ra 或 Rz。

（2）表面波纹度　表面波纹度是介于宏观几何形状误差与表面粗糙度之间的周期性几何形状误差。表面波纹度主要是由振动产生的，应作为工艺缺陷设法消除。零件图上一般不注明表面波纹度的等级要求，但它还是属于表面质量的范畴。

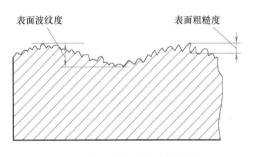

图3-2　表面粗糙度和表面波纹度

2. 表面层的物理力学性能

表面层的物理力学性能主要包括以下三个方面的内容：

1）表面层的加工硬化。

2）表面层材料金相组织的变化。

3）表面层的残余应力。

3.1.2 表面质量对零件使用性能的影响

1. 表面质量对零件耐磨性的影响

零件的耐磨性是一项十分重要的性能指标。当零件的材料、润滑条件和加工精度确定之后，表面质量对耐磨性起着关键作用。因加工后零件的表面存在凸起的轮廓峰和凹下的轮廓谷，两配合表面或接合面的实际接触面积总比理想接触面积要小，实际上只是在一些凸峰顶部接触。

在没有润滑的情况下，两个相互摩擦的表面最初只是在表面凸峰部分接触，它传递的压力实际上只是分布在这些微小的面积上，如图3-3所示。在正压力 F 的作用下，在凸峰部产生很大的挤压应力，使表面粗糙部分产生弹性和塑性变形。当两个零件相对运动时，接触处就会产生弹性变形、塑性变形和剪切等现象，凸峰部分被压平而造成磨损。当有润滑时，情况要复杂一些，但在最初阶段仍可发现凸峰处被划破油膜而产生上述类似的现象。实践表明，磨损过程在不同的条件下所遵循的基本规律都一样。

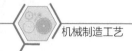

虽然表面粗糙度对摩擦面影响很大，但并不是表面粗糙度值越小越耐磨。过于光滑的表面会挤出接触面间的润滑油，引起分子之间的亲和力加强，从而产生表面咬焊、胶合，使得磨损加剧，如图 3-4 所示。就零件的耐磨性而言，最佳表面粗糙度值以 $Ra0.2\sim0.8\mu m$ 为宜。

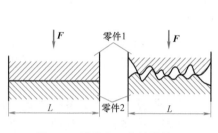

图 3-3　零件表面的接触情况

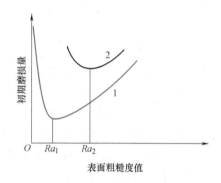

图 3-4　初期磨损量与表面粗糙度值的关系

1—轻载荷　2—重载荷

零件表面纹理形状和纹理方向对耐磨性也有显著的影响。一般地说，具有圆弧状和凹坑状纹理的表面，耐磨性较好；而具有尖峰状纹理的表面耐磨性较差，因它的承压面积小、压强大。在轻载并充分润滑的运动副中，两配合面的纹理方向与运动方向相同时，耐磨性较好；两配合面的纹理方向与运动方向垂直时，耐磨性最差；其余情况介于两者之间。而在重载又无充分润滑的情况下，两配合面的纹理方向相互垂直时，磨损较小。由此可见，对于重要的零件应规定其最后工序的加工纹理方向。

零件表面层材料的冷作硬化能提高其硬度，增强零件表层的接触刚度，减少摩擦表面间的弹性变形和塑性变形的可能性，减少金属之间的咬合现象，因而增强零件的耐磨性。冷作硬化一般都能使耐磨性有所提高，但并不是冷作硬化的程度越高，耐磨性也越好。如图 3-5 所示，当冷作硬化程度提高到 380HBW 左右时（工具钢 T7A），耐磨性达到最佳值，如再进一步加强冷作硬化程度，耐磨性反而降低。其原因是过度的硬化即过度的冷态塑性变形，会降低金属组织的稳定性，引起金属组织的过度"疏松"，使表层金属变脆和脱落，严重时则出现疲劳裂纹，致使磨损加剧。因此，硬化的程度和深度应控制在一定的范围内。

2. 表面质量对零件疲劳强度的影响

在周期性交替变化的交变载荷作用下，当零件工作表面粗糙度值较大时，在表面微观不平的凹谷处和表面层的缺陷处，容易引起应力集中，在凹谷底部的应力比作用于表面层的平均应力大 $0.5\sim1.5$ 倍。这样，促使了疲劳裂纹的形成。试验表面，减小表面粗糙度值，可以使零件的疲劳强度有所提高，所以承受交变载荷的零件表面常常需采用较低的表面粗糙度值。对于重要零件的重要表面，往往应进行光整加工，以减小零件的表面粗糙度值，提高其疲劳强度。

表面冷作硬化能提高零件的疲劳强度，因为强化过的表面层会阻止已有的疲劳裂纹扩展和产生新裂纹。同时，硬化会显著地减少表面外部缺陷和对表面质量的有害影响。但冷作硬化程度过大，表层金属变脆，反而易于产生裂纹。

残余应力的大小和正负都对疲劳强度有影响。当表面层具有残余压应力时，由于它能延缓疲劳裂纹的扩展，使表面显微裂纹合拢，从而提高零件的疲劳强度。残余拉应力使表面显微裂纹加剧，将降低疲劳强度。此时，可以采用在零件表面不会生成冷硬层的方法造成压应力，以便提高零件的疲劳强度，如表面淬火、渗碳、渗氮等。渗氮对表面带有缺陷和切痕的零件尤为有效。

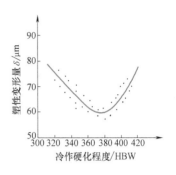

图 3-5　不同冷作硬化程度
与耐磨性的关系

3. 表面质量对零件耐蚀性的影响

零件的耐蚀性在很大程度上取决于零件的表面粗糙度。零件在潮湿的空气中或在有腐蚀性的介质中工作时，常会发生化学腐蚀或电化学腐蚀。化学腐蚀是由于大气中的气体及水气或腐蚀介质容易在粗糙表面的谷底处积聚而发生化学反应，逐步在谷底形成裂纹，在拉应力作用下裂纹扩展以致使零件破坏。凡零件表面存在有残余拉应力，都将降低零件的耐蚀性。电化学腐蚀是由于两个不同金属材料的零件表面相接触时，在表面顶峰间产生电化学作用而被腐蚀掉。

因此，减小零件表面粗糙度值、使零件表面层产生残余压应力和施以一定程度的表面冷作硬化，均可提高零件的耐蚀性。

4. 表面质量对零件配合质量的稳定性及可靠性的影响

动配合零件的表面如果表面粗糙度值太大，初期磨损量就大，工作一段时间后配合间隙就会增大，以致改变了原来的配合性质，影响动配合的稳定性。对于静配合表面，轴在压入内孔时表面的部分凸峰被挤平，而使实际过盈量变小，影响静配合的可靠性。所以对于有配合要求的表面都要求较低的表面粗糙度值。

在静配合中，如果表面硬化严重，将可能造成表层金属与内部金属脱离的现象，从而破坏配合的性质和配合精度。

另外，零件表面层的残余应力如过大，而零件本身刚度又差，就会使零件在使用过程中继续变形，失去原有的精度，降低机器的工作质量。

表面质量对零件的其他性能也有影响。例如，减小零件的表面粗糙度值可以提高密封性能，提高零件的接触刚度，降低相对运动零件的摩擦因数，从而减少发热和功率损耗，减小设备的噪声等。

任务 3.2　影响机械加工表面粗糙度的因素

影响机械加工后零件表面质量的因素很多，一般来说，最主要的因素是几何因素、物理因素和切削过程中的振动等。

3.2.1　影响机械加工表面粗糙度的几何因素

切削加工过程中，刀具在工件表面上留下的残留面积大小是评定表面粗糙度的标志。被加工表面上残留面积越大，所获得的表面就越粗糙。而影响残留面积大小的主要因素是刀尖圆弧半径 r_ε、主偏角 κ_r、副偏角 κ_r' 和进给量 f（mm/r），如图 3-6 所示。

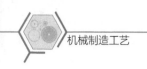

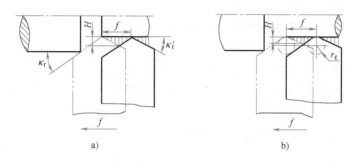

图 3-6 影响切削层残留面积大小的主要因素

a）尖刀切削 b）带圆弧半径 r_ε 的刀具切削

（1）尖刀切削时 如图 3-6a 所示，切削层残留面积的高度 H 为

$$H = \frac{f}{\cot\kappa_r + \cot\kappa_r'} \tag{3-1}$$

式中 H——切削层残留面积高度（mm）。

（2）带圆弧半径 r_ε 的刀具切削时 如图 3-6b 所示，切削层残留面积的高度 H 为

$$H \approx \frac{f^2}{8r_\varepsilon} \tag{3-2}$$

由式（3-1）和式（3-2）可知，减小进给量 f，减小主、副偏角，增大刀尖圆弧半径，都能减小切削层残留面积高度 H，也就减小了零件的表面粗糙度值。

进给量 f 对表面粗糙度的影响较大。当 f 较低时，虽然有利于减小表面粗糙度值，但生产率也成比例地降低，而且过小的进给量将造成薄层切削，反而容易产生振动，使得表面粗糙度值增大。

增大刀尖圆弧半径有利于表面粗糙度值的减小，但同时会使得背向力 F_y 增加，从而加大工艺系统的振动。因此，在增大刀尖圆弧半径时，必须考虑背向力的潜在因素。

减小主、副偏角均有利于减小表面粗糙度值。但在精加工时，主、副偏角对表面粗糙度的影响较小。

前角对表面粗糙度无直接影响，但适当增大前角，刀具易于切入工件，塑性变形小，有利于减小表面粗糙度值。

3.2.2 影响机械加工表面粗糙度的物理因素

1. 切削力和摩擦力的影响

在切削加工过程中，刀具的刀尖圆弧和后刀面对工件的挤压和摩擦，会使工件已加工表面发生塑性变形，使切削层残留面积的沟纹变浅，降低零件的表面粗糙度值。而加工脆性材料时，切屑呈碎裂状，加工表面往往出现微粒崩碎痕迹，留下许多麻点，使表面显得粗糙。

2. 积屑瘤的影响

当刀具在一定的切削速度范围内切削加工塑性材料时，切屑上的一些小颗粒就会黏附在刀具前刀面的刀尖处，形成硬度很高的积屑瘤，它可以替代刀具前刀面和切削刃进行切削。当切屑与积屑瘤之间的摩擦力大于积屑瘤与前刀面的冷焊强度，或受到冲击、振动时，积屑瘤就会脱落，以后又逐渐生成新的积屑瘤，如图 3-7 所示。这种积屑瘤的生成、长大和脱

落，将严重影响零件的表面粗糙度。

3. 鳞刺的影响

在切削加工过程中，由于切屑在前刀面上的摩擦和冷焊作用，使切屑在前刀面上产生周期性停留，从而挤拉刚加工过的表面，严重时使表面出现撕裂现象，在已加工表面上形成鳞刺，使表面粗糙不平，如图3-8所示。

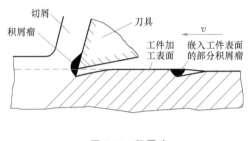

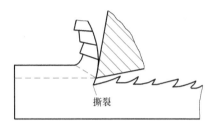

图3-7　积屑瘤　　　　　　　　　　　　图3-8　鳞刺

切削液的冷却和润滑作用会减少切削热和摩擦，并能抑制积屑瘤和鳞刺的产生，有利于降低表面粗糙度值。

从以上物理因素对表面粗糙度的影响来看，要减小表面粗糙度值，除必须减小切削力引起的塑性变形外，应避免产生积屑瘤和鳞刺，主要工艺措施有：选择不易产生积屑瘤和鳞刺的切削速度；改善材料的切削性能；正确选择切削液。

3.2.3　影响磨削加工表面粗糙度的因素

1. 磨削加工的特点

1）磨削过程比金属切削刀具的切削过程要复杂得多。砂轮在磨削工件时，磨粒在砂轮表面上所分布的高度是不一致的。磨粒的磨削过程常分为滑擦阶段、刻划阶段和切削阶段。但对整个砂轮来说，滑擦作用、刻划作用和切削作用是同时进行的。

2）砂轮的磨削速度高，磨削温度高。普通磨削时，砂轮的线速度 $v_砂 = 30 \sim 50\text{m/s}$，高速磨削时的线速度 $v_砂 = 80 \sim 125 \text{ m/s}$。磨粒大多为负前角，单位切削力比较大，故切削温度很高，磨削点附近的瞬时温度可高达 $800 \sim 1000℃$。如此高的温度常引起被磨削表面烧伤、工件变形和产生裂纹。

3）磨削时砂轮的线速度高，参与切削的磨粒多，所以，单位时间内切除金属的量大。径向切削力较大，会引起机床工作系统发生弹性变形和振动。

2. 影响磨削加工表面粗糙度的因素

影响磨削加工表面粗糙度的因素很多，主要有磨削用量、砂轮和工件材料等。

（1）磨削用量的影响

1）砂轮速度。随着砂轮线速度的增加，在同一时间内参与切削的磨粒数也增加，每颗磨粒切去的金属厚度减小，残留面积也减小，而且高速磨削可以减少材料的塑性变形，减小表面粗糙度值。

2）工件速度。在其他磨削条件不变的情况下，随着工件线速度的降低，每颗磨粒每次接触工件时切去的切削厚度减少，残留面积也减小，因而表面粗糙度值较小。必须指出，工

件线速度过低时，工件与砂轮的接触时间过长，传到工件上的热量增加，甚至会造成工件表面金属微熔，反而增大表面粗糙度值，而且还会增加表面烧伤的可能性。因此，通常取工件的线速度等于砂轮线速度的1/60左右。

3) 磨削深度和光磨次数。磨削深度增加，则磨削力和磨削温度均增加，磨削表面塑性变形程度增大，从而增大表面粗糙度值。为提高磨削效率且获得较小的表面粗糙度值，一般开始采用较大的磨削深度，然后采用较小的磨削深度，最后进行无进给磨削，即光磨。光磨次数增加，可减小表面粗糙度值。

（2）砂轮的影响

1) 砂轮的粒度。粒度越细，砂轮单位面积上的磨粒数越多，每颗磨粒切去的金属厚度减少，刻痕也细，表面粗糙度值就小。但粒度过细，切屑容易堵塞砂轮，使工件表面温度升高，塑性变形加大，表面粗糙度值反而增大，同时还容易引起烧伤，所以常用的砂轮粒度应在F80以内。

2) 砂轮的硬度。砂轮太软，则磨粒易脱落，有利于保证砂轮的锋利，但很难保证砂轮的等高性。砂轮如果太硬，磨损了的磨粒也不易脱落，会加剧磨粒与工件表面的挤压与摩擦作用，造成工件表面温度升高，塑性变形加大，并且还容易使工件产生表面烧伤。所以砂轮的硬度适中为好，主要应根据工件的材料和硬度进行选择。

3) 砂轮的修整。砂轮使用一段时间以后就必须进行修整，及时修整砂轮有利于获得锋利和等高的微刃。小的修整进给量和小的修整深度还能使切削刃数大大增加，有利于减小被磨削工件的表面粗糙度值。

4) 砂轮材料。砂轮材料是指磨料，它可分为氧化物类（刚玉）、碳化物类（碳化硅、碳化硼）和高硬磨料类（人造金刚石、立方碳化硼）。钢类零件用刚玉砂轮磨削可得到满意的表面粗糙度；铸铁、硬质合金等工件材料用碳化物砂轮磨削时获得的表面粗糙度值较小；用金刚石砂轮磨削可得到极小的表面粗糙度值，但加工成本也比较高。

（3）工件材料的影响 工件材料的性质对磨削后工件的表面粗糙度影响也很大。太硬、太软、太韧的材料都不容易磨光，这是因为：材料太硬时，磨粒很快钝化，从而失去切削能力；材料太软时，砂轮容易被堵塞；而工件材料韧性太大且导热性差时又容易使磨粒早期崩落。这些都不利于获得小的表面粗糙度值。表面粗糙度值为$Ra0.2\sim0.8\mu m$的磨削工艺参数见表3-1，仅供参考。

表 3-1　表面粗糙度值为 $Ra0.2\sim0.8\mu m$ 的磨削工艺参数

工艺参数	外圆磨削	内圆磨削	平面磨削
砂轮粒度	F46~F60	F46~F80	F36~F60
修整工具	单颗金刚石，金刚石片状修整器		
砂轮圆周线速度/（m/s）	≈35	20~30	20~35
修整时工作台速度/（mm/min）	400~600	100~200	300~500
修整时的深度/mm	0.01~0.02	0.005~0.01	0.01~0.02
修整光磨次数（单行程）	—	2	
工件线速度/（m/min）	20~30	20~50	—
磨削时纵向进给速度/（m/min）	1.2~3.0	2~3	17~30
横向磨削深度/mm	0.02~0.05	0.005~0.01	2~5
纵向磨削深度/mm	—	—	0.005~0.02
光磨次数（单行程）	1~2	2~4	2~4

任务 3.3 影响表面物理力学性能的工艺因素

影响材料表面物理力学性能的工艺因素有表面层残余应力、表面层硬化和表面层金相组织变化三项。在机械加工中，这些影响因素的产生主要是工件受到的切削力和切削热作用的结果。

3.3.1 表层残余应力

切削过程中，金属材料的表层发生形状变化和组织变化，在表层金属与基体材料交界处将会产生相互平衡的弹性应力，这就是表面层的残余应力。零件表层若存在残余压应力，可提高工件的疲劳强度和耐磨性；零件表层若存在残余拉应力，就会使疲劳强度和耐磨性下降。如果残余应力值超过材料的疲劳强度极限，就会使工件表面层产生裂纹，加速工件的破损。

残余应力的产生主要受到冷塑性变形、热塑性变形和金相组织变化的影响。

1. 冷塑性变形引起的残余应力

在切削力作用下，已加工表面发生强烈的冷塑性变形，其中以刀具后刀面对已加工表面的挤压和摩擦产生的塑性变形最为突出，此时基体金属受到影响而处于弹性变形状态。切削力除去后，基体金属趋向恢复，但受到已产生表层塑性变形的限制，恢复不到原状，因而在表层产生残余压应力。里层金属中产生残余拉应力，表层金属与里层金属的应力处于平衡状态。

2. 热塑性变形引起的残余应力

工件加工表面在切削热作用下产生热膨胀，此时基体金属温度较低，因此表层金属产生热压应力。当切削过程结束时，表面温度下降较快，故收缩变形大于里层，由于表层变形受到基体金属的限制，故而产生残余拉应力，里层则产生与其相平衡的压应力。切削温度越高，热塑性变形越大，残余拉应力也越大，有时甚至产生裂纹。磨削时产生的热塑性变形比较明显。

3. 金相组织变化引起的残余应力

切削时产生的高温会引起表层的金相组织变化。不同的金相组织有不同的密度，表层金相组织变化的结果造成了体积的变化。表面层体积膨胀时，因为受到基体的限制，产生了残余压应力；反之，则产生残余拉应力。

加工后表层的实际残余应力是以上三方面综合作用的结果。在切削加工时，切削热一般不是很高，此时以冷塑性变形为主，表面层残余应力多为压应力。磨削加工时，通常磨削区的温度较高，热塑性变形和金相组织变化是产生残余应力的主要因素，所以表面层产生残余拉应力。

3.3.2 表层加工硬化

在切削或磨削加工过程中，由于切削力的作用，被加工表面层产生塑性变形，使表面层晶体间产生剪切滑移，晶格严重扭曲，并产生晶粒的拉长、破碎和纤维化，引起表面层强度和硬度提高的现象，称为冷作硬化现象。

机械制造工艺

表面层的冷作硬化程度取决于产生塑性变形的力、变形速度及变形时的温度。产生塑性变形的力越大，塑性变形越大，产生的冷作硬化程度也越大。变形速度越大，塑性变形越不充分，产生的冷作硬化程度也就相应减小。变形时的温度影响塑性变形程度，温度高，冷作硬化程度减小。

塑性变形是由于晶粒沿滑移面滑移而形成的，滑移时在滑移平面间产生小碎粒，增加了滑移平面的表面粗糙度值，起到了阻止继续滑移的作用，因此，塑性变形中，碎晶间相互的机械啮合和镶嵌的情况增加，使晶粒间的相对滑移更加困难。这就是金属在切削力的作用下产生塑性变形时，形成冷作硬化，塑性降低，强度和硬度提高的原因。

应当指出，表层金属在产生塑性变形的同时，还会产生一定量的热，使金属表层温度升高。当温度达到 $0.25 \sim 0.3T_{熔}$ 范围时，就会产生冷作硬化的回复，回复作用的速度取决于温度的高低和冷作硬化程度的大小。温度越高，冷作硬化程度越大，作用时间越长，回复的速度越快，因此在冷作硬化的同时，也进行着回复。

1. 影响表层冷作硬化程度的因素

表层冷作硬化主要受刀具、切削用量和工件材料等因素的影响。

（1）刀具　刀具的刃口圆角、后刀面的磨损，以及刀具前、后刀面的不平整对表面层的冷作硬化均有很大的影响，它们通过对工件表面层金属的挤压和摩擦作用，增加了冷硬层的程度和深度。刃口圆角和后刀面的磨损量越大，冷作硬化层的硬度和深度也越大。

（2）切削用量　在切削用量中，影响较大的是切削速度 v_c 和进给量 f。

当切削速度 v_c 增大时，一方面会使温度增高，有助于冷作硬化的回复；另一方面由于切削速度 v_c 的增大，刀具与工件接触时间短，使工件的塑性变形程度减小，所以冷作硬化层的硬度和深度都有所减小。

当进给量 f 增大时，则切削力增大，塑性变形程度也增大，因此表面层的冷作硬化现象也严重。但当 f 过小时，由于刀具的刃口圆角在加工表面上的挤压次数增多，因此表面层的冷作硬化现象也会增大。

（3）工件材料　工件材料的硬度越低，塑性越大时，切削加工后其表层的冷作硬化现象越严重。

2. 减小表层冷作硬化程度的措施

1）合理选择刀具的几何参数，采用较大的前角和后角，并在刃磨时尽量减小其刀尖圆弧半径。

2）使用刀具时，应合理限制其后刀面的磨损程度。

3）合理选择切削用量，采用较高的切削速度和较小的进给量。

4）加工时采用有效的切削液。

3.3.3　表层金相组织变化

1. 影响表层金相组织变化的因素

机械加工时，切削所消耗的能量绝大部分转化为热能而使加工表面温度升高。当温度升高到超过金相组织变化的临界点时，就会产生金相组织的变化。一般的切削加工，由于单位切削面积所消耗的功率不是太大，故产生金相组织变化的现象较少。但在磨削加工时，因切削速度高，产生的切削热比一般的切削加工大几十倍，这些热量部分由切屑带走，很小一部分传入砂轮，若冷却效果不好，则很大一部分将传入工件表面，使工件表面层的金相组织发生变化，引起表面层的硬度和强度下降，产生残余应力甚至引起微裂纹，这种现象称为磨削烧伤。因此，磨削加工是一种典型的容易出现加工表层金相组织变化的加工方法。

烧伤严重时，表面会出现黄、褐、紫、青等烧伤色，这是工件表面在瞬时高温下产生的氧化膜颜色。不同的烧伤色，表明工件表面烧伤的程度不同。如果烧伤层较深，虽然在加工后期采用无进给磨削可除掉烧伤色，但烧伤层却未除掉，成为将来使用中的隐患。

根据磨削烧伤时温度的不同，可分为：

（1）回火烧伤 当磨削淬火钢时，若磨削区温度超过马氏体转变温度，则工件表面原来的马氏体组织将转化成硬度降低的回火屈氏体或索氏体组织，称为回火烧伤。

（2）淬火烧伤 磨削淬火钢时，若磨削区温度超过相变临界温度，在切削液的急冷作用下，工件表面最外层金属转变为二次淬火马氏体组织，其硬度比原来的回火马氏体高，又硬又脆，而其下层因冷却速度较慢仍为硬度降低的回火组织，这种现象称为淬火烧伤。

（3）退火烧伤 若不使用切削液进行干磨时，磨削区温度极易超过相变的临界温度，由于工件表层金属空冷冷却速度较慢，使磨削后强度、表面硬度急剧下降，则产生退火烧伤。

以上三种烧伤中，退火烧伤最为严重。

2. 防止磨削烧伤的工艺措施

磨削烧伤使零件的使用寿命和性能大大降低，有些零件甚至因烧伤而报废，所以磨削时应尽量避免烧伤。引起磨削烧伤直接的因素是磨削温度，大的磨削深度与过高的砂轮线速度是引起零件表面烧伤的重要原因。此外，零件材料也是不能忽视的一个方面。一般而言，热导率低、比热容小、密度大的材料，磨削时容易烧伤。使用硬度太高的砂轮，也容易发生烧伤。

（1）合理选择磨削用量 减小磨削深度可以降低工件表面的温度，故有利于减轻烧伤。增加工件速度和进给量，由于热源作用时间减少，使金相组织来不及变化，因而能减轻烧伤，但会导致表面粗糙度值增大。此时一般通过提高砂轮速度和采用较宽砂轮来弥补。

（2）合理选择砂轮并及时修整 若砂轮的粒度越细、硬度越高时自砺性差，则磨削温度也升高。砂轮组织太紧密时磨屑堵塞砂轮，易出现烧伤。砂轮钝化时，大多数磨粒只在加工表面挤压和摩擦而不起切削作用，使磨削温度升高，故应及时修整砂轮。

（3）改善冷却方法 采用切削液可带走磨削区的热量，避免烧伤。但是，常用的冷却方法效果较差，由于砂轮高速旋转时，圆周方向产生强大气流，使切削液很难进入磨削区，因此不能有效地降温。为改善冷却方法，使切削液从中心通入，靠离心力作用，通过砂轮内部的空隙从砂轮四周的边缘甩出，因此切削液可直接进入磨削区，冷却效果甚好。但必须采用特制的多孔砂轮，并要求切削液经过仔细过滤，以免堵塞砂轮。

任务 3.4 控制表面质量的工艺途径

随着科学技术的发展，对零件的表面质量要求越来越高。为了获得合格零件，保证机器的使用性能，人们一直在研究控制和提高零件表面质量的途径。提高表面质量的工艺途径大致可以分为两类：一类是用低效率、高成本的加工方法，寻求各工艺参数的优化组合，以减

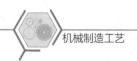

小表面粗糙度值；另一类是着重改善工件表面的物理力学性能，以提高其表面质量。

3.4.1　减小表面粗糙度值的加工方法

1. 超精密切削和低表面粗糙度值磨削加工

（1）超精密切削　超精密切削是指获得的表面粗糙度值为 $Ra0.04\mu m$ 以下的切削加工方法。超精密切削加工最关键的问题在于在最后一道工序切削 $0.1\mu m$ 的微薄表面层。要切除如此微薄的表面层，最主要的问题是刀具的锋利程度，一般用切削刃的钝圆半径 r_n 的大小表示切削刃的锋利程度，r_n 越小，切削刃越锋利，切除微小余量就越顺利。由刀具钝圆半径 r_n 与切削厚度 a_p 的关系可知，当 $r_n > a_p$ 时，将不能切削。因此在切削厚度只有几微米或不到一微米时，刀具钝圆半径 r_n 也必须精刮到微米级的尺寸，甚至为纳米级尺寸。同时，要求刀具应有足够长的寿命，以维持其锋利程度。目前只有金刚石刀具才能达到要求。超精密切削时，工作行程要小，切削速度要非常高，才能保证工件表面上的残留面积小，从而获得极小的表面粗糙度值。

精密切削加工对机床、刀具的要求很高。对于机床而言，要求机床主轴和导轨是液体静压式或空气静压式的，主轴轴线的回转精度高达 $0.1\mu m$，机床上的部件移动要极为平稳，机床上要有进给量为 $0.1\mu m$ 的微进装置，设备要装在恒温室内并需有隔振设施。要求刀具刃口部分极其光洁，不能沾有积屑瘤和其他附着物，不能有太大的磨损，刃口部分不能有微观缺陷等。否则，刀具会把自身的缺陷复映到工件上，使加工出的零件达不到加工要求。

精密切削加工的刀具要经过精细研磨，工件表面不能有如气孔、杂质等微小缺陷。由于金刚石与钢、铸铁之间的亲和力较大，切削时切屑会黏结在刀尖上，所以黑色金属经精密加工后，所获得的表面粗糙度会受到影响。

（2）低表面粗糙度值磨削加工　为了简化工艺过程，缩短工序周期，有时用低表面粗糙度值磨削替代光整加工。低表面粗糙度值磨削除要求设备精度高之外，磨削用量的选择最为重要。在选择磨削用量时，参数之间往往会相互矛盾和排斥。例如，为了减小表面粗糙度值，砂轮应修整得细一些，但如此却可能引起磨削烧伤；为了避免烧伤，应将工件转速加快，但这样又会增大表面粗糙度值，而且容易引起振动；采用小磨削用量有利于提高工件表面质量，但会降低生产率而增加生产成本；而且工件材料不同，其磨削性能也不一样，一般很难凭手册确定磨削用量，要通过试验不断调整参数，因而表面质量较难准确控制。

近年来，国内外学者对磨削用量最优化做了不少研究，分析了磨削用量与磨削力、磨削热之间的关系，并用图表表示各参数的最佳组合，加上计算机的运用，通过指令进行过程控制，使得低表面粗糙度值磨削逐步达到了很好的效果。

2. 采用超精加工、珩磨、研磨等方法作为最终工序

超精加工、珩磨等都是利用磨条以一定压力压在工件表面上，并做相对运动以降低表面粗糙度值和提高精度的加工方法，一般用于表面粗糙度值为 $Ra0.4\mu m$ 以下的表面加工。该加工工艺由于切削速度低、压强小，所以发热少，不易引起热损伤，并能产生残余压应力，有利于提高零件的使用性能。

超精加工、珩磨等加工工艺均是依靠自身定位，因此具有设备简单，精度要求不高，成本较低，容易实行多工位、多机床操作，生产率高等特点。在大批量生产中，这些特点更为明显，故其应用更为广泛。

（1）珩磨　珩磨用于加工直径 $\phi15\sim\phi150\text{mm}$ 的通孔，也可用于加工不通孔和深孔。珩磨是利用珩磨工具对工件表面施加一定的压力，同时珩磨工具还要相对工件完成旋转和直线往复运动，以去除工件表面凸峰的一种加工方法。

珩磨孔的工具称为珩磨头，如图 3-9 所示。磨条 4（数量有三、四、五或六块）用黏结剂或用机械方法与垫块 6 固结在一起，而后装进磨头体 5 的对应槽中，垫块 6 的两端由弹簧 8 箍在磨头体上，磨头体内还装有顶销 7 和调整锥 3，磨头体通过浮动联轴器与机床主轴联接，转动螺母 1 通过调整锥 3 和顶销 7，使磨条 4 张开或收缩，以调整工作尺寸和工作压力。这种结构的磨头生产率低，操作麻烦，而且不易保证孔壁压力的恒定。大批量生产中广泛采用自动调节压力的气动、液压珩磨头。

珩磨工作原理是：利用安装在珩磨头圆周上的若干条细粒度磨条，由胀开机构将磨条沿径向胀开，使其压向工件孔壁形成一定的接触面，同时珩磨头做回转运动和轴向往复运动，以实现对孔的低速磨削。磨条上的磨粒在工件表面上留下的切削痕迹为交叉的且不重复的网纹，如图 3-10 所示，有利于润滑油的储存和油膜的保持，磨粒起刮擦、耕犁和切削的作用。由于珩磨头和机床主轴是浮动联接，因此机床主轴回转运动误差对工件的加工精度没有影响。因为珩磨头的轴向往复运动是以孔壁做导向的，即是按孔的轴线进行运动的，故在珩磨时不能修正孔的位置偏差，工件孔中心线的位置精度必须由前一道工序来保证。

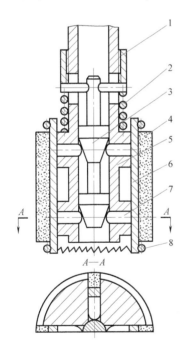

图 3-9　珩磨头
1—螺母　2、8—弹簧　3—调整锥　4—磨条
5—磨头体　6—垫块　7—顶销

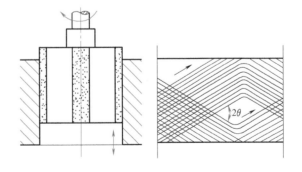

图 3-10　珩磨时磨料的运动轨迹

珩磨时，常用的磨料有碳化硅、刚玉和金刚石，以人造树脂为黏结剂。树脂具有一定的弹性，寿命较长，在高压作用下仍能保持良好的切削性能。磨料的选择可以参照表 3-2 和表 3-3。

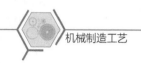

表 3-2 工件材料与珩磨磨条的磨料

工件材料	磨料种类
铸铁、氮化钢、不锈钢	黑碳化硅(C)、绿碳化硅(GC)
钢、铸铁、镀铬的表面	白刚玉(WA)、黑碳化硅、绿碳化硅
黄铜、铝合金、青铜	黑碳化硅、白刚玉
玻璃、硬质合金	金刚石

表 3-3 表面粗糙度值和磨料粒度

工序要求	表面粗糙度值 $Ra/\mu m$	磨料粒度
粗珩	0.8~0.4	F60~F120
半精珩	0.4~0.16	F120~F320
精珩	0.16~0.04	F320~F800
镜面珩	0.04~0.02	F800~F1000

珩磨余量一般很小，需要经过如金刚镗等精细加工后，方能珩磨。

珩磨时，磨粒轨迹是交叉而又不重复的网纹，磨粒细小，因此能获得的表面粗糙度为 $Ra0.8~0.4\mu m$。又因磨削速度低、余量小且有大量的切削液进行冷却，因此磨削力小、温度低、传入工件的热量少，所以不易烧伤。由于磨条是以径向弹簧力压向加工表面，所以孔径大处压力小，少磨去一些金属，孔径小处压力大，多磨去一些金属，由此提高了加工表面的形状精度。一般珩磨后工件的圆度误差和圆柱度误差可控制在 0.003~0.005mm，尺寸公差等级可达 IT6~IT4。

珩磨是以被加工孔本身定位，珩磨头和机床主轴为浮动联接，因此，珩磨加工不能纠正位置误差，位置精度由珩磨前的工序加以保证。

珩磨头的转速和轴向往复运动速度是珩磨中的重要参数。转速高，表面粗糙度值低；轴向往复运动速度大，生产率高。转速和轴向往复运动速度的比值不同将影响切削纹路的轨迹和交叉角，如图 3-10 所示中的 2θ。表 3-4 列出了珩磨的切削速度和轴向往复运动速度，可供参考。

表 3-4 珩磨的切削速度和轴向往复运动速度

工件材料	切削速度/(m/min)	轴向往复运动速度/(m/min)		
		$Ra0.4\mu m$	$Ra0.32\mu m$	$Ra0.16\mu m$
淬火钢	12~20	—	5~10	4~8
非淬火钢	30~35	10~18	10~18	9~14
铸铁	40~50	10~12	8~12	6~10

为了及时排出切屑和冷却工件，必须进行充分的冷却润滑。通常珩磨铸铁和钢时采用煤油作为切削液，精珩时再加 10%（质量分数）润滑油；珩磨青铜时可以干珩或用水冷却。切削液必须充分灌注到加工表面，并且应该经过严格的过滤，以防止硬粒划伤已加工表面。

（2）研磨 研磨是利用研磨工具和工件的相对运动，在研磨剂的作用下，对工件表面进行光整加工的一种加工方法。

研磨可提高工件的形状精度及尺寸精度，但不能提高表面位置精度，研磨后工件的尺寸精度可达 0.1~0.3μm，表面粗糙度值可达 $Ra0.025~0.006\mu m$。而且研磨几乎不会产生残余应力和强化等缺陷，但生产率

研磨工艺

很低。

研磨可采用专用的设备进行加工，也可采用简单的工具，如研磨心棒、研磨套、研磨平板等对工件表面进行手工研磨。如图3-11所示，研具在一定的压力下与加工表面做复杂的相对运动，研具与工件之间的磨粒、研磨剂在相对运动中分别起着机械切削作用和物理化学作用，从而切去极微薄的一层金属。研磨剂中所加的质量分数为2.5%左右的油酸或硬脂酸吸附在工件表面形成一层薄膜。研磨过程中，表面上的凸峰最先被研去而露出新的金属表面，新的金属表面又很快生成氧化膜，氧化膜又很快被研去，直至凸峰被研平。表面凹处由于吸附薄膜起保护作用，不容易氧化而很难被研去。

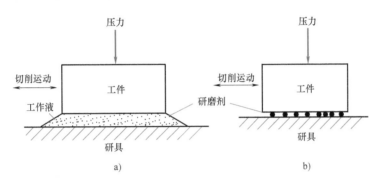

图 3-11 研磨加工示意

a) 湿式研磨　b) 干式研磨

研磨中研具和工件之间起着相互对照、相互纠正、相互切削的作用，使尺寸精度和形状精度都能达到很高的程度。

研磨分为手工研磨和机械研磨两种，图3-12所示为机械研磨。

研磨余量在 $0.01 \sim 0.03$ mm 范围内，如果表面质量要求很高，必须进行多次粗、精研磨。研磨的压强越大，生产率越高，但工件的表面粗糙度值增大；相对速度增大可提高生产率，但很容易引起工件发热。一般研磨压强取 $10 \sim 40 N/cm^2$，相对滑动速度取 $10 \sim 50 m/min$，磨料粒度为 F200~F600，有时甚至更细。

常用的磨具材料是比工件材料软的铸铁、铜、铝、塑料和硬木。

研磨液以煤油和机油为主，并加入质量分数为2.5%的硬脂酸或油酸。

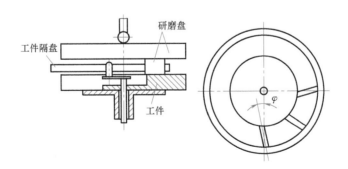

图 3-12 机械研磨

（3）超精加工　超精加工也称为超精研，是用细粒度砂条，在较低的压力和良好的冷

却润滑条件下，以快而短促的往复运动，对低速旋转的工件进行振动研磨的一种微量磨削加工方法。

超精加工的工作原理：如图 3-13 所示，加工时有三种运动，即工件的低速旋转运动 1、磨头的轴向进给运动 2 和砂条的往复振动 3。三种运动的合成使磨粒在工件表面上形成不重复的轨迹。超精加工的切削过程与磨削、研磨不同，当工件粗糙表面被磨去之后，接触面积大大增加，压强极小，工件与磨条之间形成油膜，二者不再直接接触，磨石能自动停止切削。

超精加工时，砂条的振动频率为 500~600 次/min，预加工取大值，终加工取小值；砂条的振动幅值为 2~4mm，预加工取大值，终加工取小值。

超精加工时，工件的线速度一般取 6~30 m/min，纵向进给速度取 0.1~0.8mm/r。

砂条对工件的压强不宜过大，否则切削中油膜不易形成，使加工后的表面粗糙。但也不宜过小，否则磨粒不易刺破油膜而起不到切削作用，一般取 10~40N/cm²。

超精加工中的切削液是煤油和锭子油的混合液。

超精加工的加工余量一般为 3~10μm，所以它难以修正工件的尺寸误差及形状误差，也不能提高表面间的相互位置精度，但可以降低表面粗糙度值，能得到表面粗糙度为 $Ra0.04~0.01μm$ 的表面。

目前，超精加工能加工各种不同的材料，如钢、铸铁、黄铜、铝、陶瓷、玻璃、花岗岩等，能加工外圆、内孔、平面及特殊轮廓表面，广泛用于对曲轴、凸轮轴、刀具、轧辊、轴承、精密量仪及电子仪器等精密零件的加工。

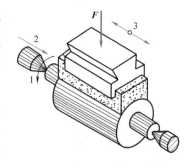

图 3-13 超精研外圆的工作原理
1—工件旋转运动　2—磨头轴向进给运动　3—砂条往复振动

（4）抛光　抛光是利用布轮、布盘等软性器具涂上抛光膏来抛光工件表面的。它利用抛光器具的高速旋转，靠抛光膏的机械刮擦和化学作用去除掉工件表面的顶峰，使工件表面获得光泽。抛光时，一般不去除加工余量，因而不可能提高工件的精度，甚至有时还会损坏上一道工序已获得的精度。抛光也不能减小零件的形状误差。经抛光后，表面层的残余拉应力会有所减小。

3.4.2　改善表面物理力学性能的加工方法

如前所述，表面层的物理力学性能对零件的使用性能及寿命影响很大，如果在最终工序中不能保证零件表面获得预期的表面质量要求，则应在工艺过程中增设表面强化工序来保证零件的表面质量。表面强化工艺包括化学处理、电镀和表面机械强化等几种。这里仅讨论机械强化工艺问题。机械强化是指通过对工件表面进行冷挤压加工，使零件表面层金属发生冷态塑性变形，从而提高其表面硬度并在表面层产生残余压应力的无屑光整加工方法。采用表面强化工艺还可以降低零件的表面粗糙度值。这种方法工艺简单、成本低，在生产中应用十分广泛，其中用得最多的是喷丸强化、滚压加工和金刚石压光。

1. 喷丸强化

喷丸强化是利用压缩空气或离心力使大量直径为 $φ0.4~φ4mm$ 的珠丸高速打击零件表

面，使其产生冷硬层和残余压应力，可显著提高零件的疲劳强度。珠丸可以采用铸铁、砂石以及钢铁制造。所用设备是压缩空气喷丸装置或机械离心式喷丸装置，这些装置使珠丸能以 $35 \sim 50 mm/s$ 的速度喷出。喷丸强化工艺可用来加工各种形状的零件，加工后零件表面的硬化层深度可达 $0.7mm$，表面粗糙度值 Ra 可由 $3.2\mu m$ 减小到 $0.4\mu m$，使用寿命可提高几倍甚至几十倍。

2. 滚压加工

滚压加工是在常温下通过自由旋转的淬硬滚压工具（滚轮或滚珠）对工件表面施加压力，使其产生塑性变形，将工件表面上原有的峰去填充相邻的谷，从而可以减小表面粗糙度值，如图3-14所示。

滚压加工后在滚压表面产生了冷硬层和残余压应力，使零件的承载能力和疲劳强度得以提高，从而提高零件的使用性能和寿命。滚压加工可使表面粗糙度值由 $Ra1.25 \sim 5\mu m$ 减小到 $Ra0.8 \sim 0.63\mu m$，表面层硬度一般可提高 $20\% \sim 40\%$，表面层金属的疲劳强度可提高 $30\% \sim 50\%$。

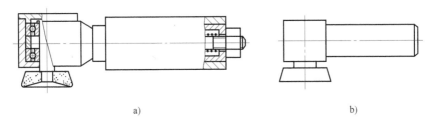

图 3-14　利用滚压加工减小表面粗糙度值

1—峰　2—谷　3—填充层

d_1—滚压前的直径　d_2—滚压后的直径

H_1—滚压前轮廓最大高度

H_2—滚压后轮廓最大高度

滚压加工可加工外圆、内孔和平面等表面。滚压加工常安排在精车后或粗磨后进行，其效果与工件材料、滚压前表面状态、滚压工具和滚子表面性能及采用的工艺参数有关。

图3-15所示为两种外圆滚压工具。滚压时，先使滚轮与工件表面接触，然后再继续横向做 $0.3mm$ 的进刀，使滚子对被加工表面施加压力，再做纵向进刀，进行滚压。由于工件表面受挤压后会产生弹性恢复，故实际滚压深度仅为 $0.01 \sim 0.02mm$。滚压时，工件的速度 $v = 30 \sim 200 m/min$，进给量 $f = 0.10 \sim 0.15 mm/r$，滚轮与工件的切点应比工件中心略高 $1mm$，滚压时工件和滚轮表面不得有油污，否则将影响工件表面粗糙度。

a)　　　　　　　　　　　　　　　　b)

图 3-15　外圆滚压工具

a）弹性滚压工具　b）刚性滚压工具

滚压用的滚轮常用碳素工具钢 T12A 或合金工具钢 CrWMn、1Cr12、CrNiMn 等材料制造，淬火硬度为 $62 \sim 64HRC$；或用硬质合金 YG6、YT15 等制成；其型面在装配前需经过粗磨，安装滚压工具后再进行精磨。

孔的滚压加工更为常见，如采用滚压加工替代珩磨而作为孔的终加工工序。

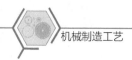

3. 金刚石压光

金刚石压光是一种利用金刚石工具挤压加工表面的新工艺，在精密仪器制造中较为常见。

金刚石压光后的零件表面粗糙度值可达 $Ra0.4 \sim 0.02\mu m$；耐磨性比磨削后的表面高 $1.5 \sim 3$ 倍，但比研磨后的要低 $20\% \sim 40\%$；金刚石压光的生产率要比研磨高得多。

金刚石压光可以光整加工碳钢、合金钢和铜、铝等有色金属，还可以加工电镀过的表面，以提高电镀层的物理力学性能和减小表面粗糙度值。金刚石压光的加工精度与上一道工序的加工精度、压光器的结构形式有关。一般压光前后的尺寸相差无几，仅在 $1\mu m$ 以内。

图 3-16 所示为金刚石压光外圆和内孔。压光器安装在车床的刀架上，金刚石压头靠压光器内的弹簧力压在工件表面上，调整弹簧的压缩长度，便可得到不同的压力。百分表用以检查压光时的压力大小，操作人员还可以通过百分表观察压光过程中压力变化情况，以免损坏金刚石压头。

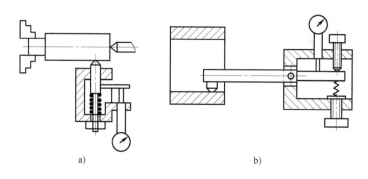

图 3-16　金刚石压光外圆和内孔

a）压光外圆　b）压光内孔

金刚石压光使用的机床必须是高精度的机床，至少也是比较好的普通级机床。它要求机床刚性好、抗振性好，以免损坏金刚石压头。此外，要求机床主轴精度高，径向圆跳动和轴向窜动在 $0.01mm$ 以内；主轴转速可在 $2500 \sim 6000$ r/min 的范围内无级调速；机床主轴运动与进给传动应分离，以保证压光的表面质量。

项目实施

由图 3-1 所示连接器壳体可知，零件内孔处的表面质量要求很高。

1. 连接器壳体机械加工表面质量评价要素

（1）表面粗糙度　切削表面在进给量为 f 的情况下，表面粗糙度是未被切除掉的零件切削层残留面积高度，如图 3-6 所示。理论上，残留面积高度 $Ra_{max} = H = \dfrac{f}{\cot\kappa_r + \cot\kappa'_r}$。实际上，表面粗糙度还受刀尖圆弧半径、切削加工中积屑瘤、切屑和刀具磨损等综合因素作用，因此实际加工表面粗糙度比理论计算数值要大些。

（2）加工硬化　加工层产生急剧的塑形变形，使加工表面层深度为 $0.1 \sim 0.5mm$ 范围内的显微硬度提高，破坏了内应力平衡，改变了表层组织性能，降低了材料的冲击韧度和疲劳强度，增加了切削加工的难度。

（3）表层残余应力 切削层塑形变形的影响会改变表层残余应力的分布。切削后切削温度降低，使已经加工表面层由膨胀而呈收缩，在收缩时受底层材料的阻碍，表面层产生拉应力。残余拉应力受冲击载荷的作用时，会降低材料的疲劳强度，出现微裂纹，降低了零件的耐蚀性。

（4）表层微裂纹 切削加工中，在外界摩擦、积屑瘤等因素作用下以及在表层内应力集中或拉应力等影响下，表层会产生微裂纹。微裂纹不仅降低了材料的疲劳强度和耐蚀性，且不断扩展，造成连接器壳体失效。

2. 影响连接器壳体表面粗糙度的因素分析

（1）壳体材料 一般韧性较大的塑性材料，加工后表面粗糙度值较大，而韧性较小的塑性材料加工后易得到较小的表面粗糙度值。对于同种材料，其晶粒组织越大，加工表面粗糙度值越大。因此，为了减小加工表面粗糙度值，在切削加工前应对 20 钢材料工件进行调质或正火处理，以获得均匀细密的晶粒组织和较大的硬度。

（2）切削用量 切削用量中切削速度和进给量对表面粗糙度的影响最大。

切削速度 v_c 是影响加工表面的重要因素。低速切削时容易形成积屑瘤和鳞刺，不容易获得低的表面粗糙度值；中速时积屑瘤的高度达到最大值；在中低速切削时，加大刀具前角，减小进给量 f 提高刀具刃磨质量，选择好的切削液，可抑制积屑瘤，提高表面质量；高速切削时，工艺系统的刚度足够，刀具材料良好，可获得较小的表面粗糙度值。

进给量 f 越小，则残留面积高度 H 越小，表面粗糙度值越小。且积屑瘤和鳞刺等都不容易产生，可获得好的表面质量；但是，进给量 f 越小，其切除的材料厚度变薄，使切削刃钝圆半径对加工表面的挤压加剧，加工表面硬化严重。同时，减小进给量，生产率也会降低。

（3）刀具几何参数 刀具几何参数包括前角、后角、主偏角、副偏角和刀尖圆弧半径等。

增大前角 γ_o，使切削变形减小，刀具与加工表面间的摩擦减小，使积屑瘤、鳞刺和冷作硬化的影响变小；增大前角 γ_o，还使刀具的刃口更锋利，有利于薄切削，能实现精密加工。但是，前角 γ_o 太大则会削弱刀具强度，减小散热体积，加速刀具磨损。因此，在刀具强度及寿命许可情况下，尽量选择大的前角 γ_o。

增大后角 α_o，可避免刀具后刀面与已加工表面之间的摩擦，减小对冷作硬化和鳞刺的生成。此外，增大后角 α_o 可使切削刃钝圆半径减小，刀尖锋利，减小对加工表面的挤压作用。因此，精加工刀具的后角应适当增大（ $\alpha_o > 8°$ ），生产中也利用 $\alpha_o < 0°$ 的刀具对切削面产生挤压作用，以达到光整加工面的目的。

减小主偏角 κ_r，使残留面积高度 H 减小，即可降低表面粗糙度值。但是，由于减小主偏角，将使背向力显著增大。在工艺系统刚性允许条件下，生产中，使用减小副偏角 κ_r'，增大刀具刀尖圆弧半径 r_ε，以减小表面粗糙度值，提高表面质量。实际加工过程中，刀具几何参数对表面粗糙度的影响是各种因素的综合作用，通过生产实践证明，减小副偏角 κ_r' 是减小表面粗糙度值、提高表面质量的有效措施。

（4）刀具材料 刀具材料有不同的硬度、韧性和耐磨性。刀具材料对表面质量的影响主要表现在刀具的耐磨性和可刃磨性，刀具材料与工件材料的摩擦因数，以及与壳体材料间的亲和程度等方面。

（5）切削液 在较低的切削速度下，如果不浇注切削液，将产生积屑瘤和鳞刺，加工

表面不平。加注切削液后,表面粗糙度值明显降低。但在高的切削速度下,由于切削液浸入切削区域困难,且被切屑带走,在旋转中被甩出,此时切削液对表面粗糙度的影响不明显。

3. 壳体表面质量对连接器性能的影响

(1) 表面质量对疲劳强度的影响   金属受交变载荷作用后产生的疲劳破坏往往发生在零件表面和冷作硬化层下面,因此壳体的表面质量对疲劳强度影响很大。

在交变载荷作用下,表面的凹谷部位容易引起应力集中,产生疲劳裂纹。表面粗糙度值越大,表面的纹痕越深,纹底半径越小,抗疲劳破坏的能力就越差。

表面层残余拉应力将使疲劳裂纹扩大,加速疲劳破坏;而表面层残余压应力能够阻止疲劳裂纹的扩展,延缓疲劳破坏的产生。表面层冷作硬化一般伴有残余压应力的产生,可以防止裂纹产生并阻止已有裂纹的扩展,对提高疲劳强度有利。

(2) 表面质量对耐蚀性的影响   壳体的耐蚀性在很大程度上取决于表面粗糙度值。表面粗糙度值越大,则凹谷中聚积腐蚀性物质就越多,耐蚀性就越差。表面层的残余拉应力会产生应力腐蚀开裂,降低零件的耐磨性,而残余压应力则能防止应力腐蚀开裂。壳体切削加工表面质量对电镀质量和电镀层的应用还会产生重要影响。当连接器出现外壳腐蚀性缺陷,既要考虑表层电镀因素,也要分析壳体基体的表面质量。

(3) 对与相关零件配合性质的影响   在间隙配合中,如果配合表面粗糙,磨损后会使配合间隙增大,改变了配合性质。在过盈配合中,装配后表面凸峰被挤平,而使有效过盈量减小,降低配合的可靠性。所以,对有配合要求的表面,也应标注相应的表面粗糙度值。

4. 提高壳体表面质量的措施

通过壳体表面质量的形成和影响因素分析,可以采取以下措施提高壳体表面质量:

(1) 正确选择切削刀具材质和刀具参数   根据壳体材料的切削特性选择与之摩擦小、亲和力小的刀具材料。根据壳体的结构特点选择刀具几何结构和性能参数;在切削加工中使用正确的切削液,降低刀具和壳体的切削热量,减小刀具切削面与工件面间的摩擦,改善壳体表面质量。

(2) 优化切削用量参数   在加工方法和刀具确定后,通过不断调整切削速度、进给量和切削深度等参数的组合,获取最佳切削参数,以提高加工表面质量。

(3) 去应力处理   通过去应力处理,消除壳体零件在加工中的残余内应力,保证零件加工表面质量的稳定性。时效和去应力回火、退火等热处理是常用措施。

(4) 采用表面光整处理工艺   在切削加工过程增加扫光刀或扫光刷,可以提高加工表面质量;在切削加工后采用机械抛光工艺,也是提高壳体表面质量的有效措施。

学后测评

1. 表面质量的含义包括哪些主要内容?为什么机械零件的表面质量与加工精度有同等重要的意义?

2. 试举例说明机械零件的表面粗糙度值的大小对其使用性能的影响。

3. 为什么机器上许多静联接的接触表面往往要求较小的表面粗糙度值?

4. 车削一铸铁零件的外圆表面,若进给量 $f = 0.5\text{mm/r}$,车刀刀尖圆弧半径 $r_g = 4\text{mm}$,能获得的表面粗糙度值为多少?

5. 工件材料为 15 钢,经磨削加工后要求表面粗糙度达 $Ra0.04\mu\text{m}$,是否合理?若要满足此加工要求，应采取什么措施？

6. 为什么有色金属用磨削加工得不到小的表面粗糙度值？通常为获得较小的表面粗糙度值应采用哪些加工方法？若需要磨削有色金属，为提高表面质量应采取什么措施？

7. 机械加工过程中，为什么会造成零件表面层物理力学性能的改变？这些改变对产品质量有何影响？

8. 磨削淬火钢时，加工表面层的硬度可能升高或降低，试分析其原因。

9. 为什么会产生磨削烧伤及裂纹？它们对零件的使用性能有何影响？减少磨削烧伤及裂纹的方法有哪些？

10. 试列举磨削表面常见的几种缺陷，并分析其产生原因。

11. 试分析珩磨、超精加工和研磨的工艺特点及应用场合。

12. 表面强化工艺为什么能改善工件表面质量？生产中常用的表面强化工艺方法有哪些？

项目 4

典型零件加工

【知识目标】

1. 了解各种典型零件的功用、结构特点和主要技术要求。
2. 熟悉各种典型零件材料和毛坯的选择方法。
3. 掌握各种典型零件表面的主要加工方法与加工特点。
4. 掌握拟订各种典型零件工艺路线的一般方法。

【能力目标】

具有合理拟订各种常见零件的机械加工工艺路线和制订其工艺规程的能力。

项目引入

由图 4-1 所示的 CA6140 型卧式车床主轴箱展开图可以看出，它是由箱体、主轴、传动轴、齿轮、轴承套等若干个零件装配而成的，这些零件均有相应的结构特征和功能要求。加工制造这些零件，必须根据其零件图技术要求，进行工艺分析，制订合理的机械加工工艺过程。

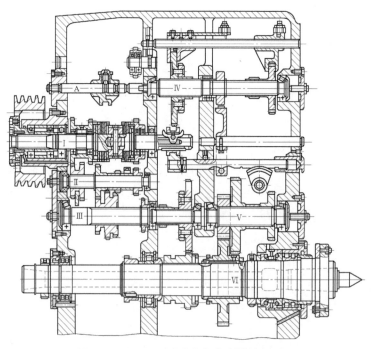

图 4-1　CA6140 型卧式车床主轴箱展开图

任务4.1 车床主轴的加工

4.1.1 认识车床主轴

1. 车床主轴的功用及结构特点

车床主轴不但传递运动和转矩，而且是工件和刀具回转精度的基础，是机床的关键零件之一。

车床主轴既是一种单轴线的阶梯轴、空心轴，也是长径比小于12的刚性轴。其主要表面有同轴的若干个外圆柱面、圆锥面和孔，次要表面有键槽、花键、螺纹和端面结合孔等。它的机械加工方法主要是车削和磨削，其次是铣削和钻削。根据其结构特点和精度要求，在加工过程中，对定位基准的选择、加工顺序的安排、深孔加工及热处理工序等均应给予足够的重视。

车床主轴是一种典型的轴类零件，加工难度较大，工艺路线较长，涉及轴类零件加工的许多基本工艺问题。

2. 车床主轴的主要技术要求

图4-2所示为CA6140型车床主轴简图。由图可知，该主轴呈阶梯状，其上有安装支承轴承和传动件的圆柱面、圆锥面，安装滑移齿轮的花键，安装卡盘及顶尖的内、外圆锥面，联接紧固螺母的螺纹，通过棒料的深孔等。

（1）主轴支承轴颈 主轴有两个支承轴颈（即基准A、B处外圆），其圆度公差为0.005mm，径向圆跳动公差为0.005mm；支承轴颈尺寸公差等级一般为IT5，表面粗糙度值为$Ra0.4\mu m$。因为主轴支承轴颈用以安装支承轴承，是主轴部件的装配基准面，所以它的制造精度直接影响到主轴部件的回转精度。

支承轴颈采用锥面结构，是为了使轴承内圈能够胀大，以调整轴承间隙。轴承内圈是薄壁零件，装配时轴颈上的形状误差会反映到内圈的滚道上，影响主轴的回转精度。因此，规定支承轴颈的1:12锥面的接触面积≥70%。

（2）主轴工作表面的精度 主轴的工作表面是指装夹刀具（刀具锥柄）或夹具（顶尖）的定心表面，如莫氏锥孔、轴端外锥或法兰外圆等。具体要求有：内、外锥面的尺寸精度、几何精度、表面粗糙度和接触精度；定心表面对支承轴颈A—B公共基准轴线的跳动等。它们对机床工作精度的影响会造成夹具或刀具的安装误差，从而影响工件的加工精度。

图4-3所示为安装偏心对加工精度的影响。当主轴轴端外锥相对于支承轴颈不同轴时，会使卡盘产生安装偏心，如图4-3a所示；主轴的莫氏锥孔相对于支承轴颈表面的同轴度误差也会使前、后顶尖形成的回转中心线与实际的回转中心线偏离，如图4-3b所示。此外，主轴端部定心表面相对支承轴颈表面的中心线倾斜，会造成安装在定心表面上的夹具（及工件）或刀具和回转中心不同轴，而且离轴端越远，同轴度误差值越大，如图4-3c所示。因此，在机床精度检验标准中，规定了近主轴端部和离轴端300mm处的径向圆跳动公差（图4-2）。

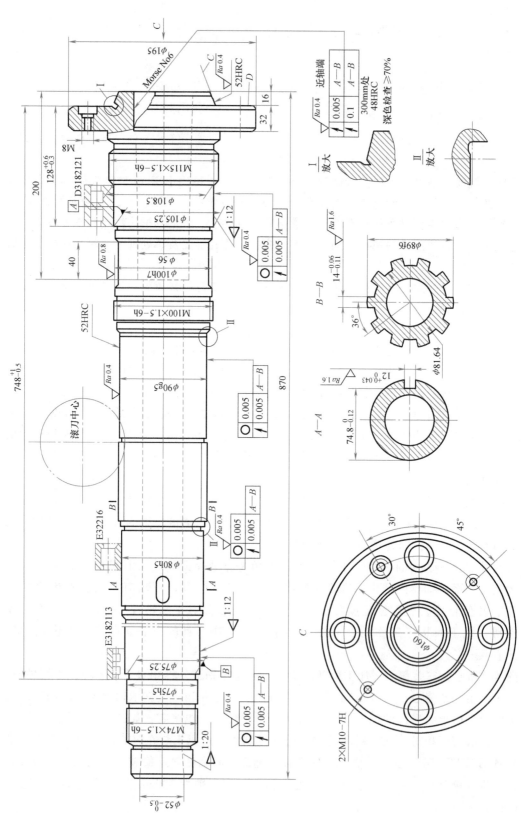

图 4-2　CA6140 型车床主轴简图

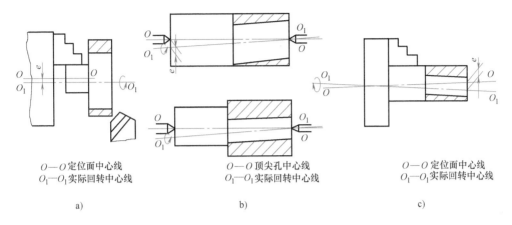

O—O 定位面中心线 O₁—O₁实际回转中心线	O—O 顶尖孔中心线 O₁—O₁实际回转中心线	O—O 定位面中心线 O₁—O₁实际回转中心线
a)	b)	c)

图 4-3　安装偏心对加工精度的影响

a) 卡盘安装偏心　b) 莫氏锥孔和支承轴颈不同轴　c) 定心表面倾斜于支承轴颈回转中心线

（3）主轴次要轴颈的精度　主轴次要轴颈是指装配齿轮、轴套等零件的表面。它们的尺寸公差等级要求和圆度公差均要求较高。同时，主轴次要轴颈对支承轴颈的同轴度要求应在其尺寸公差范围之内，否则会引起传动齿轮啮合不良。当主轴转速很高时，还会产生振动和噪声，使加工的工件外圆产生裂纹，尤其在精车时，更为明显。因此，主轴次要轴颈对支承轴颈 A—B 公共基准轴线的径向圆跳动公差为 0.005mm。

（4）主轴螺纹的精度　主轴上的螺纹一般是用来固定零件或者调整轴承间隙的。当调整螺母有轴向圆跳动误差时，会导致被压紧的轴承环倾斜，从而使主轴径向圆跳动误差增大。这不但会影响工件的加工精度，而且也会降低轴承寿命。因此，主轴螺纹的公差等级一般为 6h。

（5）主轴各表面的表面层要求　主轴的各轴颈表面、工作表面和其他滑动表面都会受到不同程度的摩擦作用。有的主轴轴颈处采用滑动轴承配合，此时，轴颈与轴瓦发生摩擦，故要求轴颈表面耐磨性要高，其硬度则可视轴瓦材料而异。本例主轴轴颈采用滚动轴承配合，摩擦是由轴承套圈和滚动体承受的，因此轴颈可以不要求很高的耐磨性，但仍要求适当提高其硬度，以改善它的装配工艺性和装配精度。轴颈表面硬度一般为 40~50HRC。

对于定心表面（内、外圆锥面，圆柱面，法兰圆锥等），因相配件（顶尖和卡盘）需经常拆卸，易碰伤拉毛而影响接触精度，故也必须有一定的耐磨性。为了改善表面拉毛现象，延长机床精度的保持期限，定心表面的硬度一般要求在 45HRC 以上。主轴的表面粗糙度值一般为 Ra0.8~0.2μm。

4.1.2　主轴机械加工工艺过程分析

经过对主轴结构特点、技术条件的分析，即可根据生产批量、设备条件等编制机床主轴的工艺规程。在编制过程中，应主要考虑主要表面（如支承轴颈、锥孔及端面等）和加工比较困难的表面（如深孔）的工艺措施，从而正确地选择定位基准，合理安排加工工序。

表 4-1 为 CA6140 型车床主轴成批生产时的工艺过程。

1. 主轴毛坯的制造方法

主轴毛坯的制造方法根据使用要求和生产类型确定。

主轴毛坯有棒料和锻件两种，前者适用于单件小批生产，尤其适用于光轴和外圆直径相差不大的阶梯轴，对于直径相差较大的阶梯轴多采用锻件。锻件可以获得较高的抗拉强度、

抗弯强度和抗扭强度。生产批量较小时常采用自由锻，其所需的设备简单，但毛坯精度较差，余量达 10mm 以上；批量生产时采用模锻件，可以锻造形状较复杂的毛坯，加工余量也较小，有利于减少机械加工劳动量。精密模锻是锻造生产的一项先进工艺，它能锻造出形状复杂、精度较高的毛坯。此外，也有采用由无缝钢管局部镦粗的多轴自动车床主轴毛坯，更能大大节省材料并减轻机械加工劳动量。

2. 主轴的材料与热处理

主轴材料通常选用 45 钢、65Mn、40Cr、20CrMnTi、38CrMoAlA 等牌号的钢材。其中，45 钢是车床和铣床等普通机床主轴的常用材料，但其淬透性比合金钢差，淬火后的变形较大，加工后的齿槽稳定性也较差。要求较高的主轴采用合金钢较为适宜。

65Mn、40Cr 材料一般用于制造外圆磨床砂轮轴和专用车床的主轴等，它们的淬透性较好，经调质和表面高频感应淬火后可获得较高的综合力学性能和耐磨性。

当要求主轴在高精度、高转速和重载荷下工作时，如齿轮磨床主轴等，可选用 20CrMnTi、20Cr、20Mn2B 等牌号的低碳合金钢。这些材料经渗碳淬火后，淬火表面层具有压应力，使其抗弯疲劳强度提高，但热处理工艺性较差，变形较大。

38CrMoAlA 渗氮钢材料，因其表面硬度和疲劳强度更高，而且渗氮层还具有抗腐蚀、热处理变形小的优点，一般可用作卧式镗床主轴和精密外圆磨床砂轮轴等高精度主轴。

安排合理的热处理，对保证主轴的力学性能、精度要求和改善其切削加工性非常重要。

（1）毛坯热处理　对主轴毛坯锻造后要进行正火或退火处理，以消除锻造内应力、改善金相组织、细化晶粒、调整硬度，改善其切削加工性。

（2）预备热处理　通常采用调质和正火处理，安排在粗加工之后进行，以得到均匀细密的回火索氏体组织，使主轴既获得一定的硬度和强度，又有良好的冲击韧度，同时也可以消除粗加工的内应力。细密的索氏体金相组织经机械加工后，容易获得光洁的加工表面。

表 4-1　CA6140 型车床主轴成批生产的工艺过程

序号	工序名称	工序简图	设备
1	备料		
2	模锻		
3	热处理	正火	
4	锯削		
5	车(铣)端面,钻中心孔		中心孔机床
6	粗车外圆		卧式车床
7	热处理	调质 220~240HBW	
8	车大端各部	$\phi198$ $\phi124$ $\phi108^{+0.13}_{0}$ 33 15 870 I 放大 30° 30° 1.5 $\sqrt{Ra\ 12.5}$ $\sqrt{\quad}$	卧式车床

（续）

序号	工序名称	工序简图	设备
9	仿形车小端各部	$465.85^{+0.5}_{0}$　$280^{+0.5}_{0}$ $125^{0}_{-0.5}$ 1:12　1:12 2 2 $\phi106.5^{+0.15}_{0}$　$\phi76.5^{+0.15}_{0}$ $\sqrt{Ra\,12.5}$（$\sqrt{\ }$）	仿形多刀半自动车床CE7120
10	钻$\phi48$mm深孔	2 $\phi48$ 2	深孔钻床
11	车小端内锥孔（配1：20锥堵）	$\phi52^{0}_{-0.2}$ 2 1:20　$\sqrt{Ra\,6.3}$ 2 用涂色法检查1:20锥孔，接触面积≥50%	卧式车床CA6140
12	车大端内锥孔（配莫氏6号锥堵），车外短锥及端面	200 32.85　15.9 40 7°7′30″ $\phi56$　Morse No6　$\phi63\pm0.05$　$\phi106.8^{+0.1}_{0}$ 2 2 $\sqrt{Ra\,6.3}$（$\sqrt{\ }$） 用涂色法检查莫氏6号锥孔，接触面积≥30%	卧式车床CA6140
13	钻大端端面各孔	$\sqrt{Ra\,6.3}$ $\phi19^{+0.05}_{0}$　K　$4\times\phi23$　1.4　K 3 0.8 M8 $\phi160$ 30° 45° 2 $2\times$M10	钻床Z525

（续）

序号	工序名称	工序简图	设备
14	热处理	局部（短锥 C, ϕ90g5 轴颈及莫氏 6 号锥孔）表面高频感应淬火	
15	精车各外圆并切槽（两端锥堵定中心）		数控车床 CSK6163
16	粗磨外圆		外圆磨床
17	粗磨莫氏 6 号内锥孔（重配莫氏 6 号锥堵）		内圆磨床 M2120
18	粗铣、精铣花键		半自动花键轴铣床

（续）

序号	工序名称	工序简图	设备
19	铣检键槽	A—A　74.8h11　12H9　3　30　φ80.4h8　R6　110　4　$\sqrt{Ra\ 12.5}$ ($\sqrt{}$)	铣床 X6225
20	车大端内侧面，车三处螺纹(配螺母)	$Ra\ 12.5$　12　M100×1.5　M74×1.5　φ195　$\phi108.5\ _{-0.1}^{\ 0}$　M115×1.5　$\sqrt{Ra\ 3.2}$　$32.1\ _{-0.2}^{\ 0}$　$\sqrt{Ra\ 6.3}$	卧式车床 CA6140
21	精磨各外圆及 E、F 两端面	$\sqrt{Ra\ 0.4}$　$115\ _{+0.05}^{+0.20}$　$106.5\ _{+0.1}^{+0.3}$　$\sqrt{Ra\ 0.4}$　$Ra\ 0.8$　A　E　F　B　φ100h7　φ90g5　φ89f6　φ80h5　φ77.5h8　φ75h5　φ70h6	外圆磨床
22	粗磨两处 1∶12 外锥面	$\sqrt{Ra\ 0.4}$　16　D　$Ra\ 1.6$　B　φ77.5h8　A　φ108.5　φ105.25　1∶12　φ75.25　1∶12　36　C	专用组合磨床
23	精磨两处 1∶12 外锥面和 D 端面以及短锥面等	φ80h5　φ100h7　Morse No6　$\sqrt{Ra\ 0.4}$　φ63.348	专用组合磨床

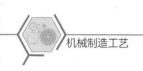

（续）

序号	工序名称	工序简图	设备
24	精磨莫氏 6 号内锥孔（卸锥堵）		专用主轴锥孔磨床
25	钳加工	4 个 23 钻孔处锐边倒角	
26	检验	按检验卡片或图样技术要求全部检查	

（3）最终热处理　最终热处理一般安排在半精加工之后、精加工之前进行，便于纠正淬火产生的变形。最终热处理的目的是提高主轴表面硬度，并在保持心部韧性的同时，使主轴颈或工作表面获得高的耐磨性和抗疲劳性，以保证主轴的工作精度和使用寿命。

最终热处理的方法有局部加热淬火后回火、渗碳淬火和渗氮等，具体应视主轴材料而定。渗碳淬火后还需要进行低温回火处理，对不需要渗碳的部分可以镀铜保护或预放加工余量后再去渗碳层。

（4）定性处理　对于精度要求很高的主轴，在淬火、回火后或粗磨工序后，还需要进行定性处理。定性处理的方法有低温人工时效和冰冷处理等，其目的是消除淬火应力或加工应力，促使残余奥氏体转变为马氏体，稳定金相组织，从而提高主轴的尺寸稳定性，使之长期保持精度。普通精度的 CA6140 型卧式车床主轴不需要进行定性处理。

热处理次数的多少，取决于主轴的精度要求、经济性以及热处理效果。

3. 加工阶段的划分

主轴加工过程中的各加工工序和热处理工序均会不同程度地产生加工误差和内应力，因此必须划分加工阶段。主轴加工通常划分为粗加工、半精加工和精加工三个阶段。各阶段的划分大致以热处理为界。

（1）粗加工阶段

① 毛坯处理。毛坯备料、锻造和正火（工序 1～3）。

② 粗加工。锯去多余部分，车（铣）端面、钻中心孔和粗车外圆等（工序 4～6）。

粗加工阶段的主要目的是：用大的切削用量切除大部分余量，把毛坯加工到接近工件的最终形状和尺寸，只留下少量的加工余量。同时，还可以及时发现毛坯的缺陷，以便采取相应措施。

（2）半精加工阶段

① 半精加工前的热处理。对于 45 钢，一般采用调质处理以达到 220～240HBW（工序 7）。

② 半精加工。车工艺锥面（定位锥孔），半精车外圆、内锥孔，钻深孔等（工序 8～13）。

半精加工阶段的主要目的是：为精加工做准备，尤其为精加工做好基面准备。对于一些要求不高的表面，通过此阶段加工达到图样要求。

（3）精加工阶段

① 精加工前的热处理。局部表面高频感应淬火（工序 14）。

② 精加工前各种加工。粗磨定位锥面、粗磨外圆、铣键槽和花键槽，以及车削螺纹等（工序 15～20）。

③精加工。精磨外圆和内、外锥面，以保证主轴最重要表面的精度（工序 21～24）。

精加工阶段的主要目的是：使各表面均达到零件图样的要求。

由此可见，整个主轴加工的工艺过程，就是以主要表面（支承轴颈、内锥孔）的粗加工、半精加工和精加工为主，适当插入其他表面的加工工序而组成的。也就是说，加工阶段的划分起主导作用的是零件的精度要求。对于一般精度要求的机床主轴，精磨可作为最终工序。而对精密机床的主轴，还应有光整加工阶段，以获得较小的表面粗糙度值，有时也是为了达到更高的尺寸精度和配合要求。

4. 定位基准的选择

以两顶尖孔作为轴类零件加工中的定位基准，既符合基准重合原则，又能实现基准统一。所以，只要有可能，就尽量采用顶尖孔作为定位基准。

表 4-1 所列工序中的粗车、半精车、精车、粗磨、精磨各外圆表面和端面，铣削花键和车螺纹等工序，均以顶尖孔作为定位基准。

两顶尖孔的质量对零件加工精度的影响很大，应尽量做到两顶尖孔的中心线重合、顶尖接触面积大、表面粗糙度值小。否则，将会因工件与顶尖间的接触刚度变化而产生加工误差。因此，应始终注意保持两顶尖的质量，这是轴类零件加工中的关键问题之一。

轴类零件加工一般以本身中心孔作为统一基准。对于空心的轴类零件，当通孔加工后，原来的定位基准（顶尖孔）被破坏，此时必须重新建立定位基准。对于通孔直径较小的轴，可直接在孔口倒出宽度不大于 2mm 的 60° 锥面，替代中心孔。而当通孔直径较大时，则不宜用倒角锥面替代中心孔，此时一般采用锥堵或锥堵心轴的顶尖孔作为定位基准。

1）当主轴零件锥孔的锥度较小时（如车床主轴的锥孔为 1:20 和莫氏 6 号），就常用锥堵，如图 4-4 所示。

为保证支承轴颈与两端锥孔的同轴度要求，应采用互为基准原则。例如 CA6140 型车床主轴在车削小端 1:20 锥孔和大端莫氏 6 号（Morse No.6）内锥孔时（表 4-1 中工

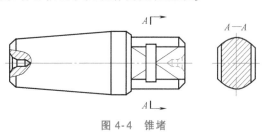

图 4-4　锥堵

序 11 和 12），采用与前支承轴颈相邻而又是用同一基准加工出的外圆表面作为定位基准（直接用前支承轴颈作为定位基准更好，但由于轴颈有锥度，在制作托架时会增加困难）；工序 15 精车各外圆（包括支承轴颈的 1:12 锥度）时，即是以上述前、后锥孔内所配锥堵的顶尖孔作为定位基准的；工序 17 粗磨莫氏 6 号内锥孔时，又是以两外圆柱面为定位基面，这就符合互为基准原则。工序 22 和 23 中，粗、精磨两个支承轴颈的 1:12 锥面时，再次以粗磨后的锥孔所配锥堵的顶尖孔作为定位基准。工序 24 中，最后精磨莫氏 6 号内锥孔时，直接以精磨后的前支承轴颈和另一圆柱面为定位基准面，基准再一次转换，定位精度不断提高。转换过程就是提高过程，使加工获得一次比一次高的定位基准面。基准转换次数的多少应根据加工精度要求确定。

精磨莫氏 6 号内锥孔的定位方法中采用了专用夹具，机床主轴仅起传递转矩的作用，排除了主轴组件本身的回转误差对加工精度的影响，因此提高了零件的加工精度。

2）当主轴零件锥孔的锥度较大时（如 X6225 型卧式铣床的主轴锥孔为 7:24），可采用带锥堵的拉杆心轴，如图 4-5 所示。

使用锥堵或锥堵心轴时，应注意以下问题：

锥堵心轴及
其使用

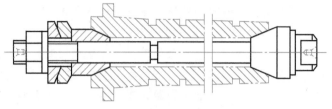

图 4-5　带锥堵的拉杆心轴

① 在加工中途一般不能更换或拆卸，要到精磨完各档外圆，不需使用中心孔时才能拆卸，否则会造成工件各加工外圆对锥堵中心孔的同轴度误差，影响各工序已加工表面的相互位置精度。

② 锥堵心轴要求两个锥面应同轴，否则拧紧螺母后会使主轴工件发生变形。图 4-5 所示带锥堵的拉杆心轴的右端锥堵与拉杆心轴为一体，其锥面与顶尖孔的同轴度精度较高，而左端装有球面垫圈，拧紧螺母时，能保证左端锥堵与锥孔配合良好，使锥堵的锥面和工件的锥孔以及拉杆心轴上的顶尖孔有较好的同轴度。

精加工主轴外圆面也可用外圆面本身作为定位基准，即在工件安装时以支承轴颈表面本身找正。如图 4-6 所示，外圆面找正是采用一种可拆卸的锥套心轴，心轴依靠螺母 4 和垫圈 3 压紧在主轴的两端面上。心轴两端有中心孔，主轴零件依靠心轴中心孔安装在机床的前后顶尖上。以支承轴颈表面找正时，适当敲动工件，使支承轴颈的径向圆跳动误差在规定的范围内（心轴和主轴零件靠端面上的摩擦力结合在一起，主轴零件和锥套并不紧配，留有间隙，允许微量调整），最后进行加工。

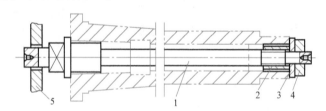

图 4-6　锥套心轴

1—心轴　2—锥套　3—垫圈　4—螺母　5—夹头

采用这种定位方式，只需要准备几套心轴，因此简化了工艺装备及其管理工作，节省了修整中心孔工序，并可在一次安装中磨出全部外圆。

5. 加工顺序的安排

安排的加工顺序应能使各工序和整个工艺过程最经济合理。轴类零件各表面的加工顺序与定位基准的转换有关，即先行工序必须为后续工序准备定位基准。粗、精基准选定后，加工顺序也就大致排定。各表面的加工应按由粗到精的顺序按加工阶段进行安排，逐步提高各表面的精度和减小其表面粗糙度值。

由表 4-1 可以看出，机床主轴的工艺路线安排大致为：毛坯制造—正火—车（铣）端面，钻中心孔—粗车—调质处理—半精车—表面淬火—粗、精磨外圆—粗、精磨外锥面—精磨锥孔。同时还应注意以下几点：

1）主轴深孔加工应安排在外圆粗车之后，这样可以有一个较精确的外圆来定位加工深孔，有利于保证深孔加工的壁厚均匀；而外圆粗加工时又能以深孔钻出前的中心孔为统一基准。深孔加工是粗加工，需要切除大量金属，容易使主轴工件发生变形，所以最好在外圆粗车之后就把深孔加工出来。

2）外圆加工顺序的安排应照顾主轴工件本身的刚度，应先加工大直径后加工小直径，以免一开始就降低主轴工件刚度。

3）各次要表面如键槽及螺纹孔的加工，应安排在精车之后、粗磨之前进行。这样可以较好地保证其相互位置精度，又不致碰伤重要的精加工表面。

4）主轴的螺纹对支承轴颈有一定的同轴度要求，宜放在淬火之后的精加工阶段进行，以免受半精加工所产生的应力和热处理变形的影响。

5）外圆精磨加工应安排在内锥孔精磨之前。这是因为以外圆定位来精磨内锥孔更容易保证它们之间的相互位置精度。

6）主轴是加工要求很高的零件，需要安排多次检验工序。检验工序一般安排在各加工阶段前后，以及重要工序前后和花费工时较多的工序前后，终结检验则放在最后。必要时，还应安排无损检测工序。

4.1.3　主轴加工的主要工序分析

1. 中心孔的研磨

在主轴零件加工过程中，中心孔要承受工件重力和切削力，会产生磨损、拉毛和变形。经过热处理后，中心孔会产生表面氧化层和变形。

作为主轴加工定位基准的中心孔的质量对主轴零件的加工精度有直接影响。这是由于中心孔的形状误差会复映到加工表面上去，中心孔与顶尖接触不良也会影响工艺系统刚度，造成加工误差。对于精密主轴，中心孔的精度更是保证主轴质量的一个关键。因此，在制订工艺过程时，应考虑在热处理工序之后和磨削加工之前，必须对中心孔进行修研，以消除误差。

常用的修研中心孔的方法有以下几种：

1）采用铸铁或环氧树脂顶尖为研具，加适量研磨剂（质量分数为 10%～12% 的氧化铝粉和机油调和而成），在车床或钻床上进行研磨。用这种方法研磨的中心孔精度高，但研磨时间较长，效率很低，除用来修整尺寸较大或精度要求特别高的中心孔外，一般很少采用。

铸铁顶尖　　　铸铁顶尖研
的制作　　　磨顶尖孔

2）采用磨石或橡胶砂轮夹在车床的卡盘上，用装在刀架上的金刚钻将它的前端修整成顶尖形状（60°圆锥体），接着将工件顶在磨石或橡胶砂轮顶尖和车床后顶尖之间，如图 4-7 所示，并加少量润滑剂（柴油或轻机油），然后开动车床使磨石或橡胶砂轮转动，进行研磨。研磨时，用手把持工件并连续而缓慢地转动。这种方法的效率高，质量好，简便易行。

3）采用硬质合金顶尖刮削中心孔。把硬质合金顶尖的60°圆锥体修磨成角锥的形状，使圆锥面只留下 4～6 条均匀分布的刃带，如图 4-8 所示。这些刃带具有微量切削作用和挤光作用，能纠正中心孔的几何形状误差。用这种方法刮研的中心孔的表面粗糙度值可达 $Ra0.8\mu m$ 以下，精度较高，还具有使用寿命长、刮研效率高的特点，所以一般主轴中心孔可用此法修研。

硬质合金顶
尖刮研顶尖孔

4）采用专用中心孔磨床修磨中心孔。这种方法精度高，生产效率也高，修磨后中心孔的表面粗糙度值可达 $Ra0.2\mu m$，适宜于成批生产。

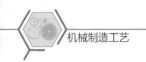

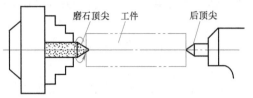

图 4-7　用磨石研磨顶尖孔

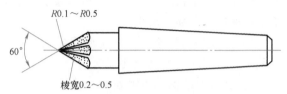

图 4-8　六棱硬质合金顶尖

2. 外圆表面的车削加工

主轴各外圆表面的车削通常分为粗车、半精车和精车三个步骤进行。粗车是为切除大部分余量；半精车是修整预备热处理后的变形；精车则是进一步使各表面在磨削前达到一定的同轴度要求并留有磨削余量。因此，车削加工的主要问题是提高生产率，在不同生产类型时采用的设备是：卧式车床（单件小批生产）；卧式车床附加液压仿形刀架或液压仿形车床（成批生产）；液压仿形车床或多刀半自动车床（大批大量生产）。

由于液压仿形车床实现了车削加工半自动化（上、下料仍需手动），更换靠模、调整刀具较简单，减轻了劳动强度，提高了生产率，因此在主轴零件的成批生产中是经济的。采用液压仿形刀架可充分发挥卧式车床的功能，装卸操作方便，生产成本较低，但是加工精度不够稳定，不宜强力切削，需要进一步提高精度和刚度。用工件本身作为靠模时，液压仿形刀架也可用于小批生产。使用多刀半自动车床可以大大缩短切削行程和机动时间，提高生产率，但刀具调整费时，故主要应用于大量生产。

3. 主轴深孔的加工

一般把长度与直径之比（长径比）大于 5 的孔称为深孔。主轴的深孔加工比一般孔加工要复杂和困难得多。这是由于深孔加工的刀杆细长，刚度较差，容易引偏；而且深孔排屑困难，容易堵塞，无法连续加工；同时切削液不易进入切削区，散热较困难，容易使钻头丧失切削能力。所以，应把深孔加工安排在外圆粗车之后，使其有一个较精确的外圆作为定位基准。

此外，深孔加工还必须采用特殊的钻头、设备和加工方式，以解决好刀具引导、排屑顺利和冷却润滑充分三个加工关键问题。为此可采取下列工艺措施：

1）采用工件旋转、刀具进给的加工方式，使钻头有自定中心的能力，避免钻孔时偏斜。

2）采用特殊结构刀具，即深孔钻，以增加导向稳定性和断屑性能，适应深孔加工条件。

3）在工件上预先加工出一段较精确的导向孔，使钻头在切削开始时不致引偏。

4）采用压力输送足够的切削液进入切削区，对钻头起冷却润滑作用，并带着切屑排出。

单件小批生产中，常在卧式车床上用接长的麻花钻进行加工，在加工过程中需多次退出钻头，以排出切屑和冷却工件及钻头，故产生率低，劳动强度高。成批生产中，普遍在深孔钻床上用内排屑深孔钻头加工，在加工过程中可连续进给，钻出的孔对外圆的轴线偏离量在 1000mm 长度内小于 1mm，表面粗糙度值为 $Ra3.2 \sim 12.5\mu m$。它的生产率比前者高一倍多，并可降低劳动强度。

钻出的深孔应经过精加工才能达到精度和表面粗糙度的要求。深孔精加工的方法有镗孔和铰孔，由于刀具细长，除了采用一般的进给方法外，也可采用拉镗和拉铰的方法在深孔钻床上加工。拉镗和拉铰的方法是使刀杆受拉，故可防止压弯。

4. 主轴锥孔的加工

主轴前端锥孔和主轴支承轴颈及前端短锥的同轴度要求高，因此，磨削主轴的前端锥孔常常成为机床主轴加工的最关键的工序，

磨削主轴前端锥孔一般以两个支承轴颈作为定位基准，其安装方式主要有以下三种：

1）将前支承轴颈安装在中心架上，后支承轴颈夹在磨床床头的卡盘内，磨削前严格找正两支承轴颈，前端可通过调整中心架来实现，后端可通过在卡爪和轴颈之间垫薄纸片来调整。这种方法辅助时间较长，生产率低，而且磨床床头的误差会影响工件的加工精度，但无须采用专用夹具，因此常用于单件小批生产。

2）将前、后支承轴颈分别安装在两个中心架上，用千分表找正中心架位置。工件通过弹性联接器或万向接头与磨床床头联接。这种方式可保证主轴轴颈的定位精度，且不受磨床床头误差的影响，但调整中心架费时，质量也不稳定，一般只在生产规模不大时采用。

3）成批生产时，大多采用专用夹具安装。图 4-9 所示为磨主轴锥孔用的一种夹具，它是由底座 6、支架 5 及浮动卡头三部分组成的。前、后两个支架与底座连成一体。作为工件定位的 V 形块镶有硬质合金，以提高其耐磨性。工件中心应调整到与磨头砂轮轴的中心等高。后端的浮动卡头装在磨床主轴锥孔内，工件尾部插入弹性套 4 内，用弹簧 2 把浮动卡头外壳连同工件向后拉，通过钢球 1 压向镶有硬质合金的锥柄端面，依靠压簧的张力限制工件的轴向窜动。采用这种联接方式，机床只起传递转矩作用，排除了磨床主轴径向圆跳动误差或同轴度误差对工件加工精度的影响，也可减小机床本身的振动对加工精度的影响。

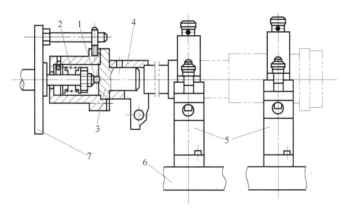

图 4-9 磨主轴锥孔用的一种夹具

1—钢球 2—弹簧 3—浮动卡头 4—弹性套 5—支架 6—底座 7—拨盘

5. 主轴各外圆表面的精加工和光整加工

主轴外圆表面的精加工都是采用磨削的方法，在热处理工序之后进行的，用以纠正在热处理中产生的变形，最后达到所需的精度和表面粗糙度。外圆磨削能经济地达到公差等级 IT7 和表面粗糙度值 $Ra0.2 \sim 0.8\mu m$。如果采用高精度磨床，操作精细，则可达到公差等级 IT6，故能满足普通机床主轴的要求。对于一般精度的车床主轴，磨削是最后的加工工序，而对于精密机床主轴，则还需要进行光整加工。

光整加工主要用于精密主轴上尺寸公差等级为 IT5 以上或表面粗糙度值低于 $Ra0.1\mu m$

的加工表面。外圆表面光整加工的方法有超精加工、研磨、双轮珩磨和镜面磨削。光整加工特点是：

1）采用很小的切削用量和单位切削压力，加工过程中的切削力和切削热很小，变形小，从而能获得很小的表面粗糙度值。

2）对上道工序的表面粗糙度要求严格，一般表面粗糙度值都应达到$Ra0.2\mu m$以下，表面不得有较深的加工痕迹。

3）加工余量都很小，一般不超过0.02 mm。余量过大就会使加工时间过长，产生切削热，降低生产率，甚至破坏上一道工序已达到的精度。

4）除镜面磨削外，其他光整加工方法都是"浮动的"，即依靠被加工表面本身自定中心。因此，只有镜面磨削可以部分地纠正工件的形状误差和位置误差，而研磨只可以部分地纠正形状误差。其他的光整加工方法只能用于降低表面粗糙度值。

外圆表面的各种光整加工方法比较见表4-2。由于镜面磨削的生产率较高，而且适应性强，所以目前已广泛地应用于机床主轴的光整加工中。

表4-2 外圆表面的各种光整加工方法比较

光整加工方法	工 作 原 理	特 点
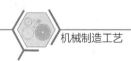镜面磨削	加工方式与一般磨削相同，但需用特别软的砂轮，较小的磨削用量，极小的磨削深度（1～2μm），仔细过滤的冷却润滑液，修整砂轮时用极慢的工作台进给速度	①表面粗糙度值可达$Ra0.012～0.006\mu m$，适用范围广 ②能够部分地修正上道工序留下来的几何误差 ③生产率高，可配备自动测量仪 ④对机床设备的精度要求很高
研磨	研磨套在一定压力下与工件做复杂的相对运动，工件缓慢转动，带动磨粒起切削作用。同时研磨剂还能与金属表面层起化学作用，加速切削作用，研磨余量为0.01～0.02mm	①表面粗糙度值可达$Ra0.025～0.006\mu m$，适用范围广 ②能够部分纠正形状误差，不能纠正位置误差 ③方法简单可靠，对设备要求低 ④生产率很低，工人劳动强度大，正为其他方法取代，但应用仍广泛
超精加工	工件做低速转动和轴向进给（或工件不进给，磨头进给），磨头带动磨条以一定的频率（每分钟几十次到上千次）沿工件轴向振动，磨粒在工件表面上形成复杂轨迹。磨条采用硬度很软的细粒度磨石。冷却润滑液用煤油	①表面粗糙度值可达$Ra0.025～0.012\mu m$，适用范围广 ②不能纠正上道工序留下来的形状误差和位置误差 ③设备要求简单，可在卧式车床上进行 ④加工效果受磨石质量的影响很大

（续）

光整加工方法	工作原理	特点
双轮珩磨	珩磨轮相对于工件中心线倾斜27°～30°，并以一定的压力从相对的方向压在工件表面上，工件（或珩磨轮）沿工件轴向做往复运动。在工件转动时，因摩擦力带动珩磨轮旋转，并产生相对滑动，起微量的切削作用。冷却润滑液为煤油或油酸	①表面粗糙度值可达 $Ra0.025～0.012\mu m$，不适用于带肩轴类零件和锥形表面 ②不能纠正上道工序留下来的形状误差和位置误差 ③设备要求低，可用旧机床改造 ④工艺可靠，表面质量稳定 ⑤珩磨轮一般采用细粒度磨料自制，使用寿命长 ⑥生产率比前三种都高

4.1.4 主轴的检验

机床主轴是机床的关键零件，各项技术要求很高，因此除了工序间检验外，在主轴加工全部工序完成后，应对主轴的尺寸、几何形状、相互位置精度和表面粗糙度、硬度等进行全面检验。

检验工作应按一定的顺序进行，一般先检验各外圆的尺寸精度、锥度、圆度等形状精度，表面粗糙度和外观，然后再在专用检具上检验相互位置偏差。大批生产时，若工艺过程稳定，机床精度较高，有些项目可以抽验。

1. 表面粗糙度和硬度的检验

硬度是在热处理之后用硬度计抽检的。

表面粗糙度一般用表面粗糙度样块比较检验。对于精密零件可用干涉显微镜进行测量。

2. 精度检验

精度检验应按一定的顺序进行，先检验形状精度，然后检验尺寸精度，最后检验位置精度。这样可以判明和排除不同性质的误差对测量精度的干扰。

（1）形状精度检验　圆度误差可取轴的同一横截面内最大直径与最小直径之差。一般用千分尺按照测量直径的方法进行检验。精度高的轴需用圆度比较仪检验。

圆柱度误差取同一轴向剖面内最大直径与最小直径之差，同样可用千分尺检测。轴线直线度误差可以用千分表检验，把工件放在平板上，工件转动一周，千分表读数的最大变动量就是轴线直线度误差值。

（2）尺寸精度检验　在单件小批生产中，轴的直径一般用外径千分尺检验。精度较高（公差值0.01mm）时，可用杠杆卡规测量。台阶长度可用游标卡尺、深度游标卡尺和深度千分尺检验。

大批大量生产中，常采用界限卡规检验轴的直径。对于长度不大而精度又高的工件，也可用比较仪检验。

（3）位置、跳动精度检验　为提高检验精度和缩短检验时间，位置精度检验多采用专用检具，如图4-10所示。检验时，将主轴的两个支承轴颈支承在两个V形块3、4上，两个V形块放在同一块平板上，在轴的小端用挡铁1、钢球2和工艺锥堵挡住，锥堵装入小端孔

内，限制主轴沿轴向移动。两个 V 形块中有一个的高度是可调的。测量时先用千分表调整轴的中心线，使它与测量平面平行。平板的倾斜角度一般为 15°，使工件轴端靠自重压向钢球。

在主轴前锥孔中插入一根检验棒，按测量要求放置千分表，用手轻轻转动主轴，从千分表读数的变化可以分别读出各项误差值，包括主轴锥孔及各外圆表面对主轴颈的径向圆跳动和轴向圆跳动量。

锥孔的接触精度用专用锥度量规涂色检验，要求接触面积在 70% 以上，分布均匀而大端接触较"硬"，即锥度只允许偏小。这项检验应在检验锥孔跳动之前进行。

为了消除检验棒本身的同轴度误差的影响，在检验轴端和 300mm 处的跳动时，应将检验棒转过 180° 后再检验一次，取两次读数的平均值，使检验棒的误差互相抵消。

图 4-10 中各量表的功用为：量表⑦检验锥孔对支承轴颈的同轴度误差；距轴端 300mm 处的量表⑧检查锥孔中心线对支承轴颈中心线的同轴度误差；量表③、④、⑤、⑥检查各轴颈相对支承轴颈的径向圆跳动误差；量表⑩、⑪、⑫检验轴向圆跳动误差；量表⑨测量主轴的轴向窜动。

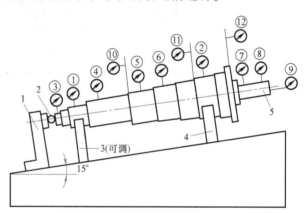

图 4-10　主轴位置精度的检验

1—挡铁　2—钢球　3、4—V 形块　5—检验棒　①~⑫—量表

任务 4.2　套类零件的加工

4.2.1　认识套类零件

1. 套类零件的功用及结构特点

套类零件是指具有孔的回转体零件，其壁厚一般较薄，是机械加工中常见的一种零件，在各类机器中应用很广泛，主要起支承或导向作用。由于功用不同，套类零件的形状结构和尺寸有很大的差异。常见的套类零件有：支承回转轴的各种形式的轴承圈、轴套；夹具上的钻套、镗套和导向套；内燃机上的气缸套和液压系统中的液压缸、电液伺服阀的阀套等。其大致的结构形式如图 4-11 所示。

套类零件的结构与尺寸随其用途不同而异，但其结构一般都具有以下特点：外圆直径 d 一般小于其长度 L，通常 $L/d<5$；内孔与外圆直径尺寸之差较小，故零件的壁厚较薄且易变形；内、外圆回转表面的同轴度要求较高；结构比较简单。

2. 套类零件的技术要求

套类零件的外圆表面多以过盈或过渡配合与机架或箱体孔相配合起支承作用。内孔主要起导向作用或支承作用，常与运动轴、主轴活塞、滑阀相配合。有些套筒的端面或凸缘端面有定位或承受载荷的作用。套类零件虽然形状结构不一，但仍有共同的特点和技术要求，根

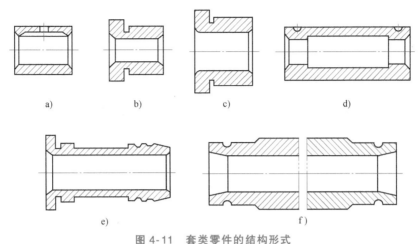

图 4-11　套类零件的结构形式

a)、b) 滑动轴承　c) 钻套　d) 轴承衬套　e) 气缸套　f) 液压缸

据使用情况可对套类零件的外圆与内孔提出以下要求：

（1）内孔与外圆的精度要求　外圆直径尺寸公差等级通常为 IT5～IT7，表面粗糙度值为 $Ra5～0.63\mu m$，要求较高的可达 $Ra0.04\mu m$。内孔作为套类零件支承或导向的主要表面，要求尺寸公差等级一般为 IT6～IT7，为保证其耐磨性要求，表面粗糙度值要求为 $Ra2.5～0.16\mu m$。有的精密套筒及阀套的内孔尺寸公差等级要求为 IT4～IT5，也有的套筒（如液压缸、气缸缸筒）由于与其相配的活塞上有密封圈，故对尺寸精度要求较低，公差等级一般为 IT8～IT9，但表面粗糙度值要求为 $Ra2.5～1.6\mu m$。

（2）几何形状精度要求　通常将外圆与内孔的几何形状精度控制在直径公差以内即可，对精密轴套有时控制在孔径公差的 $1/3～1/2$，甚至更严格。对较长套筒除有圆度要求以外，还应有孔的圆柱度要求。为提高耐磨性，有的内孔表面粗糙度值要求为 $Ra1.6～0.1\mu m$，有的表面粗糙度值高达 $Ra0.025\mu m$。套类零件的外圆形状精度一般应在外径公差内，表面粗糙度值为 $Ra3.2～0.4\mu m$。

（3）位置精度要求　位置精度要求主要应根据套类零件在机器中的功用和要求而定。如果内孔的最终加工是在套筒装配（如机座或箱体）之后进行时，可降低对套筒内、外圆表面的同轴度要求；如果内孔的最终加工是在装配之前进行时，则同轴度要求较高，通常同轴度公差为 $\phi0.01～\phi0.06mm$。套筒端面（或凸缘端面）常用来定位或承受载荷，因此对端面与外圆和内孔中心线的垂直度要求较高，其公差一般为 $0.02～0.05mm$。

3. 套类零件的材料、毛坯及热处理

套类零件毛坯材料的选择主要取决于零件的功能要求、结构特点及使用时的工作条件。套类零件一般用钢、铸铁、青铜、黄铜或粉末冶金等材料制成。有些特殊要求的套类零件可采用双层金属结构或选用优质合金钢。双层金属结构是应用离心铸造法在钢或铸铁轴套的内壁上浇注一层巴氏合金等轴承合金材料制成的，采用这种制造方法虽增加了一些工时，但能节省有色金属，而且又提高了轴承的使用寿命。

套类零件毛坯制造方式的选择与毛坯结构尺寸、材料和生产批量的大小等因素有关。孔径较大（一般直径大于 $\phi20mm$）时，常采用型材（如无缝钢管）、带孔的锻件或铸件；孔径较小（一般小于 $\phi20mm$）时，一般多采用热轧或冷拉棒料，也可采用实心铸件；大批量

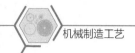

生产时，可采用冷挤压、粉末冶金等先进工艺，不仅节约原材料，而且生产率及毛坯质量、精度均可提高。

套类零件的功能要求和结构特点决定了套类零件的热处理方法，主要方法有渗碳淬火、表面淬火、调质、高温时效及渗氮等。

4.2.2　套类零件机械加工工艺过程分析

套类零件主要的加工表面是内孔、外圆和端面。内孔一般用"钻孔—车孔"或"钻孔—铰孔"来达到尺寸精度和表面粗糙度要求。内孔达到本身精度要求后，套类零件加工的关键问题是如何达到图样上所规定的各项几何公差要求。

1. 保证套类零件几何精度的方法

为保证同轴度和垂直度等几何精度（主要是位置精度）要求，可采取在一次安装中完成加工、以内孔为基准和以外圆为基准的工艺方法。

（1）在一次安装中完成表面加工　在单件生产时，可以在一次安装中把工件全部或大部分加工完毕。这种方法没有定位误差。如果车床精度较高，可获得较高的几何精度。但是，采用这种方法车削时需要经常转换刀架。如图4-12所示，一次安装中加工工件依次使用外圆车刀、45°车刀、钻头（包括车孔或扩孔）、铰刀和切断刀等刀具。需要注意的是：如果刀架定位精度较差，尺寸较难掌握，切削用量也要时常改变。

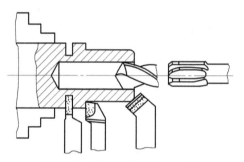

图4-12　一次安装中加工工件

（2）以内孔为基准保证几何精度　中、小型的套、带轮、齿轮等零件一般可用心轴，以内孔作为定位基准来保证工件的同轴度和垂直度要求。心轴由于制造容易，使用方便，因此实际应用很广泛。常用的心轴有实体心轴和胀力心轴等。

① 实体心轴。实体心轴有不带台阶的实体心轴和带台阶的实体心轴两种。不带台阶的实体心轴有1:1000~1:5000的锥度，又称小锥度心轴，如图4-13a所示。这种心轴的优点是制造容易，加工出的零件精度较高；缺点是长度无法定位，承受切削力小，装卸不太方便。图4-13b所示为台阶式心轴，它的圆柱部分与零件孔保持较小的间隙配合，工件靠螺母来压紧。其优点是一次可以装夹多个零件；缺点是精度低。如果装上快换垫圈，装卸工件将非常方便。

② 胀力心轴。胀力心轴依靠材料弹性变形所产生的胀力来固定工件，由于装卸方便，故而精度较高。图4-13c所示为胀力心轴，可装在机床主轴孔中。根据经验，胀力心轴的锥角最好为30°左右，最薄部分壁厚为3~6mm。为了使胀力保持均匀，槽可做成三等分，如图4-13d所示。临时使用的胀力心轴可用铸铁制成，长期使用的胀力心轴可用弹簧钢（65Mn）制成。这种心轴使用最方便，因此得到广泛采用。

以工件内孔为定位基准来达到相互位置精度的方法，其优点是：设计制造简单，装卸方便，比较容易达到技术要求。但是，当加工外圆很大、内孔很小、定位长度较短的工件时，应该采用以外圆为定位基准来保证位置精度要求。

（3）以外圆为基准保证几何精度　工件以外圆为定位基准保证几何精度时，车床上一

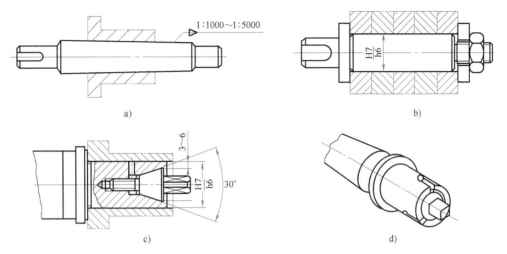

图 4-13　各种常用心轴

a）小锥度心轴　b）台阶式心轴　c）胀力心轴　d）槽做成三等分

般应用软卡爪装夹工件。

软卡爪是用未经淬火的钢料（45 钢）制成的。首先，这种卡爪在车床上安装完成后，采用车床自身车成所需要的形状，因此可确保装夹精度。其次，当装夹软金属工件的已加工表面时，不易夹伤工件表面。另外，还可根据工件的特殊形状，车制相应的软卡爪，以装夹工件。软卡爪在企业已得到越来越广泛的应用。

2. 轴承套的机械加工工艺分析

在一般的机械制造企业中，经常会碰到各种轴承套、齿轮、带轮等工件。这些工件的工艺方案较多，但也有一定的规律。

图 4-14 所示为轴承套，每批生产为 180 件，材料为 ZQSn5Pb5Zn5。其工艺特点是：尺寸精度和几何公差要求均较高，工件数量较多。

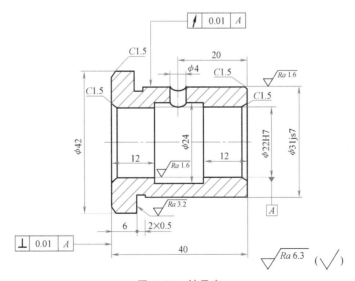

图 4-14　轴承套

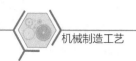

轴承套的车削工艺分析如下：

1）轴承套的车削工艺方案较多，可以是单件加工，也可以是多件加工。单件加工生产率较低，原材料浪费较多（每件都要有工件被装夹的长度）。

2）轴承套材料为 ZQSn5Pb5Zn5，直径不大，毛坯选用棒料，采用 6~8 件同时加工较为合适，其粗加工（第 1 道工序）方法见表 4-3 中的工艺草图。

3）外圆对内孔中心线的径向圆跳动公差为 0.01mm，用软卡爪无法保证。因此，精车外圆应以内孔为定位基准套在小锥度心轴上，用两顶尖装夹，才能保证几何精度要求。

4）在车、铰 ϕ22H7 内孔时，应与 ϕ42mm 端面在一次装夹中加工出，以保证端面与内孔中心线垂直度误差在 0.01mm 以内。

轴承套机械加工工艺过程卡片见表 4-3。

表 4-3　轴承套机械加工工艺过程卡片

企业	机械加工工艺过程卡片				产品型号		零件图号		共　页	
					产品名称		零件名称	轴承套	第　页	
材料牌号	ZQSn5Pb5Zn5	毛坯种类	热轧圆钢	毛坯尺寸	ϕ46mm×326mm	每毛坯件数	7	每台件数		

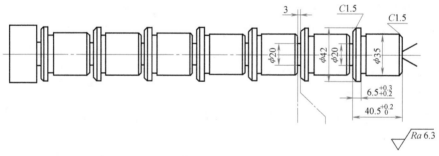

工序号	工序名称	工序内容	车间	设备	工艺装备	工时	
						准终	单件
1	车	按工艺草图车至尺寸，7 个零件同时加工，尺寸均相同	金工	CA6140			
2	车	用软卡爪夹住 ϕ42mm 外圆，找正，钻孔 ϕ20.5mm 成单件	金工	CA6140	软卡爪 ϕ20.5mm 麻花钻		
3	车	①用软卡爪夹住 ϕ35mm 外圆 ②车端面，总长至 40mm ③车孔至 $\phi22_{-0.12}^{-0.08}$mm ④车内槽 ϕ24×16mm 至尺寸 ⑤铰孔 ϕ22H7($_0^{+0.021}$) 至尺寸 ⑥倒角（两端）	金工	CA6140	软卡爪 内孔车刀、ϕ22.7mm 铰刀 ϕ22.7mm 塞规		
4	车	①工件套心轴，装夹于两顶尖之间 ②车 ϕ31js7(±0.012) 至尺寸 ③车阶台面 6 至尺寸 ④倒角	金工	CA6140	心轴 90°精车刀		

（续）

工序号	工序名称	工序内容			车间	设备	工艺装备	工时	
								准终	单件
5	钻	以端面和孔定位，钻 ϕ4mm 孔			金工	Z4006A	钻床夹具 ϕ4mm 麻花钻		
6	检	检验							
							编制	审核	会签
标记	处数	更改	签字	日期	标记	处数	更改	签字	日期

4.2.3 套类零件内孔表面的加工方法

孔或内圆表面是盘、套、支架、箱体和大型筒体等零件的重要表面之一，也可能是这些零件的辅助表面。孔的机械加工方法较多，中、小型孔的尺寸一般靠刀具自身的尺寸来获得，如钻孔、扩孔、锪孔、车孔、铰孔、拉孔等；大型、较大型孔的尺寸则需要采用其他方法获得，如立车孔、镗孔、磨孔等。

孔加工方法的选择，需要根据孔径大小、深度与孔的精度、表面粗糙度、零件的结构形状、材料，以及孔在零件上的部位而定。

1. 钻孔

用钻头在工件实体部位加工孔的方法称为钻孔。钻孔属于孔的粗加工，多用作扩孔、铰孔前的预加工，或加工螺纹底孔和油孔。其尺寸公差等级可达 IT11~IT13，表面粗糙度值可达 Ra12.5μm。

钻孔主要在钻床和车床上进行，也常在镗床和铣床上进行。在钻床、镗床上钻孔时，由于钻头旋转而工件不动，在钻头刚度不足的情况下，钻头引偏会使孔的中心线发生歪曲，但孔径无显著变化。如果在车床上钻孔，因为是工件旋转而钻头不转动，这时钻头的引偏只会引起孔径的变化，并产生锥度、鼓形等缺陷，但孔的中心线是直的，且与工件的回转中心线一致。故钻小孔和深孔时，为了避免孔的中心线偏移和不直，应尽可能在车床上进行。钻头引偏引起的加工误差如图 4-15 所示。

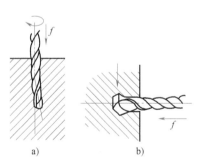

图 4-15 钻头引偏引起的加工误差
a) 在钻床、镗床上钻孔 b) 在车床上钻孔

2. 扩孔

扩孔是用扩孔钻对已钻出、铸出、锻出或冲出的孔进行再加工，以扩大孔径并提高精度和减小表面粗糙度值的加工方法。扩孔的尺寸公差等级可达 IT10，表面粗糙度值为 Ra12.5~6.3μm。扩孔属于孔的半精加工，常用作铰孔等精加工前的准备工序，也可作为精度要求不高的孔的最终工序。一般工件的扩孔可用麻花钻；对于孔的半精加工，可用扩孔钻。扩孔可以在一定程度上矫正孔的中心线偏斜，其加工质量和生产率比钻孔高。由于扩孔钻的结构刚度好，切削刃数目较多，且无端部横刃，加工余量较小（一般为 2~4mm），故切削时进给

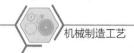

力小，切削过程平稳，因此可以采用较大的切削速度和进给量。如果采用镶有硬质合金刀片的扩孔钻，切削速度还可以提高 2~3 倍，使扩孔的生产率进一步提高。当孔径大于 $\phi100mm$ 时，一般采用镗孔而不用扩孔。扩孔使用的机床与钻孔相同。用于铰孔前的扩孔钻，其直径的极限偏差为负值；用于终加工的扩孔钻，其直径的极限偏差为正值。

3. 锪孔

用锪削方法加工平底或锥形沉孔，称为锪孔。锪孔一般在钻床上进行，加工的表面粗糙度值为 $Ra6.3~3.2\mu m$。有些零件钻孔后需要孔口倒角，有些零件要用顶尖顶住孔口加工外圆，这时可用锥形锪钻在孔口锪出内圆锥。

4. 非定尺寸钻扩及复合加工

由于钻头材料和结构的进步，可以用同一把机夹式钻头实现钻孔、扩孔加工，因而用一把钻头可以加工通孔沉孔、不通孔沉孔、斜面上钻孔及凹槽，还可以钻孔、倒角（圆）、锪端面等一次进行的非定尺寸钻扩及复合加工，如图 4-16 所示。

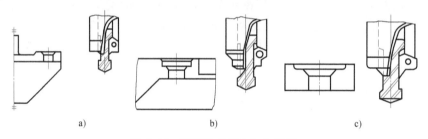

图 4-16　新型钻头复合加工示例

a）在铸件上钻孔、倒角、锪孔　b）钻孔、沉孔、倒角　c）钻孔、倒角、圆弧角加工

5. 车孔

铸造孔、锻造孔或用钻头钻出的孔，为了达到所要求的精度和表面粗糙度，还需要车孔。车孔是常用的孔加工方法之一，可以作为粗加工，也可以作为精加工，加工范围很广泛。车孔尺寸公差等级一般可达 IT7~IT8，表面粗糙度值为 $Ra3.2~1.6\mu m$，精细车削可以达到更小的表面粗糙度值（$Ra0.8\mu m$）。

车孔的关键是解决内孔车刀的刚度和排屑问题。增加内孔车刀的刚度主要采取以下两个措施：

（1）尽量增加刀杆的横截面积　一般的内孔车刀有一个缺点，刀杆的横截面积小于孔横截面积的 1/4，如果使内孔车刀的刀尖位于刀杆的中心线上，这样刀杆的横截面积就可达到最大限度。

（2）刀杆的伸出长度尽可能缩短　如果刀杆伸出太长，就会降低刚度，容易引起振动。因此，为了增加刀杆刚度，刀杆伸出长度只要略大于孔深即可。而且，要求刀杆的伸出长度能根据孔深加以调节。

解决排屑问题主要是控制切屑流出方向。精车孔时，要求切屑流向待加工表面（前排屑）。前排屑主要是采用正刃倾角内孔车刀。

6. 铰孔

铰孔是在半精加工（扩孔或半精镗孔）基础上进行的一种孔的精加工方法，其尺寸公差等级可达 IT6~IT8，表面粗糙度值为 $Ra1.6~0.4\mu m$。铰孔有手铰和机铰两种方式，其中在机床上进行的铰削称为机铰，用手工进行的铰削称为手铰。

铰孔之前，一般先经过车孔或扩孔后留些铰孔余量。余量的大小直接影响铰孔的质量。余量太小，往往不能把前道工序所留下的加工痕迹铰去；余量太大，切屑挤满铰刀的齿槽，使切削液不能进入切削区，严重影响表面粗糙度，或使切削刃载荷过大而迅速磨损，甚至崩刃。铰孔余量一般是：采用高速钢铰刀时为 0.08~0.12mm，采用硬质合金铰刀时为 0.05~0.20mm。为了避免产生积屑瘤和引起振动，铰削应采用低速切削，一般粗铰钢件为 $v_c = 0.07~0.12$m/s，精铰为 $v_c = 0.03~0.08$m/s。机铰进给量为钻孔的 3~5 倍，一般为 0.2~1.2mm/r，以防出现打滑和啃刮现象。铰削应选用合适的切削液，铰削钢件时常采用乳化液，铰削铸件时用煤油。

机铰刀在机床上常采用浮动连接。浮动机铰或手铰时，一般不能修正孔的位置误差，孔的位置误差应由铰孔前的工序来保证。铰孔直径一般不大于 80mm，铰削也不宜用于非标准孔、台阶孔、盲孔、短孔和具有断续表面的孔的加工。

7. 拉孔

拉削是一种高生产率的精加工方法，既可加工内表面也可加工外表面，如图 4-17 所示。拉孔前工件须经钻孔或扩孔。工件以被加工孔自身定位并以工件端面为支承面，在一次行程内便可完成"粗加工-精加工-光整加工"的工作。拉孔一般没有粗拉工序和精拉工序之分，除非拉削余量太大或孔太深，如用一把拉刀拉则拉刀太长，才分为两个工序加工。

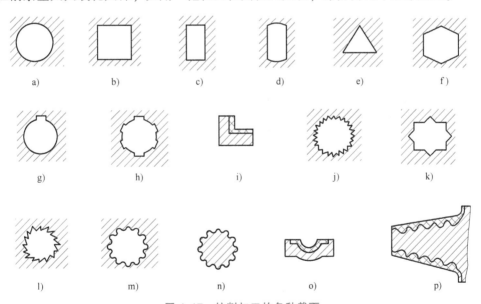

图 4-17 拉削加工的各种截面

a) 圆孔 b) 方孔 c) 长方孔 d) 鼓形孔 e) 三角孔 f) 六角孔

g) 键槽 h) 花键槽 i) 相互垂直平面 j) 齿纹孔 k) 多边形孔

l) 棘爪孔 m) 内齿轮 n) 外齿轮 o) 成形表面 p) 涡轮叶片根部的槽形

拉孔的拉削速度低，每齿切削厚度很小，拉削过程平稳，不会产生积屑瘤；同时拉刀是定尺寸刀具，又有校准齿来校准孔径和修光孔壁，所以拉削加工精度高，所获得的表面粗糙度值小。拉孔精度主要取决于刀具，机床对其影响不大。拉孔的尺寸公差等级可达 IT6~IT8，表面粗糙度值为 $Ra0.8~0.4\mu m$。由于拉孔难以保证孔与其他表面间的位置精度，因此

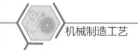

被拉孔的中心线与端面之间在拉削前应保证有一定的垂直度。

图 4-18 所示为拉孔及拉刀刀齿尺的切削过程,从图中可以看到,拉削可看作是按高低顺序排列成队的多把刨刀进行的刨削。为保证拉刀工作时的平稳性,拉刀同时工作的齿数应在 2 个以上。但也不应大于 8 个,否则拉力过大,可能会使拉刀断裂。由于受到拉刀制造工艺及拉床动力的限制,过小与特大尺寸的孔均不适宜于拉削加工。

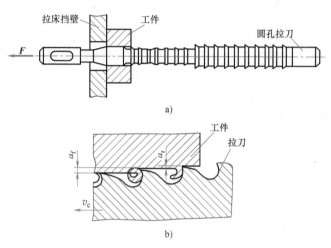

图 4-18 拉孔及拉刀刀齿的切削过程

a)拉孔 b)拉刀刀齿的切削过程

当工件端面与工件毛坯孔的垂直度精度不高时,为改善拉刀的受力状态,防止拉刀崩刃或折断,常采用在拉床固定支承板上装有自动定心的球面垫板作为浮动支承装置。

拉刀结构复杂、排屑困难、价格昂贵、设计制造周期长,故一般用于大批量生产中。

拉削不仅能加工圆孔,而且还可以加工成形孔、花键孔。拉孔常用在大批生产中,一般加工直径为 $\phi 8 \sim \phi 125 \mathrm{mm}$、孔深不超过孔径 5 倍的中、小件通孔。

8. 镗孔

镗孔是用镗刀对已钻出孔或毛坯孔进一步加工的方法,可用来粗、精加工各种零件上不同尺寸的孔。对于直径很大的孔,几乎全部采用镗孔的方法。镗孔可在多种机床上进行,其加工方式有三种,如图 4-19 所示。

(1) 工件旋转,刀具做进给运动 如图 4-19a 所示,在车床类机床上加工盘类零件属于这种方式。其特点是加工后孔的中心线和工件的回转轴线一致,孔中心线的直线度好,能保证在一次装夹中加工的外圆和内孔有较高的同轴度,并与端面垂直。刀具进给方向不平行于回转轴线或不呈直线运动,都不会影响孔中心线的位置和直线度,也不影响孔在任何一个横截面内的圆度,仅会使孔径发生变化,产生锥度、鼓形、腰形等缺陷。

(2) 工件不动而刀具做旋转和进给运动 如图 4-19b 所示,这种加工方式是在镗床类机床上进行的。这种加方式也能基本保证镗孔的中心线和机床主轴轴线一致,但随着镗杆伸出长度的增加,镗杆变形加大,会使孔径逐步减小。此外,镗杆及主轴自重引起的下垂变形也会导致孔中心线弯曲。如果镗削同轴的多孔时,则会加大这些孔的不同轴度误差,故这种方式适于加工孔深不大而孔径较大的壳体孔。

(3) 刀具旋转,工件做进给运动 如图 4-19c 所示,这种加工方式适用于镗削箱体两壁相距较远的同轴孔系，易于保证孔与孔、孔与平面间的几何精度。镗孔时进给运动方向发生偏斜或非直线性都不会影响孔径。但镗孔的中心线相对于机床主轴轴线会产生偏斜或不呈直线，使孔的横截面形状呈椭圆形。镗杆与机床主轴间多用浮动联接，以减小主轴误差对加工精度的影响。

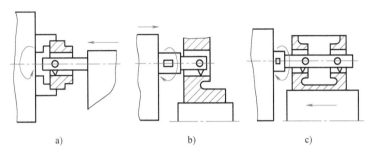

图 4-19　镗孔的方式

a) 工作旋转，刀具做进给运动　b) 工件不动而刀具做旋转和进给运动　c) 刀具旋转，工件做进给运动

镗孔常用的是结构简单的单刃镗刀。这种刀具受到孔径尺寸的限制，刚度较差，容易发生振动；切削用量比车削外圆小，镗孔的尺寸要依靠调整刀具来保证。因此，镗孔比车外圆以及扩、铰孔的生产率低。但在单件小批生产中，镗孔可以避免准备大量不同尺寸的扩孔钻和铰刀，故是一种比较经济的加工方法。粗镗尺寸公差等级为 IT11～IT13，表面粗糙度值为 $Ra12.5～6.3\mu m$；半精镗的尺寸公差等级为 IT9～IT10，表面粗糙度值为 $Ra3.2～1.6\mu m$；精镗的尺寸公差等级为 IT7～IT8，表面粗糙度值为 $Ra1.6～0.8\mu m$；精细镗的尺寸公差等级可达 IT6，表面粗糙度值可达 $Ra0.4～0.1\mu m$。

精镗可以采用浮动镗刀加工，如图 4-20a 所示，能够获得较高的孔径精度。浮动镗刀块安装在镗杆的长方形的孔中，并不紧固，能在长方孔中滑动，配合一般选 H7/f7 或 H7/g6。浮动镗刀块依靠主切削刃上两个较长的斜刃进行自动对中，由于刀片在镗杆矩形孔中浮动，故不能纠正孔的位置误差，需由上一道工序保证孔的位置精度。图 4-20b 所示为可调节浮动镗刀块，刃磨后可通过调整它的两个对称切削刃间的径向尺寸按加工孔的尺寸调整。镗刀块有小的主偏角，较小的后角、负前角、修光刃，在切削过程中既起切削作用，又起挤压作用。

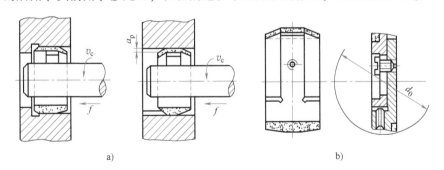

图 4-20　用浮动镗刀镗孔及可调节浮动镗刀块

a) 浮动镗刀镗孔　b) 可调节浮动镗刀块

浮动镗刀只有两个切削刃，结构简单，刃磨方便，刀具的排屑和冷却条件较好。但是浮动镗刀块不适合加工带有纵向槽的孔，同时也不适合加工大直径孔（直径大于 $\phi 300mm$ 以

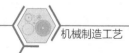

上）。因孔径增大，刀块的尺寸也相应增大，当刀块转到垂直位置时，容易沿刀杆方槽下滑，降低孔的形状精度。

精密孔的精细镗削常在金刚镗床上，用金刚石作为镗刀进行高速精镗。金刚镗床具有高的精度和刚度，主轴转速高（可达 5000 r/min），并采用带传动，借助多速电动机及更换带轮来变速。进给机构常用液压传动，高速旋转的零件都经过精确的平衡，电动机安装在防振垫片上。因此，在金刚镗床上精镗时的振动和变形极小，能获得较高的加工精度和表面质量，常作为有色金属件精密孔的终加工，在铸铁或钢件上加工尺寸公差等级为 IT6 的孔时，通常作为研磨或滚压前的准备工序。

目前，镗刀普遍采用硬质合金或人造金刚石和立式氮化硼制成，并选用较大的主偏角和较小的刀尖圆弧半径，刀面要研磨到表面粗糙度值不超过 $Ra0.2\mu m$。为增强刀杆刚度，可采用整体硬质合金刀杆，其直径与孔径之比为 0.8 左右。

为控制镗孔的尺寸，常采用微调镗刀，如图 4-21 所示，其分度值可达 0.0025mm。装夹有可调位刀片的刀杆上有精密的小螺距螺纹。微调时先旋松夹紧螺钉，用扳手旋转套筒，刀杆可做微量进退，调整好后将夹紧螺钉锁紧。键可保证刀杆只做移动。

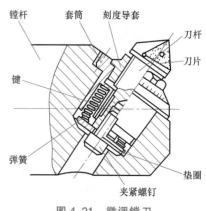

图 4-21 微调镗刀

金刚镗孔时的余量：预镗为 0.2～0.6mm，终镗为 0.1mm；进给量为 0.02～0.25mm/r。加工铸铁时切削速度为 100～250m/min，加工钢时切削速度为 150～300m/min，加工有色金属时切削速度为 300～1500m/min。一般不使用切削液。加工尺寸公差等级可达 IT6～IT7，孔径为 $\phi15～\phi100$mm 时，尺寸偏差不大于 0.005～0.008mm，圆度误差不大于 0.003～0.005mm，表面粗糙度值为 $Ra0.8～0.1\mu m$。

9. 磨孔

磨孔是孔精加工的方法之一，如图 4-22 所示，尺寸公差等级可达 IT7，表面粗糙度值为 $Ra1.6～0.4\mu m$。

磨孔与磨外圆相比较，工作条件较差；砂轮直径受到孔径的限制，磨削速度低；砂轮轴受到工件孔径和长度的限制，刚度差且容易变形；砂轮与工件接触面积大，单位面积压力小，使磨钝的磨料不易脱落；切削液不易进入磨削区，磨屑排出和散热困难，工件易烧伤，砂轮磨损快、易堵塞，需要经常修整和更换。因此，磨孔的质量和生产率都不如磨外圆。但是，磨孔的适应性好，在单件小批生产中应用很广泛。特别是对淬硬的孔、不通孔、大直径的孔（用行星磨削）、短的精密孔以及

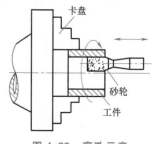

图 4-22 磨孔示意

断续表面的孔（带链槽或花键孔），磨削是主要的加工方法。增加内圆磨头的转速和采用自动化程度高的内圆磨床，是提高磨孔生产率的主要途径。如果采用 100000r/min 风动磨头，可以磨削小直径的孔，而且能获得较好的质量和较高的生产率。

此外，采用前述的珩磨和研磨加工方法作为套类零件内孔表面的终加工工序，可以提高孔的加工精度和保证孔的表面质量。

4.2.4 套类零件的检验

套类零件的检验包括以下几个方面：

（1）各加工表面的表面粗糙度 通常用表面粗糙度比较样块检验，对于精密零件可用干涉显微镜进行测量。

（2）孔的直径尺寸精度检验 孔的尺寸精度要求不高时，一般采用内卡钳或游标卡尺测量；精度要求较高时，可采用内卡钳、塞规、内径百分尺和内径千分尺等量具测量。

（3）孔的几何精度检验 孔的圆度误差和圆柱度误差常用内径千分尺、内径千分表检查。径向圆跳动误差可以利用检验棒和百分表组合进行检验，或者采用 V 形架和杠杆式百分表组合检验；轴向圆跳动误差可以利用极小锥度的心轴和杠杆式百分表组合检验。端面对直线的垂直度误差则是在轴向圆跳动误差检查合格后，利用 V 形架、极小锥度的心轴和百分表组合检验。

任务4.3 箱体类零件的加工

4.3.1 认识箱体类零件

1. 箱体类零件的功用与结构特点

箱体是机器中常用且重要的零件。为实现变速、换向等传动功能，箱体内装有轴和轴承、齿轮、离合器、手柄等零件，并使之保持正确的相互位置，它们的装配精度在很大程度上取决于箱体本身的加工精度。箱体的种类很多，如主轴箱、进给箱、变速箱等。因此，箱体的加工质量直接影响机器的性能、精度和寿命。

图 4-23 所示为某车床主轴箱简图，由图可知，箱体类零件的结构复杂，壁薄且不均匀，加工部位多，加工难度大。据统计资料表明，一般中型机床制造厂中，箱体类零件的机械加工工时约占整个产品加工工时的 15%～20%。

2. 箱体类零件的主要技术要求

箱体类零件中，机床主轴箱的精度要求较高，可归纳为五项精度要求。

（1）轴承孔的尺寸、形状精度 孔径误差会影响轴承与孔的配合。孔径过大，使配合过松，会使主轴回转轴线不稳定，并降低支承刚度，容易产生振动和噪声；孔径过小，使配合过紧，轴承将因外圈变形而不能正常运转，寿命缩短。轴承孔的形状误差将使轴承外圈变形而引起主轴的径向跳动。因此，对箱体孔的精度要求较高。主轴孔的尺寸公差等级一般要求为 IT6，其余孔的尺寸公差等级为 IT6～IT7。孔的形状精度除做特殊规定外，其公差一般都要求在尺寸公差范围内。

（2）孔与孔的几何精度 同轴各孔的同轴度误差和孔端面对轴线的垂直度误差，会使轴和轴承装配到箱体上后产生歪斜，致使主轴产生径向圆跳动和轴向窜动，同时也使温度升高，加剧轴承磨损。孔系之间的平行度误差会影响齿轮的啮合质量，使齿轮寿命下降，严重影响机床的精度。

一般孔距公差为（±0.025～±0.060）mm，而同一中心线上的支承孔的同轴度公差约为最小孔尺寸公差之半。

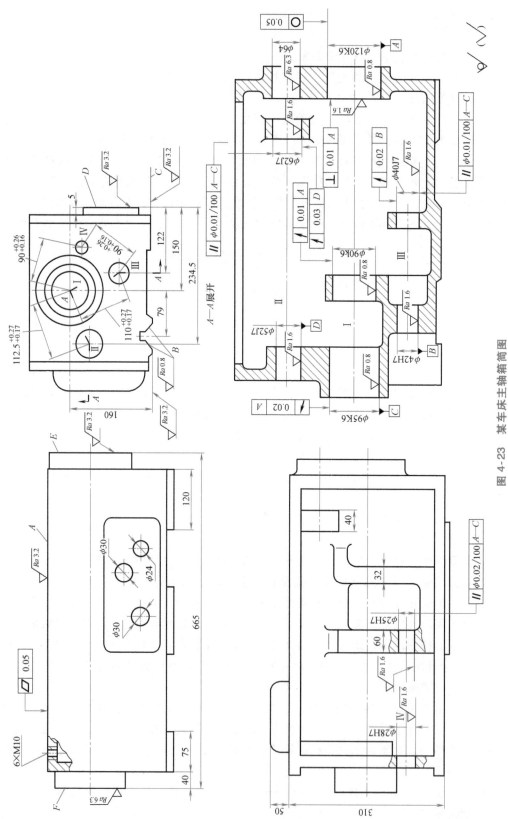

图 4-23 某车床主轴箱简图

（3）孔与平面的几何精度　主轴孔中心线对主轴箱安装基面的平行度，决定主轴与床身导轨的相互位置关系，这项精度是在总装时通过刮研来达到的。为减少刮研工作量，规定主轴中心线对安装基面的平行度公差，在垂直和水平两个方向上只允许主轴前端向上和向前偏。

（4）主要平面的精度　装配基面的平面度误差会影响主轴箱与床身连接时的接触刚度。若在加工过程中作为定位基面时，则会影响主要孔的加工精度。因此规定底面和导向面必须平直和相互垂直。其平面度、垂直度公差等级为 5 级。为了保证箱盖的密封性，防止工作时润滑油泄漏，还规定了顶面的平面度要求。当大批量生产中将其顶面用作定位基面时，对它的平面度要求还要提高。

（5）表面粗糙度　重要孔和主要表面的表面粗糙度会影响配合面的配合性质或接触刚度。一般规定主轴孔的表面粗糙度值为 $Ra0.8 \sim 0.4\mu m$，其他各纵向孔的表面粗糙度值为 $Ra1.6\mu m$；孔的内端面的表面粗糙度值为 $Ra3.2\mu m$，装配基准面和定位基准面的表面粗糙度值为 $Ra2.5 \sim 0.63\mu m$，其他平面的表面粗糙度值为 $Ra10 \sim 2.5\mu m$。

3. 箱体类零件的材料及毛坯

箱体材料一般选用牌号为 HT200 ~ HT350 的灰铸铁，最常用的为 HT200，这是因为灰铸铁不仅成本低，而且具有较好的耐磨性、可铸性、可加工性和阻尼特性。在单件生产或某些简易机床箱体的加工中，为了缩短生产周期和降低成本，可采用钢板焊接结构。精度要求较高的箱体（如坐标镗床主轴箱）可选用耐磨铸铁；载荷大的主轴箱也可采用铸钢件。此外，在特定条件下也可采用其他材料，如飞机发动机箱体常用镁铝合金制造，其目的主要是减轻重量。

单件小批生产时，一般采用木模手工造型，毛坯精度低，加工余量较大；大批生产时，采用金属模机器造型。

毛坯的加工余量与生产批量、毛坯尺寸、结构、精度和铸造方法等因素有关，有关数据可通过查看相关资料并根据具体情况确定。如 2 级精度灰铸铁箱体，在单件小批生产时，箱体平面总加工余量为 7 ~ 12mm，孔（半径上）的总加工余量为 8 ~ 14mm；在大批大量生产时，平面总加工余量为 6 ~ 10mm，孔（半径上）总加工余量为 7 ~ 12mm。成批生产时直径小于 $\phi30$mm 的孔和单件小批生产时直径小于 $\phi50$mm 的孔不铸出。

毛坯铸造时，应防止砂眼和气孔的产生。为减少毛坯制造时产生残余应力，应使箱体壁厚尽量均匀，箱体浇铸后应安排退火工序。

4. 箱体的结构工艺性

箱体机械加工的结构工艺性对实现优质、高产、低成本具有非常重要的意义。

（1）基本孔　箱体的基本孔可分为通孔、阶梯孔、不通孔和交叉孔等。

通孔工艺性最好，其中又以长径比 $L/D \leqslant 1 \sim 1.5$ 的短圆柱孔的工艺性为最好。若深孔（$L/D > 5$）的深度精度要求较高、表面粗糙度值较小时，加工最为困难。

阶梯孔的结构工艺性与孔径之差有关。孔径相差越小，工艺性越好；孔径相差越大，且其中最小的孔径又很小时，工艺性最差。

相贯通的交叉孔的结构工艺性也较差，如图 4-24a 所示，孔 $\phi100^{+0.035}_{0}$mm 与孔 $\phi70^{+0.03}_{0}$mm 贯通相交叉，在加工孔 $\phi100^{+0.035}_{0}$mm 时，刀具走到贯通部位，由于刀具径向受力不均，孔的中心线就会偏移。为此采用图 4-24b 所示的结构，孔 $\phi70^{+0.03}_{0}$mm 不铸通，加工完成孔 $\phi100^{+0.035}_{0}$mm 后，

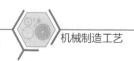

再加工孔 $\phi70^{+0.03}_{0}$ mm，以保证孔 $\phi100^{+0.035}_{0}$ mm 的加工质量。

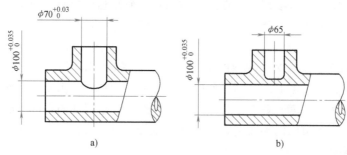

图 4-24　相贯通的交叉孔的结构工艺性

a) 结构工艺性不好　b) 结构工艺性好

不通孔的结构工艺性最差，因为在精镗或精铰不通孔时，要用手动进给，或采用特殊工具送进。此外，不通孔内端面的加工也特别困难，所以应尽量避免不通孔设计。

（2）同轴孔　同一轴线上孔径大小向一个方向递减（如 CA6140 型车床的主轴孔），可使镗孔时的镗杆从一端伸入，逐个加工或同时加工同一轴线上的各孔，以保证较高的同轴度和生产率。单件小批生产时一般采用此种分布形式。

同一轴线上孔径大小从两边向中间递减（如 CA620-1、CA6140 型车床的主轴箱轴孔等），可使镗孔时的镗杆从两边进入，这样不仅缩短镗杆的伸出长度，提高镗杆的刚度，而且为双面同时加工创造了有利条件，所以大批大量生产的箱体常采用此种分布形式。

同轴线上孔径的分布形式中，应尽量避免中间壁上孔的直径大于外壁上孔的直径。因为加工这种分布形式的同轴孔时，要将镗杆伸入箱体后装刀、对刀，结构工艺性最差。

（3）装配基面　为便于加工、装配和检验，箱体的装配基面尺寸应尽量大，形状应力求简单。

（4）凸台　箱体外壁上的凸台应尽可能在同一个平面内，以便在一个工作行程内加工出来，无须调整刀具的位置，使加工简单方便。

（5）紧固孔和螺栓孔　箱体上紧固孔和螺栓孔的尺寸规格应尽量一致，以减少刀具数量和换刀次数。

此外，为保证箱体有足够的动刚度和抗振性，应酌情合理使用肋板、肋条，加大圆角半径，收小箱口，加厚主轴前轴承口厚度。

4.3.2　箱体机械加工工艺过程分析

箱体的结构复杂、加工面多，但主要加工面是平面和孔。通常平面的加工精度容易保证，而精度要求较高的支承孔以及孔与孔间、孔与平面间的几何精度则较难保证，往往成为生产中的关键。所以在制订箱体加工工艺过程时，应将如何保证孔的精度作为重点来考虑。此外，还应特别注意箱体批量和工厂具体条件。

表 4-4 为图 4-23 所示某车床主轴箱小批生产时的工艺过程；表 4-5 为图 4-23 所示某车床主轴箱大批生产时的工艺过程。

从表 4-4 和表 4-5 可以看出，不同批量的主轴箱箱体的工艺过程既有共性，也有各自的特殊性。

表 4-4 某车床主轴箱小批生产时的工艺过程

序号	工序内容	定位基准	序号	工序内容	定位基准
1	铸造		7	粗、精加工两端面 E、F	B 面、C 面
2	时效		8	粗、半精加工各纵向孔	B 面、C 面
3	油漆		9	精加工各纵向孔	B 面、C 面
4	划线:考虑主轴孔有加工余量并尽量均匀。划 C 面、A 面及 E 面、D 面加工线		10	粗、精加工各横向孔	B 面、C 面
			11	加工螺纹孔及各次要孔	
			12	清洗、去毛刺	
5	粗、精加工顶面 A	按线找正	13	检验	
6	粗、精加工 B 面、C 面及前面 D	顶面 A 并找正主轴轴线			

表 4-5 某车床主轴箱大批生产时的工艺过程

序号	工序内容	定位基准	序号	工序内容	定位基准
1	铸造		10	精镗各纵向孔	顶面 A 及两工艺孔
2	时效		11	精镗主轴孔 I	顶面 A 及两工艺孔
3	油漆		12	加工横向孔及各面的次要孔	
4	铣顶面 A	I 孔与 II 孔	13	磨导轨面 B、C 及前面 D	顶面 A 及两工艺孔
5	钻、扩、铰 2×φ8H7 工艺孔	顶面 A 及外形	14	将 2×φ8H7 及 4×φ7.8mm 均扩钻至 φ8.5mm,攻 6×M10	
6	铣两端面 E、F 及前面 D	顶面 A 及两工艺孔	15	清洗、去毛刺、倒角	
7	铣导轨面 B、C	顶面 A 及两工艺孔	16	检验	
8	磨顶面 A	导轨面 B、C			
9	粗镗各纵向孔	顶面 A 及两工艺孔			

1. 不同批量箱体生产的共性

（1）加工顺序为先面后孔　箱体类零件的加工顺序均为先加工面，然后以加工好的平面定位，再加工孔。因为箱体孔的精度要求高，加工难度大，先以孔为粗基准加工平面，再以平面为精基准加工孔，这样不仅为孔的加工提供了稳定可靠的精基准，同时还可以使孔的加工余量较为均匀。由于箱体上的孔分布在箱体的外壁和中间壁等各平面上，先加工好平面，可切去铸件表面的凹凸不平及夹砂等缺陷，不仅有利于后续工序的加工，也有利于保护刀具、对刀和调整。例如，钻孔时，可使钻头不易引偏，扩孔或铰孔时，刀具也不易崩刃。

本例中，都是先将顶面加工完成后再加工孔系。

（2）加工阶段粗、精分开　箱体的结构复杂，壁厚不均匀，刚度不好，而加工精度要求又高，故箱体重要加工表面都要划分粗、精加工两个阶段，这样可以避免粗加工造成的内应力、切削力、夹紧力和切削热对加工精度的影响，有利于保证箱体的加工精度。粗、精加工分开也可及时发现毛坯缺陷，避免更大的浪费；同时还能根据粗、精加工的不同要求来合理选择设备，有利于提高生产率。

单件小批生产时，箱体的加工如果从工序上也安排粗、精加工分开，机床和夹具的数量就要增加，工件转运也费时费力，所以实际生产中将粗、精加工在一道工序内完成，但从工步上将粗、精加工分开。工件粗加工后，将工件松开一点，然后再用较小的夹紧力夹紧工

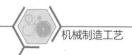

件，使工件因夹紧力而产生的弹性变形在精加工前得以恢复。

（3）工序间合理安排时效处理　箱体毛坯的结构复杂，壁厚也不均匀，因此在铸造时会产生较大的残余应力。为了消除残余应力，减少加工后的变形和保证精度的稳定，铸造之后必须安排人工时效处理。人工时效的工艺规范为：加热到 $500 \sim 550℃$，加热速度为 $50 \sim 120℃/h$，保温 $4 \sim 6h$，冷却速度小于或等于 $30℃/h$，出炉温度小于或等于 $200℃$。

对于普通精度的箱体，一般在铸造之后安排一次人工时效处理。对一些高精度或形状特别复杂的箱体，在粗加工之后还要再安排一次人工时效处理，以消除粗加工所造成的残余应力。有些精度要求不高的箱体零件毛坯，有时不安排时效处理，而是利用粗、精加工工序间的停放和运输时间，使之得到自然时效。

箱体的时效处理方法，除了人工时效外（加热保温法），也可采用振动时效来达到消除残余应力的目的。

（4）用箱体上的重要孔作为粗基准　箱体粗加工时一般都用箱体上的重要孔作为粗基准（如主轴箱都以主轴孔为粗基准），这样不仅可以较好地保证重要孔及其他各轴孔的加工余量均匀，还能较好地保证各轴孔中心线与箱体不加工表面的相互位置。

2. 不同批量箱体生产的特殊性

（1）粗基准的选择　虽然箱体类零件一般都选择重要孔（如主轴箱的主轴孔）为粗基准，但随着生产类型不同，实现以主轴孔为粗基准的工件装夹方式是不同的。

① 中小批生产时，由于毛坯精度较低，一般采用划线装夹，其方法如下：

首先将箱体用千斤顶安放在平台上，如图 4-25a 所示，调整千斤顶，使主轴孔 I 和 A 面与平台面基本平行，D 面与平台面基本垂直，根据毛坯的主轴孔划出主轴孔的水平线 I—I，在四个面上均要划出，作为第一找正线。划此线时，应根据图样要求，检查所有加工部位在水平方向是否均有加工余量，若有的加工部位无加工余量，则需要重新调整 I—I 线的位置，做必要的借正，直到所有的加工部位均有加工余量，才将 I—I 线最终确定下来。I—I 线确定之后，即可画出 A 面和 C 面的加工线。然后将箱体翻转 90°，D 面一端置于三个千斤顶上，调整千斤顶，使 I—I 线与台面垂直（用直角尺在两个方向上找正），根据毛

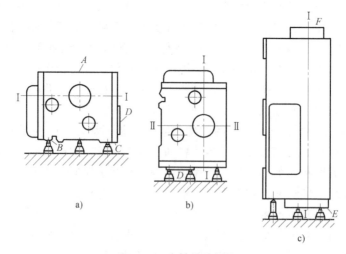

图 4-25　主轴箱的划线
a）水平　b）侧面　c）划高度

箱体的划线

坯的主轴孔并考虑各加工部位在垂直方向的加工余量，按照上述同样的方法划出主轴孔的铅垂方向轴线Ⅱ—Ⅱ作为第二找正线，如图4-25b所示，同样在四个面上均划出。依据Ⅱ—Ⅱ线画出 D 面加工线。再将箱体翻转90°，如图4-25c所示，将 E 面一端至于三个千斤顶上，调整千斤顶，使Ⅰ—Ⅰ线和Ⅱ—Ⅱ线与平台面垂直。根据凸台高度尺寸，先画出 F 面加工线，然后再画出 E 面加工线。

加工箱体平面时，按线找正装夹工件，这样就体现了以主轴孔为粗基准。

② 大批大量生产时，毛坯精度较高，可直接以主轴孔在夹具上定位，采用图4-26所示的夹具装夹。

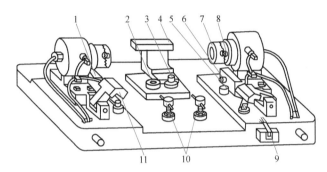

图 4-26 以主轴孔为粗基准铣顶面的夹具

1、3、5—支承 2—辅助支承 4—支架 6—挡销 7—短轴 8—活动支柱
9—操纵手柄 10—可调支承 11—夹紧块

先将工件放在支承1、3、5上，并使箱体侧面紧靠支架4，端面紧靠挡销6，完成工件预定位。然后操纵手柄9，将液压控制的两个短轴7伸入主轴孔中。每个短轴上有三个活动支柱8，分别顶住主轴孔内的毛面，将工件抬起，离开支承1、3、5，这时主轴孔中心线与两短轴中心线重合，实现了以主轴孔为粗基准定位。为了限制工件绕两短轴的转动自由度，在工件抬起后，调节两个可调支承10，通过样板找正Ⅰ轴孔位置，使箱体顶面基本呈水平。再调整辅助支承2，使其与箱体底面接触，提高工艺系统的刚度。最后将液压控制的两个夹紧块11伸入箱体两端相应的孔内压紧工件，即可进行箱体加工。

（2）精基准的选择 箱体加工精基准的选择也与生产批量的大小有关。

① 单件小批生产用装配基面做定位基准。单件小批加工如图4-23所示某车床主轴箱的孔系时，选择箱体底面导轨面 B、C 做定位基准，B、C 面既是主轴箱的装配基准，又是主轴孔的设计基准，并与箱体的两端面、侧面及各主要纵向孔系有直接的相互位置关系，故选择导轨面 B、C 作为定位基准不仅消除了主轴孔加工时的基准不重合误差，而且定位稳定可靠，装夹误差较小。此外加工各孔时，由于箱体口朝上，所以更换导向套、安装调整刀具、测量孔径尺寸、观察加工情况和加注切削液等都很方便。

这种定位方式的不足之处是：加工箱体中间壁上的孔时，为了提高刀具系统的刚度，应当在箱体内部相应的部位设置刀杆的导向支承。由于箱体底部是封闭的，中间支承只能用图4-27中的吊架从箱体顶面的开口处伸入箱体内，每加工一件需装卸一次，吊架与镗模之间虽有定位销定位，但吊架刚度差，制造安装精度较低，经常装卸也容易产生误差，且使加工的辅助时间增加，因此这种定位方式只适用于单件小批生产。

② 大批生产时采用一面两孔作为定位基准。大批生产的主轴箱常以顶面和两个工艺孔

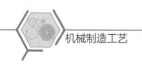

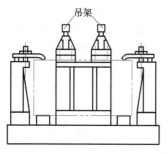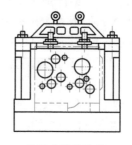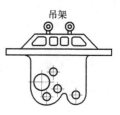

图 4-27　吊架式镗模夹具

为精基准，如图 4-28 所示。

　　这种定位方式是加工时箱体口朝下，中间导向支架可固定在夹具上。由于简化了夹具结构，提高了夹具的刚度，同时工件的装卸也比较方便，因而提高了孔系的加工质量和劳动生产率。

　　这种定位方式的不足之处是：定位基准与设计基准不重合，产生了基准不重合误差。为保证箱体的加工精度，必须提高作为定位基准的箱体顶面和两个工

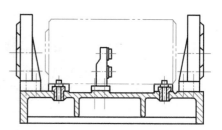

图 4-28　以箱体顶面及两个
工艺孔为精基准

艺孔的加工精度。因此，大批大量生产的主轴箱工艺过程中，安排了磨顶面 A 的工序，要求严格控制顶面 A 的平面度和 A 面至底面、A 面至主轴孔中心线的尺寸精度与平行度，并将两个工艺孔通过钻、扩、铰等工序使其直径尺寸公差带达到 H7，增加了箱体加工的工作量。另外，由于箱体口朝下，加工时不便于直接观察各表面的加工情况，因此不能及时发现毛坯是否有砂眼、气孔等缺陷，而且加工中不便于测量和调刀。但在大批大量生产中，广泛采用自动循环的组合机床、定径刀具，可使加工过程比较稳定，问题也就不再突出。

　　在上述两种方案的对比分析中，仅仅是针对类似主轴箱零件而言，许多其他形式的箱体采用一面两孔的定位方式，上面所提及的问题也不一定存在。实际生产中，一面两孔的定位方式在各种箱体加工中的应用十分广泛。因为这种定位方式很简便地限制了工件的六个自由度，定位稳定可靠；在一次安装下，可以加工除定位面以外的所有五个面上的孔或平面，也可以作为从粗加工到精加工的大部分工序的定位基准，实现基准统一。此外，这种定位方式夹紧方便，工件的夹紧变形小；易于实现自动定位和自动夹紧。因此，在组合机床与自动线上加工箱体时，多采用这种定位方式。

　　（3）所用设备随批量不同而不同　单件小批生产一般选用通用机床，各加工工序原则上靠工人技术熟练程度和机床工作精度保证。除个别必须采用专用夹具才能保证质量的工序（如孔系加工）外，一般很少采用专用夹具。

　　大批生产箱体时，广泛采用组合机床，如平面加工采用多轴龙门铣床、组合磨床，各主要孔的加工则采用多工位组合机床、专用镗床等，专用夹具使用也比较普遍。

　　3. 箱体平面的加工

　　箱体平面加工的常用方法有刨、铣和磨三种。刨削和铣削常用作平面的粗加工和半精加工，而磨削则用作平面的精加工。

　　刨削加工的特点是：刀具结构简单，机床调整方便，通用性好。在龙门刨床上可以利用

几个刀架,在工件的一次安装中完成几个表面的加工,能比较经济地保证这些表面间的相互位置精度要求。精刨还可代替刮研来精加工箱体平面。精刨时采用宽直刃精刨刀,在经过检修和调整的刨床上,以较低的切削速度(一般为 4~12m/min),在工件表面上切去一层很薄(一般为 0.007~0.1mm)的金属。精刨后的表面粗糙度值可达 $Ra2.5~0.63\mu m$,平面度误差可达 0.002mm/1000mm。由于宽刃精刨的进给量很大(5~25mm/双行程),生产率较高。

铣削生产率高于刨削,在中批以上生产中多用铣削加工平面。当加工尺寸较大的箱体平面时,常在多轴龙门铣床上,用几把铣刀同时加工各有关平面,以保证平面间的相互位置精度并提高生产率。近年来面铣刀在结构、制造精度、刀具材料和所用机床等方面都有很大进展。例如不重磨刃面铣刀的齿数少,平行切削刃的宽度大,每齿进给量 f_z 可达数毫米。在铣削深度 a_p 较小(0.3mm)的情况下进给量可达 6000 mm/min,其生产率较普通精加工面铣刀高 3~5 倍,表面粗糙度值可达 $Ra1.25\mu m$。

平面磨削的加工质量比刨削和铣削都高,而且还可以加工淬硬零件。磨削平面的表面粗糙度值可达 $Ra1.25~0.32\mu m$。生产批量较大时,箱体平面常用磨削来精加工。为了提高生产率和保证平面间的相互位置精度,实际生产中还常采用组合磨削来精加工平面。

4. 主轴孔的加工

由于主轴孔的加工要求较高,宜放在其他孔精加工后再对它进行单独加工。稍稍放松对加工箱体的夹紧,使变形作为余量在精镗中消除,以提高主轴孔精度的稳定性。

主轴孔的精细加工方法很多,以浮动镗刀镗孔、金刚镗用得较为普遍。

4.3.3 箱体孔系的加工

箱体上一系列有相互几何精度要求的孔的组合,称为孔系。孔系可分为平行孔系、同轴孔系和交叉孔系。

孔系加工是箱体加工的关键。根据箱体生产批量和孔系精度要求的不同,孔系加工所用的加工方法也不相同。

1. 平行孔系的加工

所谓平行孔系是指孔的中心线互相平行且孔距也有精度要求的孔系。生产中,保证平行孔系孔距精度的方法主要有找正法、镗模法和坐标法三种。

(1) 找正法 找正法是在通用机床(铣床、镗床)上,人工利用辅助工具找正要加工孔的正确位置的加工方法。这种方法加工效率低,一般只适于单件小批生产。根据找正方法的不同,找正法又可分为以下几种:

① 划线找正法。加工前按零件图要求,在箱体毛坯划出各孔加工位置线,然后按划线一一找正进行加工。这种方法划线和找正时间较长,生产率低,加工出来的孔距精度也低,一般在 ±0.05mm 左右。为了提高划线找正精度,往往结合试切法进行,即先按划线找正镗出一个孔,再按线将主轴调至第二个孔的中心,试镗出一个比图样要小的孔,若不符合图样要求,则根据测量结果重新调整主轴的位置,再进行试镗、测量、调整,如此反复几次,直至达到图样要求的孔距尺寸。这种方法虽比单纯的划线找正所得到的孔距精度高,但孔距精度仍然较低,且操作的难度较大,生产率低,仅用于单件小批生产。

② 心轴和量块找正法。如图 4-29a 所示,镗第一个孔时,将心轴 1 插入镗床主轴 2 孔内(或直接利用镗床主轴),然后根据孔与定位基准之间的距离,组合一定尺寸的量块 3 来找

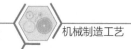

正主轴的位置。找正时，在量块与心轴之间用塞尺4测定间隙，以免量块与心轴直接接触而损伤。镗第二个孔时，分别在镗床主轴和已加工孔中插入心轴，采用同样的方法来找正主轴的位置，以保证孔距精度，如图4-29b所示。采用此法加工时孔距精度可达±0.03mm，但生产率低，也只适用于单件小批生产。

③ 样板找正法。如图4-30所示，将10～20mm厚的钢板制造样板，装在垂直于各孔的端面上（或固定于机床工作台上）。样板上的孔距精度较箱体孔系的孔距精度高（一般为±0.01～±0.03mm），样板上的孔径比工件上的孔径大，以便镗杆通过。样板上的孔径精度要求不高，但要有较高的形状精度和较小的表面粗糙度值，以便于找正。当样板准确地装到工件上后，在机床主轴上装一个千分表，按样板找正机床主轴位置，换上镗刀进行加工。采用此法加工孔系不易出差错，找正方便，孔距精度可达±0.05mm，而且样板的成本低，仅为镗模成本的1/7～1/9，单件小批生产的大型箱体加工常用此法。

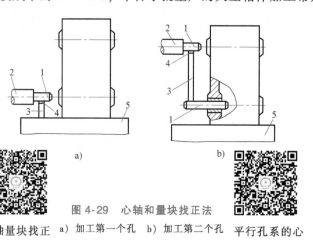

图 4-29　心轴和量块找正法
a）加工第一个孔　b）加工第二个孔
1—心轴　2—镗床主轴　3—量块
4—塞尺　5—镗床工作台

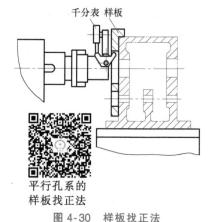

平行孔系的样板找正法

图 4-30　样板找正法

心轴量块找正箱体孔的位置

平行孔系的心轴量块找正法

④ 定心套找正法。如图4-31所示，先在工件上划线，再按线攻螺纹孔，然后装上形状精度高而光洁的定心套，定心套与螺钉间有较大间隙，按图样要求的孔距公差的1/3～1/5调整全部定心套的位置，并拧紧螺钉，复查后即可在机床上按定心套找正镗床主轴的位置，卸下定心套，镗出第一个孔。每加工一个孔找正一次，直至孔系加工完毕。

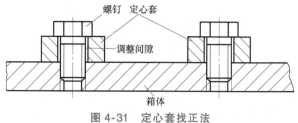

图 4-31　定心套找正法

此法工装简单，可重复使用，特别适宜于单件生产条件下的大型箱体和缺乏坐标镗床条件下的钻模板上的孔系加工。

（2）镗模法　镗模法是广泛采用的孔系加工方法。中批生产、大批大量生产一般都采用此法。

镗模法是利用镗模夹具加工孔系的。镗孔时，工件装夹在镗模上，镗杆被支承在镗模的导套里，增加了系统的刚度。由导套引导镗杆在工件的正确位置上镗孔。当用两个或两个以上的支承来引导镗杆时，镗杆与机床主轴必须采用浮动联接，这时机床精度对孔系加工精度影响很小，孔距精度主要取决于镗模，因而可以在精度较低的机床上加工出精度较高的孔系，一般可达±0.05mm。

镗模与机床浮动联接的形式很多，图4-32所示的镗杆活动联接头为常见的一种形式。浮动联接应能自动调节，以补偿角度偏差和位移量，否则失去浮动的效果，影响加工精度。轴向切削力由镗杆端部和镗套内部的支承钉来支承，圆周力由镗杆联接销和镗套横槽来传递。

采用镗模可大大提高工艺系统的刚度和抗振性，所以可用带有几把镗刀的长镗杆同时加工箱体上的几个孔。此外，镗模定位夹紧迅速，不需找正，生产率高，因此在中批以上生产中普遍采用镗模加工孔系。有时在小批生产中，对一些结构复杂、加工量大的箱体孔系，采用镗模加工往往也是合理的，但此时镗模结构应尽量简单，有条件时，应尽可能采用组合周期短、成本低的组合夹具镗模。

用镗模法加工孔系，既可在通用机床上加工，也可在专用机床和组合机床上加工。图4-33所示为组合机床上采用镗模加工孔系。

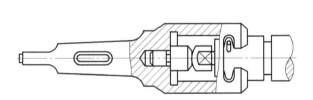

图 4-32 镗杆活动联接头

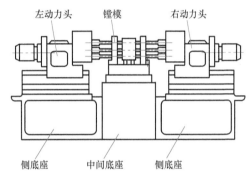

图 4-33 组合机床上采用镗模加工孔系

（3）坐标法 坐标法镗孔是在普遍卧式镗床、坐标镗床或数控铣镗床等设备上，借助于测量装置调整机床主轴与工件间的水平和垂直方向上的相对位置，以保证孔距精度的一种镗孔方法。

在箱体的设计图样上，因孔与孔之间有齿轮啮合关系，对孔距尺寸有严格的公差要求。采用坐标法镗孔之前，必须把各孔距尺寸及公差换算成以基准孔（主轴孔）中心为原点的相互垂直的坐标尺寸及公差，由三角几何关系及工艺尺寸链理论，通过主轴箱传动轴坐标计算程序，采用计算机可方便算出。

坐标法镗孔的孔距精度主要取决于坐标的移动精度，也就是坐标测量装置的精度。坐标测量装置主要有以下几种形式：

① 普通刻线尺与游标卡尺加放大镜测量装置，其位置精度为0.1~0.3mm。

② 百分表与量块测量装置，一般与普通刻线尺配合使用。图4-34所示为普通镗床上用百分表与量块来调整主轴垂直和水平位置，百分表分别装在镗床头架和横向工作台上，位置精度可达±0.02~±0.04mm。这种装置调整费时，效率低。

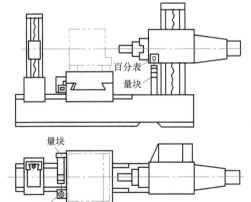

图 4-34 普通镗床上用百分表和量块调整
主轴垂直和水平位置

③ 经济刻度尺与光学读数头测量装置，这是使用最多的一种测量装置，如 T619、T6110、T649 等卧式镗床上均采用这种装置。该装置操作方便，精度较高，经济刻度尺任意两刻线间的误差不超过 5 μm，光学读数头的分度值为 0.01mm。

④ 光栅数字显示装置和感应同步器测量装置，其分度值为 0.0025~0.01mm。

⑤ 高精度测量装置，高精度线位移测量系统有精密丝杠、线纹尺、光栅、感应同步器、磁尺、码尺和激光干涉仪。其中，线纹尺位移测量系统结合数字显示功能后，具有使用方便、读数直观和对线准确的优点。

采用坐标法镗孔时，要特别注意基准孔和镗孔顺序的选择，否则，坐标尺寸的累积误差会影响孔距精度。在选择基准孔和镗孔顺序时，应注意：所选的基准孔应尽量选择本身尺寸精度高、表面粗糙度值小的孔，以便在加工过程中，需要时可以重新准确地校验坐标原点；基准孔应位于箱体的一侧，依次加工各孔时，应尽量使工作台朝同一方向移动，避免因工作台往返移动由间隙而产生误差，影响坐标精度；孔距精度要求较高的孔，其加工顺序应紧紧连在一起，以减少坐标尺寸的累积误差对孔距精度的影响。

显然，用坐标法加工箱体的孔系时，应选主轴孔为基准孔，并应按照齿轮啮合关系依次加工其他各孔。

2. 同轴孔系的加工

成批生产中，一般采用镗模加工孔系，同轴孔系的同轴度由镗模保证。单件小批生产中一般不采用镗模，其同轴度用下面几种方法来保证：

（1）利用已加工孔做支承导向　如图 4-35 所示，当箱体前壁上的孔加工好后，在孔内装一个导向套，支承和引导镗杆加工后壁上的孔，以保证两个孔的同轴度要求，此方法适用于加工箱壁较近的同轴孔。

（2）利用镗床后立柱上的导向套支承镗杆　镗杆是两端支承，刚度好，但后立柱导套的位置调整麻烦、费时，往往需要用心轴和量块找正，且需要用较长的镗杆，故这种方法多用于大型箱体的加工。

（3）采用调头镗　当箱体壁相距较远时，宜采用调头镗法。即工件在一次装夹下，先镗好一端孔后，将工作台回转 180°，调整工作台位置，使已加工孔与镗床主轴同轴，再加工另一端同轴孔。

当箱体上有一个较长并与所镗孔中心线有平行度要求的平面时，镗孔前应先用装在镗杆上的百分表对此平面进行找正，如图 4-36a 所示，使其和镗杆轴线平行，找正后加工孔 B。

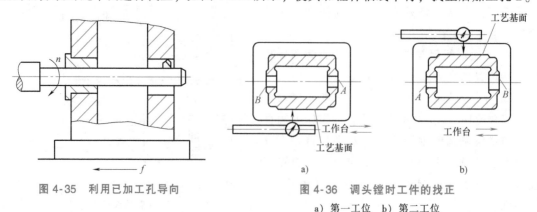

图 4-35　利用已加工孔导向

图 4-36　调头镗时工件的找正
a）第一工位　b）第二工位

孔 *B* 加工后，再将工作台回转 180°，并用镗杆上装的百分表沿此平面重新找正，这样就可保证工作台正确地回转 180°，如图 4-36b 所示，然后再加工 *A* 孔，从而保证孔 *A*、*B* 同轴。若箱体上无加工好的工艺基面，也可用平行长铁置于工作台上，使其表面与需加工的孔的中心线平行后固定。调整方法同前，也可达到两孔同轴的目的。

这种方法不用夹具和长刀杆，准备周期短；镗杆悬伸长度短，刚度好；但需要调整工作台的回转误差和调头后主轴应处的正确位置，比较麻烦又费时；多适用于单件小批生产。

3. 交叉孔系的加工

交叉孔系的主要技术要求是控制有关孔中心线的垂直度误差。成批生产中一般采用镗模加工，孔中心线的垂直度主要靠镗模来保证。单件小批生产中，在普通镗床上主要靠机床工作台上的 90° 对准装置。因为它是挡铁装置，结构简单，但对准精度较低。有些精密镗床如 TM617，采用端面齿定位装置，90° 定位精度为 5″，有的则用了光学瞄准器。

当有些镗床工作台 90° 对准装置精度较低，不能满足加工精度要求时，可用心轴和百分表找正来提高其定位精度。具体方法是：在加工好的孔中插入心轴，工作台转位 90° 后，用百分表找正，再加工另一交叉孔，如图 4-37 所示。

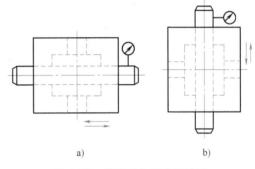

图 4-37 找正法加工交叉孔系
a）第一工位 b）第二工位

4.3.4 箱体的检验

箱体检验包括以下几个方面：

（1）各加工表面的表面粗糙度及外观检验 通常用表面粗糙度比较样块和目测的方法进行表面粗糙度及外观检验。

（2）孔的尺寸精度检验 一般采用塞规或采用内径千分尺、内径百分表等万能量具。

（3）孔和平面的几何精度检验 圆度误差和圆柱度误差常用内径千分尺、内径千分表检查；平面度误差常用涂色法或用平尺和塞尺检验，当精度要求较高时，可采用仪器检验；孔距、孔中心线间的平行度误差、孔中心线垂直度误差以及孔中心线与端面垂直度误差的检验可利用检验棒、千分尺、百分表、直角尺以及平台等相互组合而进行测量；孔系同轴度可利用检验棒测量，如果检验棒能自由伸入同轴的孔内，即表明误差在允许范围内。如需确定其误差数值，则利用检验棒和百分表组合进行检验。

任务 4.4 连杆的加工

4.4.1 认识连杆

连杆是较细长的变截面非圆形杆件，其杆身横截面从大头到小头逐步变小，以适应在工作中承受急剧变化的动载荷。

连杆是由连杆体和连杆盖两部分组成的，连杆体与连杆盖用螺栓和螺母与曲轴主轴颈装

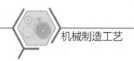

配在一起。图 4-38 所示为某型号发动机的连杆合件。

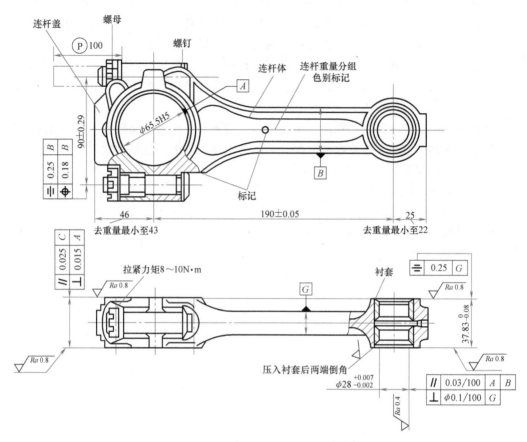

图 4-38 某型号发动机的连杆合件

为了减少磨损和磨损后便于修理，在连杆小头孔中压入青铜衬套，大头孔中装有薄壁金属轴瓦。

连杆材料一般采用 45 钢或 40Cr、45Mn2 等优质钢或合金钢，近年来也有采用球墨铸铁的。其毛坯用模锻制造，可将连杆体和连杆盖分开锻造，也可整体锻造，主要取决于锻造毛坯的设备能力。

汽车发动机的连杆主要技术条件如下：

① 小头衬套底孔尺寸公差等级为 IT7 ~ IT9，表面粗糙度值为 $Ra3.2\mu m$，小头衬套孔为 IT5 级，表面粗糙度值为 $Ra0.4\mu m$。为了保证与活塞销的精密装配间隙，小头衬套孔在加工后，以每组尺寸间隔为 0.0025mm 分组（见分组装配法）。

② 大头孔镶有薄壁剖分轴瓦，底孔尺寸公差为 IT6 级，表面粗糙度值为 $Ra0.8\mu m$。

③ 大、小头孔中心线应位于同一平面内，其平行度公差为每 100mm 长度上不超过 0.03mm；大、小头孔间距尺寸的极限偏差为 ±0.05mm；大、小头孔中心线对端面的垂直度公差每 100mm 长度上不超过 0.1mm。

④ 为保证发动机运转平稳，对于连杆的重量及装于同一台发动机中的一组连杆的重量都有要求。对连杆大头重量和小头重量都分别规定、涂色分组，供选择装配。

4.4.2　连杆机械加工工艺过程分析

连杆的尺寸精度、几何精度的要求都很高，但刚度又较差，容易产生变形。大批生产的连杆机械加工工艺过程见表4-6。

表4-6　大批生产的连杆机械加工工艺过程

序号	工序名称	工序尺寸及要求	工序简图	设备	工夹具
0	模锻	按连杆锻造工艺进行			
1	粗磨连杆大小头两端面	磨第一面至尺寸 $39.2_{-0.15}^{0}$ mm，$Ra6.3\mu m$（标记朝上），磨第二面至尺寸 $38.6_{-0.16}^{0}$ mm，$Ra6.3\mu m$		双轴立式平面磨床	
2	钻通孔	$\phi28.3_{-0.05}^{+0.45}$ mm（标记朝上）		立式六轴钻床	随机夹具
3	两端倒角	$\phi31_{0}^{+0.5}$ mm，60°		立式钻床	倒角夹具
4	拉小头孔	$\phi29.49_{0}^{+0.033}$ mm，小头孔和一端面（标记朝上）定位		立式内拉床	
5	拉连杆大头和小头定位面			立式外拉床	

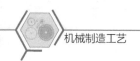

（续）

序号	工序名称	工序尺寸及要求	工序简图	设备	工夹具
6	将整体锻件切开为连杆盖和连杆体		49±0.3　191.5±0.2	双面卧式组合铣床	随机夹具
7	精拉连杆体及连杆盖的两侧定位面及其圆弧面		$98_{-0.08}^{\ 0}$ $\phi 64.3_{-1}^{\ 0}$ $18.5_{-0.1}^{+0.3}$ $Ra\ 6.3$ $98_{-0.08}^{\ 0}$ $\phi 64.3_{-1}^{\ 0}$ $190.5_{-0.1}^{+0.3}$	卧式连续拉床	
8	磨连杆体及连杆盖的接合面			双轴立式平面磨床	
9	从接合处钻连杆体螺栓孔			双面卧式钻孔组合机床	随机夹具
10	钻连杆盖螺栓孔			双面卧式钻孔组合机床	随机夹具
11	铣连杆体及连杆盖嵌轴瓦的锁扣槽		13.4　5±0.1　30.4　13.4　5±0.1　13.4	双面卧式钻孔组合机床	随机夹具
12	粗锪连杆体及连杆盖的螺栓窝座	连杆体 $\phi 25$mm 连杆盖 $\phi 29$mm	$\phi 29$　24　$\phi 25$	双面卧式锪孔组合机床	随机夹具
13	螺栓孔的两端倒角	连杆体 $\phi 22$mm×45°, $\phi 13.6$mm×45° 连杆盖 $\phi 15$mm×45°, $\phi 13.2$mm×45°		双面卧式倒角组合机床	随机夹具

（续）

序号	工序名称	工序尺寸及要求	工序简图	设备	工夹具
14	精锪连杆体及连杆盖的螺栓窝座			双面卧式倒角组合机床	随机夹具
15	去毛刺	在连杆小头衬套的孔内 ϕ5mm 油孔处		去毛刺机	喷枪
16	精加工螺栓孔	第一工位将连杆体和连杆盖合放在夹具里定位并夹紧（标记朝上）成套地放在料车上		五工位组合机床	随机夹具
	扩连杆盖上螺栓孔	第二工位 ϕ12.5mm，深 19mm			
	阶梯扩连杆盖和连杆体的螺栓孔	第二工位 ϕ13mm，深 19mm ϕ11.4H10			
	镗连杆盖和连杆体的螺栓孔	第三工位 ϕ21H10			
	铰连杆盖和连杆体的螺栓孔	第四工位 ϕ12.2H7			
17	连杆体与连杆盖的装配	用压缩空气吹净后装配		装配台	喷枪、锤子
18	在大头孔的两端面倒角	ϕ65.5mm×45°，Ra6.3 μm		双面倒角机	随机夹具
19	精磨大、小头两端面	磨有标记的一端面至尺寸 $38.20_{-0.08}^{0}$mm 磨另一端面小头至尺寸 $37.83_{-0.08}^{0}$mm，大头至尺寸 $38.95_{-0.3}^{0}$mm		双轴立式平面磨床	磨床夹具
20	粗镗大头孔	（ϕ65±0.05）mm，中心距 189.925~190.075mm		金刚镗床	镗孔夹具

工序简图标注（序号16）：90±0.2　ϕ13　尺寸相差不大于0.25　ϕ12.2$_{0}^{+0.027}$

工序简图标注（序号20）：3　ϕ65±0.05　Ra6.3　189.925~190.075

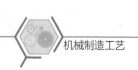

（续）

序号	工序名称	工序尺寸及要求	工序简图	设备	工夹具
21	去配重		48　去重量最小至43　　28　去重量最小至22		
22	精镗大头孔			金刚镗床	随机夹具
23	珩磨大头孔			立式珩磨机	随机夹具
24	清洗吹干				苏打水、喷枪
25	中间检验				检验夹具
26	将铜套从两端压入小头孔内	铜套有倒角的一头向里	待压　已压	双面气动压床	随机夹具
27	挤压铜套	$\phi27.5 \sim \phi27.515$mm	3　$\phi 27.5^{+0.015}_{0}$	压床	
28	小头两端倒角 $C1.5$			立式钻床	
29	镗小头铜套孔	镗小头铜套孔至 $\phi27.998 \sim \phi28.007$mm 中心距至190mm±0.05mm	$//$ | 0.03/100 | A | F　$\perp$ | $\phi0.01/100$ | G　$\sqrt{Ra\,0.4}$　$\phi 28^{+0.007}_{-0.002}$　移去定位长销　190±0.05　F　G　内胀心轴　A	金刚镗床	随机夹具
30	清洗吹干				
31	最后检验	按图样技术条件检验			
32	防锈处理				

连杆的主要加工表面为大头孔、小头孔、两端面、连杆盖与连杆体的接合面和螺栓孔等,次要表面为油孔、锁扣槽、作为工艺基准的工艺凸台等。除基本工序外,还有称重、去重、检验、清洗和去毛刺等工序。

1. 工艺过程的安排

连杆的加工顺序大致为:粗磨上、下端面—钻、拉小头孔—拉侧面—切开—拉半圆孔、接合面、螺栓孔—配作加工螺栓孔—装成合件—精加工合件—大小头孔光整加工—去重分组、检验。

连杆小头孔压入衬套后,常以金刚镗孔作为最后加工工序,大头孔常以珩磨或冷挤压作为底孔的最后加工工序。

2. 定位基面的选择

连杆加工中可作为定位基面的表面有大头孔、小头孔、上下两端面、大小头孔两侧面等。这些表面在加工过程中不断地转换基准,由粗到精逐步形成。表4-6中的工序1粗磨平面的基准是毛坯底平面,小头外圆和大头一侧;工序2仍采用平面为基准,但平面已为精基准;大头两侧面在大批生产时以两侧自定心定位,中、小批生产时为简化夹具可取一侧定位;镗大头孔时的定位基准为一个平面、小头孔和大头孔一个侧面;而镗小头孔时可选一个平面、大头孔和小头孔外圆等。

连杆加工粗基准选择要保证其对称性和孔的壁厚均匀。如图4-39所示,钻小头孔钻模是以小头外圆定位来保证孔与外圆的同轴度,使壁厚均匀。

3. 确定合理的夹紧方法

连杆相对刚度较差,要十分注意夹紧力的大小、方向及作用点的选择。图4-40所示为不正确的夹紧方法,会使连杆产生夹紧变形。

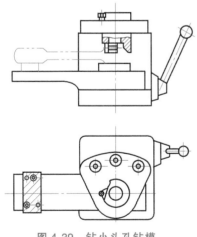

图4-39　钻小头孔钻模

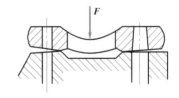

图4-40　不正确的夹紧方法

4. 连杆两端面的加工

如果毛坯精度高,可以不经粗铣而直接粗磨。精磨工序应安排在精加工大、小头孔之前,以保证孔与端面的相互垂直度要求。

图4-41所示为在双轴立式平面磨床上粗磨连杆两端面。磨床上有两根主轴,分别装有高速旋转的砂轮1和砂轮2。砂轮2比砂轮1略低一些,可分别调整磨削深度,磨削连杆的

不同端面。因此，Ⅰ、Ⅱ工位的定位基面不是等高的，第Ⅱ工位比第Ⅰ工位高，其高出量就是另一端面的加工余量。粗磨和精磨应在不同的机床上进行。

5. 连杆大、小头孔的加工

大、小头孔加工需要保证孔本身的精度、表面粗糙度要求，同时还要保证其中心线平行度精度和孔与端面的垂直度要求，小头底孔径由钻孔、倒棱、拉孔三道工序加工而成。钻孔用图 4-39 所示钻模，以保证壁厚均匀。小头孔经倒棱后，在立式内拉床上拉孔，然后压入青铜衬套，再以衬套内孔定位，在金刚镗床上精镗内孔。工序 29 工序简图所示定位夹紧方式为镗孔前大孔以内胀心轴定位，小孔插入菱形销并使端面紧贴支承面后将工件夹紧，抽出菱形销后，精镗小孔。大头孔经粗镗后切开，这时连杆体与连杆盖的圆弧均不成半圆，故在工序 7 精拉连杆体和连杆盖的侧面及接合面时，同时拉出圆弧面。此后，大头孔的粗镗、精镗、珩磨或冷挤压工序都是在合装后进行的。

6. 螺栓孔的加工

对于整体锻造的连杆，螺栓孔的加工是在切开后，接合面经精加工后进行的。这样易于保证螺栓孔与接合面的垂直度。因其精度要求较高，一般需经"钻—扩—镗—铰"等加工过程。在工序安排上分两个阶段，第一阶段是在连杆体与连杆盖分开状况下的加工（工序 9～15），第二阶段是在连杆体与连杆盖合装后的加工（工序 16）。

4.4.3　连杆的检验

连杆加工工序长，中间又安排了热处理工序，因此需经多次中间检验，最终检查项目和其他零件一样，包括尺寸精度、几何精度以及表面粗糙度的检验，只不过连杆某些要求较高而已。由于装配的要求，大、小头孔要按尺寸分组，连杆的位置精度检验要在检具上进行。如大、小头孔中心线在两个相互垂直方向上的平行度误差检验可采用图 4-42 所示方法进行。在大、小头孔中插入心轴，大头的心轴安放在两块等高的垫铁上，使大头心轴与平板平行。

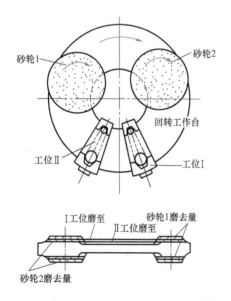

图 4-41　在双轴立式平面磨床上粗磨连杆两端面

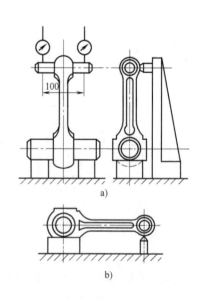

图 4-42　连杆大小头孔在两个互相垂直
方向上的平行度误差检验

将连杆置于直立位置，如图 4-42a 所示，在小头心轴上距离为 100mm 处测量高度的读数差，即为大、小头孔在连杆中心线方向的平行度误差值；工件置于水平位置时，如图 4-42b 所示，同样方法测出来的读数差，即为大、小头孔在垂直于连杆轴线方向的平行度误差值。另外，连杆还需进行无损检测，以检查其内在质量。

任务 4.5 圆柱齿轮的加工

4.5.1 认识齿轮

1. 齿轮的功用与结构特点

齿轮传动在现代机器和仪器中的应用极为广泛，其功用是按规定的速比传递运动和动力。

齿轮因使用要求不同而具有各种不同的形状，从工艺角度可将齿轮看成是由齿圈和轮体两部分构成的。按照齿圈上轮齿的分布形式，齿轮可分为直齿齿轮、斜齿齿轮、人字齿齿轮等；按照轮体的结构特点，齿轮大致分为盘形齿轮、套筒齿轮、齿条和轴齿轮等，如图 4-43 所示。

在各种齿轮中，以盘形齿轮应用最广。盘形齿轮的内孔多为精度较高的圆柱孔和花键孔，其轮缘具有一个或几个齿圈。单齿圈齿轮的结构工艺性最好，可采用任何一种齿形加工方法加工轮齿；双联或三联等多齿圈齿轮，如图 4-43b、c 所示，当其轮缘间的轴向距离较小时，小齿圈齿形加工方法的选择就受到限制，通常只能选用插齿加工。如果小齿圈精度要求高，需要精滚或磨齿加工，而轴向距离在设计上又不允许加大时，可将此多齿圈齿轮做成单齿圈齿轮的组合结构，以改善加工的工艺性。

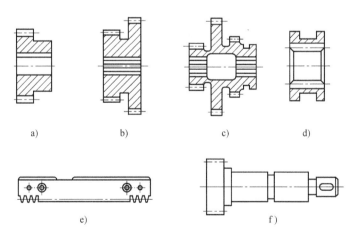

图 4-43 圆柱齿轮按结构特点分类

a)、b)、c) 盘形齿轮 d) 套筒齿轮 e) 齿条 f) 轴齿轮

2. 齿轮的技术要求

齿轮本身的制造精度对整个机器的工作性能、承载能力及使用寿命都有很大的影响。根据其使用条件，齿轮传动应满足：传递运动准确性（要求齿轮较准确地传递运动，传动比

恒定）；传递运动平稳性（要求齿轮传递运动平稳，以减小冲击、振动和噪声）；载荷分布均匀性（要求齿轮工作时，齿面接触要均匀，使齿轮在传递动力时不致因载荷分布不匀而使接触应力过大，引起齿面过早磨损）；合理的传动侧隙。

齿轮的制造精度和齿侧间隙主要根据齿轮的用途和工作条件而定。对于分度传动用的齿轮，主要要求齿轮的运动精度较高；对于高速动力传动用齿轮，为了减少冲击和噪声，对工作平稳性精度有较高要求；对于重载低速传动用的齿轮，则要求齿面有较高的接触精度，以保证齿轮不致过早磨损；对于换向传动和读数机构用的齿轮，则应严格控制齿侧间隙，必要时，须消除间隙。

国家标准 GB/T 10095.1—2008 和 GB/T 10095.2—2008 对齿轮及齿轮副规定了 13 个精度等级，0 级为最高精度等级，12 级为最低精度等级。其中 0~2 级是有待发展的精度等级，3~5 级为高精度等级，6~8 级为中等精度等级，9 级以下为低精度等级。按误差特性和传动性能的主要影响，将齿轮的各项公差分成三个组：第 I 公差组主要控制齿轮在一转内的转角误差；第 II 公差组主要控制齿轮在一个齿距角内的转角误差；第 III 公差组主要控制齿轮的接触痕迹。影响这三组精度的因素很多，有些因素又是相互转换的。在齿轮制造时，除应注意轮齿的各项精度要求外，还应重视齿坯的加工精度要求，因为齿坯内孔、轴颈、端面等表面常常是齿轮加工、安装及检验的基准。

3. 齿轮的材料、热处理和毛坯

（1）齿轮材料的选择　应按照使用时的工作条件选用合适的齿轮材料。齿轮材料选择的合适与否，对齿轮的加工性能和使用寿命都有直接的影响。

一般来说，对于低速重载的传力齿轮，齿面受压产生塑性变形和磨损，且轮齿易折断，应选用机械强度、硬度等综合力学性能较好的材料，如 18CrMnTi；线速度高的传力齿轮，齿面容易产生疲劳点蚀，所以齿面应有较高的硬度，可用 38CrMoAlA 渗氮钢；承受冲击载荷的传力齿轮，应选用韧性好的材料，如低碳合金钢 18CrMnTi；非传力齿轮可以选用不淬火钢、铸铁或夹布胶木、尼龙等非金属材料。一般用途的齿轮均用 45 钢等中碳结构钢和低中碳结构钢（如 20Cr、40Cr、20CrMnTi 等）制成。

（2）齿轮的热处理　齿轮加工中根据不同的目的，安排两类热处理工序。

1）齿坯热处理。在齿坯加工前、后安排预备热处理——正火或调质，其主要目的是消除锻造及粗加工所引起的残余应力，改善材料的切削加工性能和提高综合力学性能。齿坯正火一般都安排在齿坯粗加工之前进行，而调质处理则多安排在齿坯粗加工之后进行。因齿坯正火后，切削加工性能较好，因而生产中应用较多。

2）齿面热处理。齿形加工完毕后，为提高齿面的硬度和耐磨性，常进行渗碳淬火、高频感应淬火、碳氮共渗和渗氮处理等热处理工序。

（3）齿轮毛坯　齿轮毛坯形式主要有棒料、锻件和铸件。棒料用于小尺寸、结构简单且对强度要求不太高的齿轮。当齿轮强度要求高，并要求耐磨损、耐冲击时，多用锻件毛坯。当齿轮的直径大于 $\phi400~\phi600$mm 时，常用铸造齿坯。为了减少机械加工量，对大尺寸、低精度的齿轮，可以直接铸出轮齿；对于小尺寸、形状复杂的齿轮，可以采用精密铸造、压力铸造、精密锻造、粉末冶金、热轧和冷挤等新工艺制造出具有轮齿的齿坯，以提高劳动生产率，节约原材料。

4.5.2 齿坯的机械加工

齿形加工之前的齿轮加工称为齿坯加工，齿坯的内孔（或轴颈）、端面或外圆经常是齿轮加工、测量和装配的基准，齿坯的精度对齿轮的加工精度有着重要的影响。因此，齿坯加工在整个齿轮加工中占有重要的地位。在齿坯加工中，主要要求保证的是基准孔（或轴颈）的尺寸精度和形状精度、基准端面相对于基准孔（或轴颈）的位置和方向精度。

齿坯加工方案的选择主要与齿轮的轮体结构、技术要求和生产批量等因素有关。

1）对轴类、套筒类齿轮的齿坯，其加工工艺与一般轴类、套筒零件的加工工艺类同。

2）对盘形齿轮的齿坯，孔、端面、轮齿内外圆表面的几何精度对保证齿形加工精度有很大的影响。

图4-44所示为在转塔车床上加工齿坯，在一次安装中加工内孔和基准端面，以保证基准端面对内孔的跳动要求。然后在另一台机床上，利用已加工过的孔和端面，用内胀心轴定位夹紧工件进行多刀或单刀切削，如图4-45所示。毛坯经粗车、半精车后，以底孔和端面为基准拉出内花键，然后以内花键和一个端面定位夹紧后精车各表面。

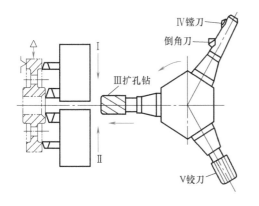

图4-44 在转塔车床上加工齿坯

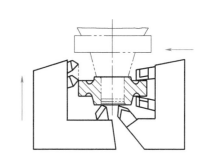

图4-45 多刀切削齿坯

① 对于大量生产的盘形齿坯，常采用的工艺方案为：以外圆及端面定位钻（或扩）内孔—拉内孔—以孔定位多刀车外圆、端面、槽及倒角等。这种工艺方案多为自动线加工，生产率很高。

② 对于成批生产的盘形齿坯，常采用的工艺方案为：以外圆或轮毂定位粗车外圆、端面及内孔—拉内孔—以孔定位精车外圆、端面等。

③ 对于单件小批生产的盘形齿坯，常采用的工艺方案为：在通用机床上经两次装夹切削完成。但应注意孔和基准端面的精加工必须在一次装夹下完成加工，以保证相互垂直度的要求。

直径较小的齿轮用棒料车成齿坯，应充分利用一次安装下切出全部齿形加工用的基准面的有利条件。总之，为保证齿轮精度，应尽可能在一次安装下切出全部齿形加工用的基准面，当难以实现时，则应采取可靠工艺措施（图4-44、图4-45所示），保证基准精度。

4.5.3 齿形加工方法

一个齿轮的加工过程是由若干工序组成的。为了获得符合精度要求的齿轮，整个加工过

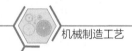

程都是围绕着齿形加工工序进行的。齿形加工方法很多，按加工中有无切屑，可分为无切屑加工和有切屑加工两大类。

无切屑加工包括热轧、冷轧、精锻、粉末冶金等新工艺。无切屑加工具有生产率高、材料消耗少、成本低等一系列的优点，目前已推广使用。但因其加工精度较低，工艺不够稳定，特别是生产批量小时难以采用。

齿形的有切屑加工具有良好的加工精度，目前仍是齿形的主要加工方法。按其加工原理可分为成形法和展成法两种。

成形法的特点是所用刀具的切削刃形状与被切齿轮轮槽的形状相同。用成形原理加工齿形的方法有用齿轮铣刀在铣床上铣齿（图4-46）、用成形砂轮磨齿、用齿轮拉刀拉齿等方法。这些方法由于存在分度误差及刀具的安装误差，所以加工精度较低，一般只能加工出9~10级精度的齿轮。此外，加工过程中需做多次不连续分齿，生产率也很低。因此，成形法主要用于单件小批生产和修配工作中加工精度不高的齿轮。

展成法是应用齿轮啮合的原理来进行加工的，用这种方法加工出来的齿形轮廓是刀具切削刃运动轨迹的包络线。齿数不同的齿轮，只要模数和齿形角相同，都可以用同一把刀具来加工。用展成原理加工齿形的方法有滚齿、插齿、剃齿、珩齿和磨齿等。其中，剃齿、珩齿和磨齿属于齿形的精加工方法。展成法的加工精度和生产率都较高，刀具通用性好，所以在生产中应用十分广泛。

1. 滚齿

（1）滚齿原理及运动　滚齿是齿形加工方法中生产率较高、应用最广的一种加工方法。

滚齿可直接加工8~9级精度齿轮，也可用作7级以上齿轮的粗加工及半精加工。滚齿可以获得较高的运动精度，但因滚齿时齿面是由滚刀的刀齿包络而成的，参加切削的刀齿数有限，因而齿面的表面粗糙度值较大。为了提高滚齿的加工精度和齿面质量，宜将粗、精滚齿分开。

在滚齿机上用齿轮滚刀加工齿轮的原理，相当于一对交错轴的斜齿轮副做无侧隙强制性的啮合。滚刀实质上可以看成一个齿数很少（单头滚刀齿数为1）的斜齿轮。因其齿数少，螺旋角又很大，而且轮齿很长，可以绕轴线很多圈，所以形成蜗杆状。为了形成切削刃和前、后角，在这个蜗杆上开槽和铲齿，就形成了滚刀。一对交错轴的斜齿轮副的正确啮合，其轮齿必须能与同一假想齿条正确啮合，如图4-47所示。为此，必须要求两个齿轮在同一假想齿条的法向剖面中，具有相同的齿距和齿形角。滚齿过程中，滚刀和被加工齿轮之间的要求也是如此，由于齿距和齿形可用模数、齿形角、螺旋角等来确定。因此，上述要求可以表述为：

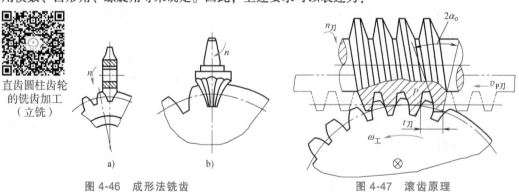

直齿圆柱齿轮
的铣齿加工
（立铣）

图4-46　成形法铣齿　　　　　　图4-47　滚齿原理
a）模数盘铣刀　b）指形齿轮铣刀

① 滚刀的法向模数 m_n 和法向齿形角 α_n 应与被切齿轮的相应参数相同。

② 为使滚刀的螺旋方向与被加工齿轮相切于同一假想齿条，滚刀轴线应与齿轮端面倾斜一个 $\gamma_安$（安装角），如图 4-48 所示。在滚切直齿圆柱齿轮时，$\gamma_安 = \lambda_f$（λ_f 为滚刀的螺旋升角），如图 4-48a 所示。在滚切斜齿轮时，如图 4-48b、c 所示，$\gamma_安 = \beta_f \pm \gamma_f$（$\beta_f$ 为齿轮的螺旋角）。当滚刀与工件的螺旋方向相反时，取 "+"，如图 4-48b 所示；相同时，取 "–"，如图 4-48c 所示。

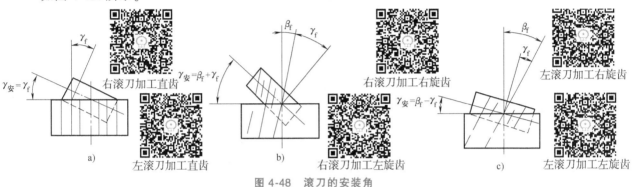

图 4-48　滚刀的安装角

a）滚切直齿　b）螺旋方向相反　c）螺旋方向相同

由此可见，当滚刀的螺旋方向与被加工齿轮的螺旋方向相同时，滚刀轴线的倾斜度较小，所用滚刀边缘刀齿不会因过载而影响寿命，尤其在螺旋角 β_f 较大时更是如此。且滚刀螺旋方向与齿坯螺旋方向相同时，可以消除工作台分度蜗轮副的啮合间隙，减少滚齿时的振动，从而提高滚齿的加工精度和减小表面粗糙度值。

加工直齿轮和 $\beta_f < 10°$ 的斜齿轮时，一般选用右旋滚刀；加工 $\beta_f > 10°$ 的斜齿轮时，则应取滚刀螺旋方向与被加工齿轮螺旋方向相同。

③ 滚刀和被加工齿轮必须强制性地保持一对交错轴斜齿轮副相啮合的关系，如图 4-49 所示，即

$$\frac{n_刀}{n_工} = \frac{z_工}{K}$$

式中　$n_刀$——滚刀每分钟转数（r/min）；

　　　$n_工$——工件每分钟转数（r/min）；

　　　$z_工$——工件的齿数；

　　　K——滚刀的头数。

当滚切斜齿轮时，除了滚刀的旋转与工件的旋转完成展成运动，以及滚刀沿工件轴线方向移动切出全部齿宽的运动外，齿坯还需附加一个转动，以便形成沿齿宽方向的螺旋线形状，如图 4-50a 所示。当滚刀由 A 点走到 A_1 点时，只能切出直齿，如工件多转一段距离 $\overset{\frown}{BA_1}$，加工出的就是斜齿。

附加多转或少转值可按照斜齿轮螺旋角 β_f 与导程 T 的关系 $\tan\beta_f = \dfrac{\pi m}{zT}$ 算出，如图 4-50b 所示。然后由机床的差动机构将附加转动和分齿运动合成后进行滚切。

（2）提高滚齿生产率的途径　滚齿时的单件时间 $T_单件$ 可按下式计算：

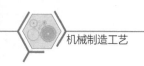

图 4-49 滚齿运动

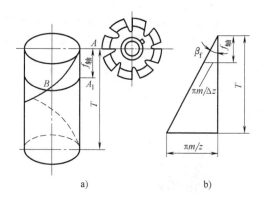

图 4-50 滚斜齿轮原理

$$T_{单件} = \frac{(A+B)\,z_工}{n_刀\,f_轴\,K} + T_{辅助}$$

式中 A——滚刀轴向切入长度（mm）；

   B——工件齿圈宽度（mm）；

   $f_轴$——工件轴向进给量（mm/$r_{工件}$）；

   $T_{辅助}$——辅助时间（min）。

式中的 B 和 $z_工$ 对具体的工件来说，是一个常数。因此，为减少单件加工时间，达到提高生产率的目的，应从增大 $n_刀$、$f_轴$、K 或减小 A 和 $T_{辅助}$ 着手。

① 高速滚齿。由于刀具寿命低、机床刚度差、机床功率小，一般高速钢滚刀滚齿的切削速度为 35~45m/min，而高速滚齿的切削速度高达 200~250m/min 以上。采用高速滚齿的滚齿机必须刚度好，且功率大，并且刀具寿命高。

目前，我国已设计和制造了高速滚齿机，同时生产出了适合高速滚齿的铝高速钢滚刀。滚齿速度由一般 $v_c = 30$m/min 提高到 $v_c = 100$m/min 以上，轴向进给量 $f = 1.38 \sim 2.6$mm/r，使生产率提高了 25%，同时，滚齿质量稳定，表面粗糙度值低。

② 加大滚齿的轴向进给量。增大 $f_轴$，将使机床功率消耗增大，并要求机床具有足够的刚度。与高速滚齿相比，加大滚齿的进给量加工后的齿轮质量较差，因此仅限于大模数齿轮的粗加工。

③ 采用大直径滚刀。采用大直径滚刀后增加了滚刀圆周上的刀齿数，孔径也可增大。刀齿数的增多使包络齿面的切线数增加，切削更为平稳，轮齿表面粗糙度值减小，对模数较小的齿轮一个工作行程即可切成。孔径增大，提高了滚刀刀杆的刚度，可以采用较大的切削用量。因此，大直径滚刀广泛应用于大量生产中的剃前加工。但滚刀直径的加大，将使切入长度 A 加大，如图 4-51a 所示。因此采用大直径滚刀应与径向切入配合，以便更有效地缩短机动时间，如图 4-51b 所示。

④ 采用多头滚刀。采用多头滚刀，可显著提高生产率，但加工精度较低，齿轮表面粗糙度较大，因而多用于粗加工中。当齿轮加工精度要求较高时，可采用大直径滚刀，使参加展成运动的刀齿数增加，加工后齿轮表面粗糙度值较小。

⑤ 采用对角滚齿。普通滚齿在滚齿过程中，不是全部刀齿都参与切削。因此，滚刀参

项目4　典型零件加工

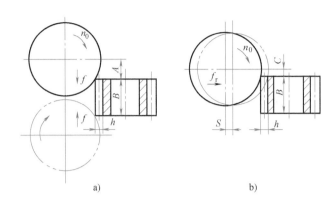

图 4-51　滚刀切入法
a）轴向切入　b）径向切入

与切削的刀齿载荷不等，磨损不均，使滚刀寿命和滚齿的生产率难以提高。对角滚齿是滚刀在沿齿坯轴向进给的同时，还增加了切向进给运动（沿滚刀刀杆轴向连续移动），如图 4-52a 所示。

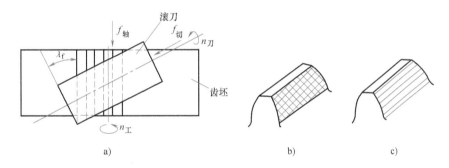

图 4-52　对角滚齿及齿痕对比
a）对角滚齿原理　b）对角滚齿齿痕　c）普通滚齿齿痕

这样，滚刀的运动变成了轴向进给 $f_{轴}$ 和切向进给 $f_{切}$ 两种运动的合成，加上分齿运动和相应的附加运动，结果滚刀进给运动的轨迹就成了对角线形，使齿面形成对角线刀痕，如图 4-52b 所示。

对角滚齿的优点在于增加了沿滚刀刀杆轴向连续移动的切向进给后，使得滚刀在全长上所有刀齿均参与切削，使刀齿的载荷均匀，从而使刀齿磨损均匀，提高了刀具的使用寿命，便于在滚齿时加大切削用量，达到提高生产率的目的。

采用对角滚齿的滚刀要比普通滚齿的滚刀要长一些。较经济的对角滚齿用的滚刀长度为标准滚刀长度的 1.3~1.8 倍。另外，对角滚齿要求机床具有切向进给的刀架。

对角滚齿滚出的齿面痕迹不像普通滚齿齿痕（图 4-52c），而是交叉的网形。因此，轮齿表面粗糙度值较低，为进一步剃齿或挤齿提供了有利条件。

此外，对于盘形齿轮还可采用多件安装，以减少切入长度和缩短辅助时间，同样能达到提高生产率的目的。

2. 插齿

（1）插齿原理及运动　插齿与滚齿一样，也是利用展成原理加工齿轮。插齿刀与工件

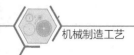

相当于一对轴线相互平行的圆柱齿轮相啮合，如图 4-53 所示，插齿刀实质上就是一个磨有前、后角并具有切削刃的齿轮。

插齿加工时，插齿刀与工件的主要运动有：

1) 切削运动。插齿刀的上、下往复运动实现切削运动。

2) 分齿运动。插齿刀与工件之间应保持一对圆柱齿轮的正确啮合关系。由插齿机的传动链提供强制性啮合运动，传动比 i 满足：

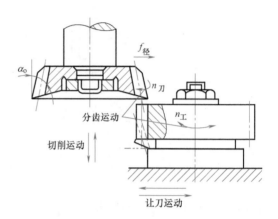

$$i = \frac{n_刀}{n_工} = \frac{z_工}{z_刀}$$

式中　$n_刀$——插齿刀的转速（r/min）；

$n_工$——工件的转速（r/min）；

$z_工$——工件的齿数；

$z_刀$——插齿刀的齿数。

图 4-53　插齿原理

3) 径向进给运动。插齿时，靠插齿机凸轮机构等实现径向进给。当切至全齿深时，插齿刀自动停止径向进给，然后在无进给的情况下切出整圈轮齿。

4) 圆周进给运动。插齿刀每往复一个行程，工件相对刀具在分度圆上转过的弧长，称为圆周进给量，故插齿刀与工件的啮合过程也就是圆周进给过程。

5) 让刀运动。插齿刀做上下往复运动时，向下是切削行程，向上是空行程。为了避免刀具擦伤已加工的齿面并减少刀齿的磨损，在插齿刀向上运动（空行程）时，工作台带动工件退出切削区一段距离（径向）。插齿刀加工时，工作台再恢复原位。

（2）提高插齿生产率的途径

1) 高速插齿。增加插齿每分钟往复行程次数，减少插齿的机动时间，从而提高了生产率。有的插齿机往复行程次数可达 1200~1500 次/min，最高的可达到 2500 次/min，比常用的插齿速度提高了 3~4 倍。

2) 提高圆周进给量。提高圆周进给量，加快展成运动速度，从而提高了插齿效率，但提高圆周进给量，插齿刀的回程让刀量也随之增加，容易引起振动和加快机构磨损，且加工后的轮齿表面粗糙度也会受到影响。因此，宜将粗、精插齿分开。新型插齿机均备有加工余量预选分配装置以及低速大进给粗插和高速小进给精插的自动转换结构，实现加工过程的自动循环。

3) 充分发挥现有插齿刀的切削性能和改进刀具参数，提高插齿刀寿命。例如现有的 W18Cr4V 高速钢插齿刀在约 20m/min 的切削速度下工作，并未充分发挥刀具的切削性能，在精插时完全可以将其提高到 $v_c = 60m/min$ 左右。又如将标准插齿刀的前角 $\gamma_o = 5°$、后角 $\alpha_o = 6°$ 增大到 $\gamma_o = 15°$、$\alpha_o = 9°$，刀具寿命可提高 3 倍左右。再如在插齿刀前刀面上磨出 1~1.5mm 宽的平台，也可提高刀具寿命 30% 左右。

此外，采用串联安装实现多件加工，以减少空行程，对齿宽很小的齿轮能成倍地提高生产率。

目前已经采用的多把插齿刀进行插齿加工的插齿机，其生产率的提高更为显著。

（3）插齿的工艺特点　插齿和滚齿相比，在加工质量和生产率方面都有其特点。

1）插齿的齿形精度比滚齿高。滚齿时，形成齿形包络线的切线数量只与滚刀容屑槽的数目和基本蜗杆的头数有关，它不能通过改变加工条件而增减；但插齿时，形成齿形包络线的切线数量由圆周进给量的大小决定，并可以选择。此外，制造齿轮滚刀时，是用阿基米德基本蜗杆来替代渐开线基本蜗杆，这就产生了齿形误差。而插齿刀的齿形比较简单，可通过高精度磨齿获得精确的渐开线齿形。所以插齿可以得到较高的齿形精度。

2）插齿后轮齿的表面粗糙度值比滚齿后的小。因为滚齿时，滚刀在齿向方向上做间断切削，形成鱼鳞状波纹；而插齿时插齿刀沿齿向方向的切削是连续的，所以插齿时轮齿的表面粗糙度值较小。

3）插齿的运动精度比滚齿差。因为插齿机的传动链比滚齿机多了一个刀具蜗杆副，即多了一部分传动误差。另外，插齿刀的一个刀齿相应切削工件的一个齿槽，因此，插齿刀本身的齿距累积偏差必然会反映到工件上。而滚齿时，因为工件的每一个齿槽都是由滚刀相同的2~3圈刀齿加工出来的，故滚刀的齿距累积偏差不影响被加工齿轮的齿距精度，所以滚齿的运动精度比插齿高。

4）插齿的齿向误差比滚齿大。插齿时的齿向误差主要取决于插齿机主轴回转轴线与工作台回转轴线的平行度误差。由于插齿刀工作时往复运动的频率高，使得主轴与套筒之间的磨损大，因此插齿的齿向误差比滚齿大。

因此，从加工精度方面来看，对运动精度要求不高的齿轮，可直接用插齿来进行齿形精加工，而对于运动精度要求较高的齿轮和剃前齿轮（剃齿不能提高运动精度），则用滚齿较为有利。

5）插齿的生产率。切制模数较大的齿轮时，插齿速度受到插齿刀主轴往复运动惯性和机床刚度的制约，切削过程又有空程的时间损失，故生产率不如滚齿高。只有在加工小模数、多齿数和齿宽较窄的齿轮时，插齿的生产率才比滚齿高。

（4）滚齿与插齿的应用范围

1）加工带有台阶的齿轮以及空刀槽很窄的双联或多联齿轮，只能用插齿。这是因为插齿刀切出时只需要很小的空间，而滚齿时滚刀会与大直径部位发生干涉。

2）加工无空刀槽的人字齿轮时，只能用插齿。

3）加工内齿轮、扇形齿轮和齿条，只能用插齿。

4）加工蜗轮只能用滚齿。

5）加工斜齿圆柱齿轮，滚齿与插齿都可用，但滚齿比较方便。插制斜齿轮时，插齿机的刀具主轴上须设有螺旋导轨，来提供插齿刀的螺旋运动，并且要使用专门的斜齿插齿刀，所以很不方便。

3. 剃齿

（1）剃齿原理及运动　用圆盘剃齿刀剃齿的过程，就是剃齿刀与被剃齿轮以交错轴斜齿轮副双面紧密贴合的自由对滚切削的过程。剃齿刀实质上就是一个高精度的斜齿轮，只是为了形成切削刃，在齿面上沿渐开线方向开有许多小槽而已，如图4-54a所示。

如图4-54b所示，一把左旋剃齿刀和右旋齿轮相啮合，在啮合点 O，剃齿刀有圆周速度 $v_刀$，工件绕自身轴线转动，有圆周速度 $v_工$。$v_刀$ 和 $v_工$ 都可以分解成齿的法向分量（$v_{刀法}$ 和

$v_{工法}$）和切向分量（$v_{刀切}$和$v_{工切}$）。由于啮合点的两个法向分量必须相等，即$v_{刀法}=v_{工法}$，即$v_{刀}\cos\beta_{刀}=v_{工}\cos\beta_{工}$。这时两个切向分量将不会相等，因而产生了相对滑动。因为剃齿刀的齿面上有许多小槽，这些小槽与齿侧面的交线就是切削刃，所以当齿轮齿面沿它相对滑动时，就产生切削作用，切下很细的切屑。这个相对滑移速度就是切削速度$v_{切}$。

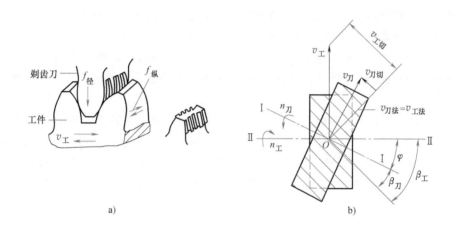

图 4-54 剃齿刀及原理

a）剃齿刀 b）剃齿原理

$$v_{切}=v_{工切}\pm v_{刀切}=v_{工}\ \sin\beta_{工}\pm v_{刀}\ \sin\beta_{刀}=v_{刀}\left(\frac{\cos\beta_{刀}}{\cos\beta_{工}}\sin\beta_{工}\pm\sin\beta_{刀}\right)$$

$$=v_{刀}\left(\frac{\cos\beta_{刀}\ \sin\beta_{工}}{\cos\beta_{工}}\pm\frac{\sin\beta_{刀}\ \cos\beta_{工}}{\cos\beta_{工}}\right)=v_{刀}\frac{\sin\left(\beta_{工}\pm\beta_{刀}\right)}{\cos\beta_{工}}=\frac{v_{刀}}{\cos\beta_{工}}\sin\varphi$$

式中 φ——剃齿刀和工件间轴线的夹角；$\varphi=\beta_{工}\pm\beta_{刀}$。$\beta_{工}$、$\beta_{刀}$分别为工件与刀具的螺旋角。

可见，剃齿的切削速度随φ角变化，φ角越大，切削速度越大，当$\varphi=0$时，切削速度为零，即没有切削速度。剃直齿圆柱齿轮时，$\beta_{工}=0$，$\varphi=\beta_{刀}$，则$v_{切}=v_{刀}\sin\beta_{刀}$。

剃齿时，剃齿刀和齿轮是无侧隙啮合，剃齿刀的两侧均能进行切削。但是，当向一个方向旋转时，剃齿刀两侧的切削条纹方向不一样，会造成轮齿两侧切除金属不等。因此，剃削时应交替地进行正反转动。普通剃齿方法应具有：剃齿刀的高速正、反旋转；工件沿轴向的往复运动（用以剃出全齿宽）；工件往复一次后的径向进给运动。

（2）剃齿方法

① 轴向剃齿法（普通剃齿法）。即机床工作台的往复运动方向与工件轴线相平行的剃齿方法，如图 4-55 所示。剃齿时，齿轮的轴向移动使啮合点从工件一端顺次通过每一横截面移至另一端（$P_1\rightarrow P_2$），从而使全齿宽上获得均匀剃削。工作台单行程结束后，剃齿刀向工件径向进给，然后反向旋转，同时工作台

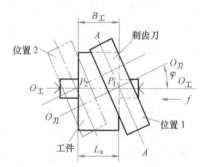

图 4-55 轴向剃齿法

也反向移动。如此循环进行，直至剃削到预定尺寸为止。这种剃齿方法能用较窄的标准剃齿刀剃削较宽的齿轮，工艺简单，通用性好，是目前使用最多的方法。其缺点在于剃齿刀的工作部分只是 $A—A$ 横截面一圈（实际为宽度不大的一狭带），造成局部磨损，剃齿刀不能充分利用。此外，工作台行程较长，生产率较低，而且不能剃削轴向距离较近的多联齿轮中的小齿轮。

② 对角剃齿法。即机床工作台的运动方向与被加工齿轮轴线方向有一个夹角 γ，如图 4-56 所示。对角剃齿时，刀具与工件啮合点随工作台移动而变化。因此，剃齿刀在整个齿宽上磨损较为均匀，有利于提高刀具寿命，径向进给量也就可以增加。用这种方法加工，行程可随角 γ 的增大而减小，比轴向剃齿短。行程的最短长度由下式计算：

$$L_{\text{smin}} = BC = \frac{\sin\varphi}{\sin(\gamma + \varphi)} B_{\text{工}}$$

γ 一定时，当工件宽度增加，剃齿刀宽度也要增大。工件宽度 $B_{\text{工}}$ 与剃齿刀宽 $B_{\text{刀}}$ 之间的关系如下：

$$B_{\text{刀}} = AC = B_{\text{工}} \frac{\sin\gamma}{\sin(\gamma + \varphi)}$$

式中　　L_{smin}——最小行程长度（mm）；

　　　　$B_{\text{刀}}$——剃齿刀的最小宽度（mm）；

　　　　$B_{\text{工}}$——工件宽度（mm）；

　　　　φ——工件与剃齿刀的轴心线夹角（°）；

　　　　γ——工件轴线与进给方向间的倾斜角（°），一般不超过 15°。

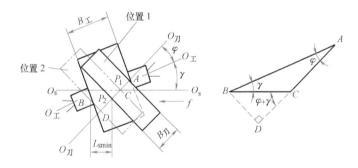

图 4-56　对角剃齿法

对角剃齿法生产率比普通剃齿法高 3～4 倍，刀具寿命约可提高一倍，同时由于刀具与齿轮干涉的可能性减小，故可以剃削两个齿圈相距很近的齿轮，但要求剃齿机工作台可调角度。并且由于缩短了工作行程，增加了单位时间的切削量，切削力和消耗的功率增加，故要求机床有较高的刚度和较大的功率。此外，还要求调整啮合点的变化范围正好在剃齿刀有效工作长度内，调整的工艺水平要求高。

③ 切向剃齿法。当工作台往复运动的方向和被加工齿轮的轴线方向夹角 γ 增大到 90° 时，对角剃齿就变成了切向剃齿。这使工作台的行程更短，生产率更高。

采用切向剃齿法可预先将中心距调好，一个工作行程中将余量全部切除，因此所切齿轮的尺寸误差较小。

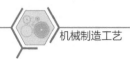

（3）剃齿特点

1）剃齿加工精度一般为 6~7 级，表面粗糙度值为 $Ra0.8~0.4\mu m$，用于未淬火齿轮的精加工。

2）剃齿加工的生产率高，加工一个中等尺寸的齿轮一般只需 2~4min，与磨齿相比较，可提高生产率 10 倍以上。因此，剃齿在大批大量生产中被广泛采用。

3）由于剃齿加工是自由啮合，机床无展成运动传动链，故机床结构简单，机床调整容易。

（4）剃齿加工质量　为了保证剃齿质量，对剃前齿轮材料与精度、剃齿余量、选用的剃齿刀均有要求。

齿轮材料要求密度均匀，无局部缺陷，韧性不得过大，以免出现滑刀和啃切现象，影响表面粗糙度。剃前齿轮硬度在 22~32HRC 范围内较合适。

由于剃齿是自由啮合，无强制的分齿运动，故分齿均匀性无法控制。由于剃齿加工不能修正公法线长度变动量，剃齿前应保证其在允许的变动范围内，并严格控制影响公法线长度变动量的有关误差因素。剃齿一般能提高一级精度。

剃齿余量的大小，对加工质量及生产率均有一定影响。余量不足，剃前误差和轮齿表面缺陷不能全部除去；余量过大，剃齿效率降低，刀具磨损快，剃齿质量反而变差。

剃齿刀的制造精度分 A、B、C 三级，分别加工 6、7、8 级精度的齿轮。剃齿刀分度圆直径随模数大小有三种：85mm、180mm、240mm，其中分度圆直径为 240mm 的剃齿刀应用最普遍。剃齿刀分度圆螺旋角有 5°、10°、15°三种。其中，分度圆螺旋角为 15°的剃齿刀多用于加工直齿圆柱齿轮，分度圆螺旋角为 5°的剃齿刀多用于加工斜齿轮和多联齿轮中的小齿轮。在剃削斜齿轮时，轴交角 φ 不宜超过 10°~20°，不然剃削效果不好。剃齿刀安装后，应仔细检查径向圆跳动误差和轴向圆跳动误差。轴交角通过试切调整。

此外，工件的安装、切削用量的选择和正确操作对剃齿质量均有影响。

4. 珩齿

淬火后的齿轮轮齿表面有氧化皮，影响轮齿表面粗糙度，热处理的变形也影响齿轮的精度。由于工件已淬硬，除可用磨削加工外，也可以采用珩齿进行齿轮精加工。

珩齿原理与剃齿相似，珩齿时珩轮与工件像交错轴斜齿轮副一样无侧隙自由啮合，利用啮合处的相对滑动，并在齿面间施加一定的压力来进行珩齿。

珩齿时的运动和剃齿相同。即珩轮带动工件高速正、反向转动，工件沿轴向往复运动及工件径向进给运动。与剃齿不同的是开车后一次径向进给到预定位置，故开始时齿面压力较大，随后逐渐减小，直到压力消失时珩齿便结束。

珩轮由磨料（通常用粒度为 F80~F180 的刚玉）和环氧树脂等原料混合后在铁芯上浇铸而成。

与剃齿相比较，珩齿具有以下工艺特点：

1）珩轮结构和磨轮相似，但珩齿速度较低（通常为 1~3m/s），加之磨粒粒度较细，珩轮弹性较大，故珩齿过程实际上是一种低速磨削、研磨和抛光的综合过程。

2）珩齿时，由于存在齿面间隙，除沿齿向有相对滑动外，沿齿形方向也存在滑动，因而齿面形成复杂的网纹，提高了齿面质量，其表面粗糙度值可达 $Ra0.8~0.4\mu m$。

3）珩轮弹性较大，对珩前齿轮的各项误差修正作用不强。因此，对珩轮本身的精度要求不高，珩轮误差一般不会反映到被珩齿轮上。

4）珩轮主要用于去除热处理后齿面上的氧化皮和毛刺。珩齿余量一般不超过 0.025mm，珩轮转速达到 1000r/min 以上，纵向进给量为 0.05~0.065mm/r。

5）珩轮生产率甚高，一般一分钟珩一个，通过 3~5 次往复即可完成。

5. 冷挤齿轮

冷挤齿轮是一种齿轮的无切屑光整加工新工艺。

冷挤齿轮原理如图 4-57 所示，将留有挤齿余量的齿轮置于两个高精度淬硬挤轮之间，挤轮和工件在一定压力下做无间隙对滚，挤轮做连续径向进给，齿廓表面层的金属产生塑性变形。挤齿就是通过表层变形来修正挤前齿轮误差的。由于挤轮宽度大于齿轮宽度，挤齿时无须轴向进给。

挤齿和剃齿一样，适用于淬火前的齿形精加工。挤齿与剃齿比较，具有以下特点：

1）挤齿的生产率高于剃齿。

2）质量稳定。挤齿机结构简单、刚度好，挤齿运动比剃齿简单，挤轮寿命长，因而挤出的齿轮质量稳定，挤齿可达 7-6-6 级精度，甚至更高。

3）表面粗糙度值小。挤齿时余量被烫压平整的同时，有些表面划伤或缺陷也容易被填平，从而使表面粗糙度值减小，可达 $Ra0.4~0.1\mu m$。

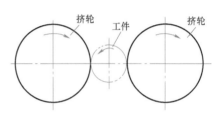

图 4-57　冷挤齿轮原理

4）挤前齿轮表面要求比剃齿低，因而可增大滚齿、插齿等挤前工序的进给量。

5）挤齿机床与挤轮的制造成本较低。

6）挤齿时齿轮与挤轮轴线平行，因而挤多联齿轮不受限制。但对模数相同，螺旋角不同的斜齿轮，需要为螺旋角不同的齿轮配备相应的挤轮，而剃齿时一把刀具即可满足要求。

7）挤齿对余量分布形式没有剃齿要求严格，在整个齿高上的余量可以均匀分布。

6. 磨齿

磨齿是目前齿形加工中精度最高的一种方法。它既可磨削未淬硬齿轮，也可磨削淬硬的齿轮。磨齿精度可达 4~6 级，轮齿表面粗糙度值为 $Ra0.8~0.2\mu m$，对齿轮误差及热处理变形有较强的修正能力，多用于硬齿面高精度齿轮及插齿刀、剃齿刀等齿轮刀具的精加工。其缺点是生产率低，加工成本高，故适用于单件小批生产。

（1）磨齿原理及方法　根据齿面渐开线的形成原理，磨齿方法分为成形法和展成法两类。成形法磨齿是用成形砂轮直接磨出渐开线齿形，目前应用甚少。展成法磨齿是将砂轮工作面制成假想齿条的两侧面，通过与工件的啮合运动包络出齿轮的渐开线齿面。

①双片蝶形砂轮磨齿。如图 4-58 所示，两片蝶形砂轮倾斜安装后即构成假想齿条的两个齿侧面。磨齿时砂轮只在原位旋转；展成运动由工件在水平面内做往复移动及相应的正、反转动实现。为了磨出工件全齿宽，工件还必须沿其轴线方向做往复运动。当一个齿槽的两侧面磨完后，工件快速退出砂轮，经分度后再进入下一个齿槽位置的齿面加工。这种磨齿方法用来加工直齿或斜齿圆柱齿轮，加工精度可达 4~7 级，是磨齿中精度最高的一种。但该法每次进给磨去的余量很小，生产率很低，因此适用于磨削高精度的圆柱齿轮。

②双锥面砂轮磨齿。如图 4-59 所示，砂轮截面呈锥形（相当于假想齿条的一个轮齿），

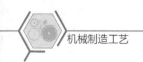

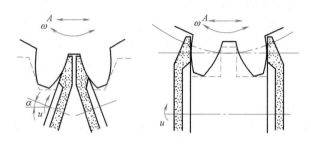

图 4-58　双片蝶形砂轮磨齿

磨齿时，砂轮边旋转边沿齿向快速往复移动。展成运动由工件的旋转和相应的移动实现。在工件的一个往复过程中，先后磨出齿槽的两个侧面，然后工件快速退出砂轮，经分度后再进入下一个齿槽位置的齿面加工。其中，图 4-59a、b 所示为砂轮内、外锥面磨齿法，适用于单件小批生产；图 4-59c 所示为砂轮内、外锥面同时磨齿法，生产率较高，但磨齿精度低。

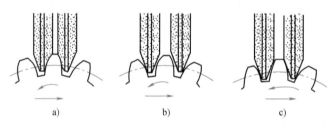

a)　　　　　　　　　　b)　　　　　　　　　　c)

图 4-59　双锥面砂轮磨齿

③ 蜗杆砂轮磨齿。如图 4-60 所示，砂轮做成蜗杆形状。这种磨齿方法的磨齿原理与滚齿相似，蜗杆砂轮相当于滚刀，生产率高，磨齿精度可达 5~7 级。

磨齿的生产效率与预留磨齿余量的大小关系很大。对中等模数齿轮，在齿轮公法线长度上磨齿余量一般为 0.15~0.3mm。磨齿余量的大小取决于磨齿前的齿轮精度，特别对径向跳动量要加以控制，尽量取余量的偏小值。

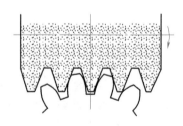

图 4-60　蜗杆砂轮磨齿

（2）提高磨齿精度的措施

1）合理选择砂轮。砂轮材料选用白刚玉（WA），硬度以软、中软为宜。粒度则根据所用砂轮外形和表面粗糙度要求而定，一般在 F46~F80 的范围内选取。对蜗杆型砂轮，粒度应选得细一些。因为其展成速度较快，为保证齿面较低的表面粗糙度值，粒度不宜较粗。此外，为保证磨齿精度，砂轮必须经过精确平衡。

2）提高机床精度。主要是提高工件主轴的回转精度，如采用高精度轴承，提高分度盘的齿距精度，并减少其安装误差等。

3）采用合理的工艺措施。按工艺规程进行操作；对齿轮进行反复的定性处理和回火处理，以消除因残余应力和机械加工而产生的内应力；提高工艺基准的精度，减少孔和轴的配合间隙对工件的偏心影响；隔离振动源，防止外来干扰；磨齿时室温保持稳定，每磨一批齿轮，其温差不大于 1°C；精细修整砂轮，所用的金刚石必须锋利。

（3）提高磨齿效率的措施　提高磨齿效率主要是通过减少工作行程，缩短行程长度及提

高磨削用量等来实现的。常用措施有：磨齿余量要均匀，以便有效地减少工作行程；缩短展成长度，以便缩短磨齿时间；粗加工时可用无展成磨削；采用大气孔砂轮，以增大磨削用量。

4.5.4 圆柱齿轮机械加工工艺过程分析

齿轮加工的工艺路线根据齿轮材质和热处理要求、齿轮结构及尺寸大小、精度要求、生产批量和车间设备条件而定，加工一个齿轮大致要经过毛坯热处理、齿坯加工、齿形加工、齿端加工、齿圈热处理、精基准修整、齿形精加工等，概括起来为齿坯加工、齿形加工、热处理和齿形精加工四个步骤。

批量生产如图 4-61 所示的齿轮，表 4-7 为该齿轮的机械加工工艺过程。

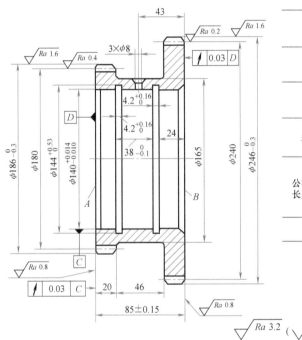

齿数	60	80
模数/mm	3	3
压力角	20°	20°
精度等级	7-FL	6-5-5-FL
公法线平均长度及偏差/mm	$60.088^{-0.150}_{-0.205}$	$78.641^{-0.160}_{-0.210}$
跨测齿数	7	9

技术要求

1. 未注倒角C1。

2. 材料：40Cr。

3. 热处理：齿部高频感应淬火50～55HRC。

图 4-61 齿轮简图

表 4-7 齿轮的机械加工工艺过程

工序号	工序内容	定位基准
1	锻:锻造毛坯	
2	热处理:正火	
3	粗车:粗车内外圆,B 面放长	B 面和外圆
4	热处理:正火	
5	精车:夹 B 端外圆,车 $\phi 186^{0}_{-0.3}$ mm 及 $\phi 165$mm 至尺寸 车 $\phi 140$mm 孔为 $\phi 138^{+0.04}_{0}$mm,光 A 面、倒角 调头,车 $\phi 246^{0}_{-0.3}$mm,光 B 面,留磨削余量	B 面和外圆 A 面和外圆
6	平磨:平磨 B 面,保证85mm±0.15 mm尺寸	A 面
7	划线:划 $3\times\phi 8$mm 油孔位置线	
8	钻:钻 $3\times\phi 8$mm 油孔,孔口倒角至图样要求	B 面和内孔

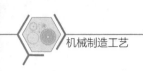

（续）

工序号	工序内容	定位基准
9	钳:内孔去毛刺	
10	滚齿:滚齿 $z=80$, $L=78.841_{-0.210}^{-0.160}$ mm(即留磨余量 0.2 mm), $n=9$	B 面和内孔
11	插齿:插齿 $z=60$, $L=60.088_{0}^{+0.090}$ mm, $n=7$	B 面和内孔
12	齿倒角:齿倒圆角,去齿部毛刺	B 面和内孔
13	剃齿:剃齿 $z=60$, $L=60.088_{-0.21}^{-0.09}$ mm, $n=7$	B 面和内孔
14	热处理:齿部高频感应淬火,50~55HRC	
15	精车:精车 $\phi140_{-0.010}^{+0.014}$,车槽至尺寸要求	B 面和内孔
16	珩齿:珩齿 $z=60$, $L=60.088_{-0.205}^{-0.150}$ mm, $n=7$	B 面和内孔
17	磨齿:磨齿 $z=80$, $L=78.641_{-0.210}^{-0.160}$ mm, $n=9$	B 面和内孔
18	检验	
19	入库	

齿形加工是保证加工精度的关键阶段。其加工方案的选择,主要取决于齿轮的精度等级、生产批量和热处理方法等。

1）对于 8 级及 8 级以下精度的不淬硬齿轮,可用滚齿或插齿直接达到加工精度要求。

2）对于 8 级及 8 级以下精度的淬硬齿轮,采用"滚（插）齿—齿面淬硬—修整内孔"的加工方案。但在淬火前应将精度提高一级。

3）对于 6~7 级精度的不淬硬齿轮,可采用"滚齿—剃齿（挤齿）"加工方案。

4）对于 6~7 级精度的淬硬齿轮,当批量较小时,可用"滚（插）齿—齿面淬硬—修整内孔—磨齿"的加工方案;当批量大时,可用"滚（插）齿—剃齿—齿面淬硬—修整内孔—珩齿"的加工方案。

5）对于 5 级及 5 级精度以上的齿轮,可采用"粗滚（插）齿—精滚（插）齿—齿面淬硬—粗磨齿—精磨齿"的加工方案。

例如表 4-7 中, $z=60$ 的齿轮（7 级精度）采用"插齿—剃齿—高频淬火—珩齿"的加工方案, $z=80$ 的齿轮（6 级精度）采用"滚齿—高频淬火—磨齿"的加工方案。

齿轮的加工应重视齿端加工和基准孔的修整工作。

齿端的加工方式有倒圆、倒尖、倒棱和去毛刺等。倒圆、倒尖、倒棱（图 4-62）后的齿轮,沿轴向移动时容易进入啮合。倒棱可去除齿端的锐边,这些锐边经渗碳淬火后很脆,在齿轮传动中易崩裂。齿端加工必须安排在齿轮淬火之前,通常多在滚（插）齿之后。

齿轮淬火后,其基准孔常发生变形,孔直径缩小 0.01~0.05mm。为确保齿形精加工的质量,必须对基准孔进行修整。修整的方法一般采用推孔和磨孔。对于成批或大量生产的未淬硬的外径定心的花键孔及圆柱孔齿轮,常采用拉孔方法。拉孔的生产率高,并可加长拉刀前导引部分来保证推孔的精度。对于小径定心的花键孔或已淬硬的齿轮,以磨孔为好。磨孔时常采用齿轮的分度圆定心,如图 4-63 所示,用三个或六个滚子自动定心夹具装夹在内圆磨床的卡盘里,进行磨孔。磨孔精度高,但效率低,因此,推孔能满足要求时,尽量不采用磨孔。

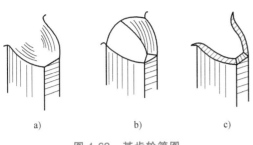

图 4-62　某齿轮简图

a）倒圆　b）倒尖　c）倒棱

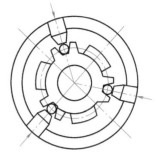

图 4-63　采用齿轮的分度圆定心

4.5.5　齿轮的检验

1. 齿轮检验项目的选择

国家标准中规定的齿轮检验项目很多，其中有些项目之间有密切关系，如径向跳动与径向综合总偏差从误差性质来讲有类似之处，所以不要重复。为保证齿轮的制造精度，在生产中，不可能也没必要对所有的检验项目全部进行检验。

检验项目的选择，须根据齿轮精度等级、检测目的、生产条件、检测手段及经济效益等进行。

1）根据齿轮精度等级的高低，对高精度的齿轮，应选用最能确切反映齿轮质量的综合性指标检验；对低精度的齿轮，应选用单项性指标组合检验。

2）根据检测的目的，可分为完工测量和工艺测量两种。完工测量的目的是检定齿轮质量是否符合图样要求，最好选用综合性指标进行检验，如因测量条件所限，也可选用单项性指标组合进行检验。工艺测量的目的是揭示工艺因素引起的误差，查明误差产生的原因，则应选用单项性指标组合进行检验。

3）根据生产的规模及工厂的具体条件，例如成批生产齿轮，宜用综合性指标检验；对单件小批生产齿轮，则应采用单项性指标组合进行检验。此外，还需考虑工厂的检测条件，如综合性指标的检验需配备单面啮合仪。为减少使用测量器具的品种，提高测量效率，应考虑所选检验项目之间的协调性。

4）根据被测齿轮几何尺寸的大小，对于分度圆直径在 $\phi400mm$ 以下的齿轮，可在固定式的仪器上测量，施行综合测量也较易实现；但对超过一般仪器度量指标的大直径齿轮，所选用的检验项目一定要考虑测量手段。

设计过程中，在选择齿轮精度评定指标的同时，还应选择侧隙的评定指标。这些应考虑到齿轮的精度等级、尺寸大小、生产批量和本单位的仪器设备条件，并且尽量用同一仪器测量较多的指标。

2. 齿轮的检验方法

1）切向综合总偏差 F_i' 和一齿切向综合偏差 f_i' 用单面啮合仪测量。

2）齿距累积总偏差 F_p 和单个齿距偏差 f_{pt} 可用齿距仪或万能测长仪测量。

3）径向跳动 F_r 可用齿圈径向跳动检查仪或普通偏摆检查仪测量，也可用万能测齿仪测量。

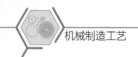

4) 径向综合总偏差 F_i'' 和一齿径向综合偏差 f_i'' 在双面啮合综合检查仪上测量。

5) 公法线长度变动 F_W 可用公法线千分尺或公法线百分表测量。

6) 基圆齿距偏差 f_{pb} 用基圆齿距仪测量。

7) 齿廓形状偏差 f_{fa} 用渐开线检查仪测量。

项目实施

在前面几节中已对图 4-1 所示的 CA6140 型卧式车床主轴箱中主轴、轴承套与箱体的加工工艺已进行了分析，并分别制订了合理的机械加工工艺过程。在此，分别对主轴箱中的传动轴、传动齿轮以及齿轮衬套进行工艺分析，并分别制订合理的机械加工工艺过程。

1. 传动轴的加工

图 4-64 所示为 CA6140 型卧式车床主轴箱中某一传动轴。表 4-8 为该传动轴的机械加工工艺过程。

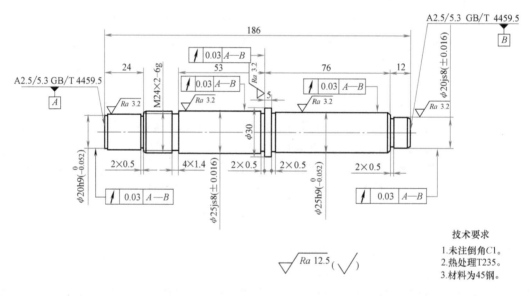

图 4-64　传动轴

（1）零件图分析　零件结构为圆棒状，中间大两端小，最适合采用型材（圆钢）和锻件。

零件的热处理代号为 T235（调质处理），由于零件的最大尺寸和两端的最小尺寸只相差 10mm，因此热处理应在粗加工前完成（一般情况下，加工余量较小时，热处理在粗加工之前完成；加工余量较大时，热处理在粗加工之后完成）。零件的最大尺寸处直径为 $\phi30$mm，零件总长为 186mm，可以选用 $\phi32$mm×190mm 的圆钢，且在卧式车床上就能加工。

在尺寸精度方面，外圆直径尺寸最小的公差为 0.032mm，圆柱的长度为 53mm，零件加工相对简单。在几何精度方面，有几何公差要求的各表面，其基准为两端中心孔，即基准统一，并且跳动公差均为 0.03mm，只要加工时采用基准统一原则，一定能达到要求。关于表面质量方面，该零件各表面的表面粗糙度值最小为 $Ra3.2\mu$m，且均为外圆表面，车削加工即能达到要求。

（2）选择定位基准

① 目测。根据传动轴的毛坯长度190mm与零件长度186mm，用目测方法测定传动轴一端的加工余量，一般用在第一个面上。

② 划线。若传动轴一端已加工，在加工另一个端面时，需对传动轴进行轴向定位。因生产类型为单件小批生产，可采用划线的方法，测定加工后传动轴的长度。

③ 轴的端面定位。在自定心卡盘的卡爪夹紧面上，车出一个大于卡爪装夹直径的圆弧，做轴向限位。

④ 用台阶面定位。用卡爪夹持轴端小外圆，台阶面与卡爪端面贴实定位。

⑤ 用中心孔定位。当用中心孔定位时，中心孔大小的一致程度对轴向定位起关键作用。

⑥ 用中心孔和端面同时定位。这种定位方式需要使用专用夹具。

（3）拟订工艺路线　根据传动轴图样要求，拟订传动轴的工艺路线为"热处理—粗加工—精加工"。

粗加工主要包括车两端面、钻两端中心孔、粗车两端外圆，包括切槽。主要目的是：加工定位基准（两端中心孔）；加工多余的切削余量，为精加工做准备。

精加工主要是使加工后的各表面质量达到图样要求。

表 4-8　传动轴的机械加工工艺过程

序号	工序名称	工序内容	工序简图	设备
1	下料	φ32mm×190mm		G72
2	热处理	热处理:T235		
3	车	用自定心卡盘夹工件毛坯外圆,伸出长度30mm。目测车一端2mm的余量;车φ28mm×15mm工艺凸台;钻中心孔		CA6140
		用粉笔在未加工端外圆上涂上白色标记,在186mm处用划针划出长度记号。自定心卡盘夹工件外圆,伸出长度30mm。按划线车端面至总长186mm,钻中心孔		CA6140
		在机床装上工序图所示的定位装置1(螺杆3的长度可调,并用螺母2锁紧)。用自定心卡盘夹持φ28mm外圆,另一端用顶尖顶住。车φ26mm、φ30mm、φ21mm、φ25mm外圆至工序尺寸		CA6140

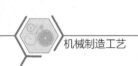

（续）

序号	工序名称	工序内容	工序简图	设备
3	车	用自定心卡盘夹持 $\phi21$mm 外圆,台阶面贴实,右端用顶尖顶住。车 $\phi26$mm、$\phi21$mm 外圆至工序尺寸	$\phi21$ 5 71 12 $\phi21$ $\phi26$ $\sqrt{Ra\ 12.5}$ ($\sqrt{}$)	CA6140
		用双顶尖定位,鸡心夹头夹住 $\phi21$mm 外圆处,车两处退刀槽至工序图尺寸	$\phi21$ 2×0.5 2×0.5 5 71 $\sqrt{Ra\ 12.5}$ ($\sqrt{}$)	CA6140
		调头,用双顶尖定位,鸡心夹头夹住 $\phi21$mm 外圆处,车三处退刀槽至工序图尺寸;车 M24×2-6g 螺纹至尺寸要求	$\phi21$ M24 2×0.5 4×1.4 2×0.5 5 53 21 $\sqrt{Ra\ 12.5}$ ($\sqrt{}$)	CA6140
		半精车右端各段,留余量 0.10~0.15 mm;精车右端各段至工序图尺寸	$\phi25_{-0.052}^{0}$ $\phi20\pm0.016$ 12 83 $\sqrt{Ra\ 3.2}$ ($\sqrt{}$)	CA6140
		调头,用双顶尖定位,鸡心夹头夹住 $\phi20$mm 外圆处,半精车右端各段,留余量 0.10~0.15mm;精车右端各段至工序图尺寸	$\phi20$ $\phi25_{-0.052}^{0}$ $\sqrt{Ra\ 3.2}$ $\phi20\pm0.016$ $\sqrt{Ra\ 3.2}$ 5 53 21 (24) 103	CA6140
4	检验	综合检查		
5	入库	清洗干净,涂上防锈油,入库		

2. 传动齿轮的加工

图 4-65 所示为 CA6140 型卧式车床主轴箱中的某一齿轮。表 4-9 为该齿轮的机械加工工艺过程。

由图 4-65 可以看出,该齿轮材料为 45 钢,宜采用锻造方法获得毛坯。

该盘形齿轮齿坯的孔、端面及外圆的粗加工与精加工均在通用机床上经两次装夹切削完成。但应注意孔和基准端面的精加工必须在一次装夹下完成加工,以保证相互垂直度精度的要求。

因该齿轮为带孔齿轮,宜采用孔和一个端面组合定位,这样既符合基准重合原则,又符合基准统一原则。

根据零件的加工精度以及热处理的要求,采用"滚齿—齿端加工—剃齿—齿面淬硬—修整内孔—珩齿"的加工方案。

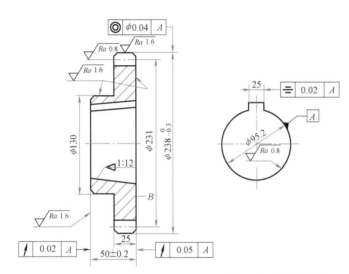

模数	m	3.5mm
齿数	z	66
齿形角	α	20°
变位系数	x	0
精度等数		766KM GB10095—2008
公法线平均长度		$W=80.70^{-0.14}_{-0.19}$ mm

技术条件

1.1:12锥度塞规检查,接触面积不小于75%。
2.材料为45钢。
3.齿部热处理G54。

图 4-65　传动齿轮

表 4-9　齿轮的机械加工工艺过程

工序号	工 序 内 容	定位基准
1	锻:锻造毛坯	
2	热处理:正火	
3	粗车:粗车各部,均留余量 1.5mm	外圆和端面 B
4	精车:精车各部,内孔至锥孔塞规刻线外露 6~8mm,其余达到图样要求	外圆、内孔和端面 B
5	滚齿:滚齿 $z=66$,$L=80.84^{-0.14}_{-0.19}$ mm(即留磨余量 0.14mm)	内孔和端面 B
6	齿倒角:齿部倒角	内孔和端面 B
7	插:插键槽至图样要求	外圆和端面 B
8	钳:内孔去毛刺	
9	剃齿	内孔和端面 B
10	热处理:齿部高频感应淬火,50~55HRC	
11	基准修整:磨内锥孔,磨至锥孔塞规小端平	齿面和端面 B
12	珩齿:珩齿达到图样要求	内孔和端面 B
13	检验	
14	入库	

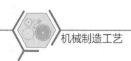

3. 齿轮衬套的加工

图 4-66 所示为 CA6140 型卧式车床主轴箱中的齿轮衬套。齿轮衬套材料为 ZCuSn10Pb1（青铜），生产批量为中、小批量生产，毛坯可选择棒料。

齿轮衬套加工表面主要有：$\phi 29r6$ 外圆，表面粗糙度值为 $Ra1.6\mu m$；$\phi 22E8$ 内孔及 $C0.5$ 内孔倒角，表面粗糙度值分别为 $Ra1.6\mu m$ 和 $Ra12.5\mu m$；$6mm \times 1mm$ 外圆槽，表面粗糙度值为 $Ra12.5\mu m$；长为 85mm 的两端面及 $3\times 10°$ 的端面倒角，表面粗糙度值均为 $Ra12.5\mu m$；$\phi 4mm$ 油孔，表面粗糙度值为 $Ra12.5\mu m$。根据分析，本零件的加工并不困难。齿轮衬套的技术要求如图 4-66 所示。

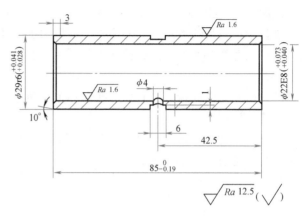

技术要求

1. 把本件压入齿轮后，将内孔加工至图示尺寸。
2. $\phi 4mm$ 孔与齿轮配作，以保证 $\phi 4mm$ 孔形状和位置尺寸。
3. 去锐边毛刺。
4. 未注倒角 $C0.5$。

图 4-66 齿轮衬套

本零件加工工艺中不考虑内孔的铰孔加工、$\phi 4mm$ 油孔的加工。

齿轮衬套的机械加工工艺过程卡片见表 4-10。

表 4-10 齿轮衬套机械加工工艺过程卡片

企业	机械加工工艺过程卡片				产品型号	CA6140	零件图号		共 页	
					产品名称	车床	零件名称	轴承套	第 页	
材料牌号	ZCuSn10Pb1	毛坯种类	热扎圆钢	毛坯尺寸	$\phi 33mm \times 455mm$	每毛坯件数	5	每台件数		
工序号	工序名称	工序内容			车间	设备	工艺装备		工时	
									准终	单件
1	下料				金工	G72				
2	车	用软卡爪夹住 $\phi 33mm$ 外圆 ①车端面 ②钻孔 $\phi 20H12$ ③半精车外圆至 $\phi 30h8 \times 90mm$，$Ra3.2\mu m$ ④扩孔 $\phi 21.8H10$，$Ra6.3\mu m$ ⑤车右端外圆，倒角 $3\times 10°$ ⑥车右端锥孔，倒角 $C0.5$ ⑦割断，长 85.2mm			金工	CA6140	软卡爪 YG6 75°、90°车刀，YG6 45°、10°倒角刀，$\phi 20mm$ 麻花钻，$\phi 21.8mm$ 扩孔钻，YG6 切断刀			
3	车	用软卡爪夹住 $\phi 30mm$ 外圆 ①调头车端面至长度尺寸 ②车左端内、外圆，倒角 $C0.5$			金工	CA6140	软卡爪 YG6 90°车刀，YG6 45°倒角刀			
4	车	工件套心轴，装夹于两顶尖之间 ①精车 $\phi 29r6$ 外圆，$Ra1.6\mu m$ ②车油槽 $6mm \times 1mm$ ③去毛刺			金工	CA6140	心轴 YG6 90°精车刀，YG6 切槽刀			
5	检	检验								
							编制	审核	会签	
标记	处数	更改	签字	日期	标记	处数	更改	签字	日期	

学后测评

1. 简述机床主轴的结构特点与技术要求。

2. 主轴加工中,常以顶尖孔作为定位基准,试分析其特点。

3. 试分析主轴加工中,是如何体现基准统一、基准重合、互为基准、自为基准原则的?

4. 在主轴深孔加工过程中,工件和刀具的相对运动形式有哪几种?试比较其优缺点和适用场合。

5. 题图 4-1 所示零件为单件小批生产,材料为 20Cr,试编写其机械加工工艺过程。如属大量生产,机械加工工艺过程又该怎样?

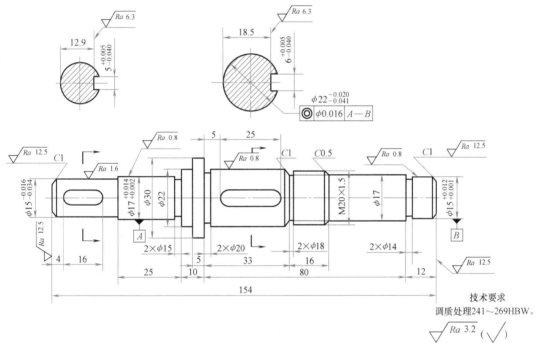

题图 4-1

6. 简述套类零件的功用与结构特点。

7. 套类零件的内孔表面加工方法有哪些?如何选择?

8. 孔的精加工方法有哪些?试比较其特点与应用场合。

9. 保证套类零件位置精度的方法有哪些?

10. 铰孔时,为何孔口容易出现喇叭形?

11. 铰孔时,孔的表面粗糙度值较大是什么原因?

12. 试编写题图 4-2 所示液压缸的机械加工工艺过程。生产类型为小批量,材料为 HT200。

13. 试简述箱体类零件的结构特点与技术要求。

14. 举例说明箱体类零件的粗、精基准选择时,主要应考虑哪些问题?

15. 什么是孔系?其加工方式有哪几种?试说明各种加工方式的特点和适用范围。

16. 浮动镗刀有何结构特点?用其加工箱体孔有何优点?能否改善孔的相互位置精度?

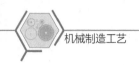

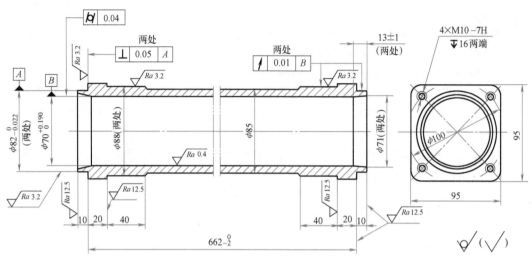

题图 4-2

17. 在安排箱体类零件的加工顺序时，一般应遵循哪些主要原则？

18. 试简述连杆的结构特点和主要技术要求。

19. 在加工连杆的过程中，应采取哪些工艺措施保证大、小头孔的精度？

20. 试简述齿轮的主要功用与结构特点。

21. 齿轮淬火前精基准的加工与淬火后精基准的修整通常采用什么方法？

22. 试比较滚齿与插齿的加工原理、工艺特点及适用场合。

23. 试比较磨齿与珩齿的加工原理、工艺特点及适用场合。

24. 题图 4-3 所示为一高精度直齿圆柱齿轮，已知 $m = 3.5$mm，$z = 63$，$\alpha = 20°$，精度要求为 6-5-5，齿轮材料为 45 钢，齿面硬度为 50～55HRC。试制订合理的机械加工工艺过程。

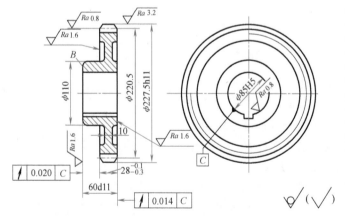

模数	3.5mm
齿数	63
齿形角	20°
精度等级	6—5—5—FL
基节极限偏差	±0.0065mm
周节积累公差	0.045mm
公法线平均长度	$80.58^{-0.14}_{-0.22}$mm
跨齿数	8
齿向公差	0.007mm
齿形公差	0.007mm

技术要求
1.材料40Cr。
2.齿部52HRC。

题图 4-3

项目 5

装配工艺规程设计

【知识目标】

1. 了解装配工作内容与方法。
2. 了解机器装配精度。
3. 熟悉装配工艺规程设计的一般方法。
4. 熟悉保证产品装配精度的工艺方法。
5. 掌握装配尺寸链的计算方法。

【能力目标】

能结合生产实际进行中等复杂程度产品的装配工艺规程编制。

项目引入

机械产品的质量是以其工作性能、精度、寿命和使用效果等综合指标来评定的。这些指标最终由装配保证，而装配质量是采用合适的装配工艺来保证的，为此，必须正确制订产品的装配工艺规程。

图 5-1 所示为锥齿轮轴组件的装配图，试制订其装配工艺规程。

图 5-2 所示为台虎钳装配图，试写出其装配操作步骤。

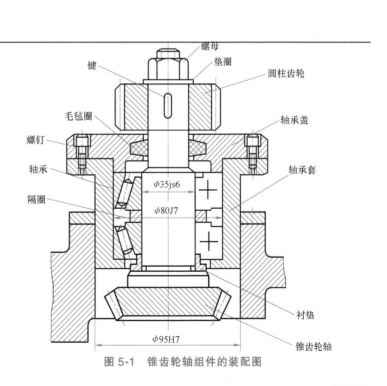

图 5-1 锥齿轮轴组件的装配图

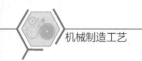
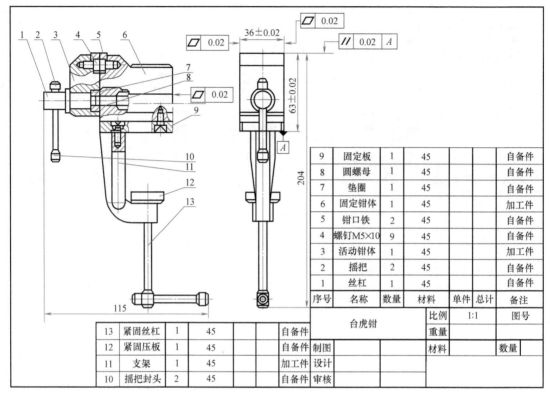

图 5-2　台虎钳装配图

任务 5.1　认识装配工艺规程

任何机械产品都是由许多零件和部件组成的。根据规定的技术要求，将零件或部件进行配合和连接，使之成为半成品或成品的工艺过程称为装配。将零件装配成组件的过程称为组装；将零件和组件装配成部件的过程称为部装，将零件、组件和（或）部件装配成最终产品的过程称为总装。

装配工作量在机器制造过程中占有很大的比例。尤其在单件小批生产中，因修配工作量大，装配工时往往占机械加工工时的一半左右，即使在大批大量生产中，装配工时也占有较大的比例。目前，在大多数工厂中，装配工作大部分靠手工劳动完成，所以装配工艺工作更显重要。

装配是整个机械制造过程中的最后一个环节，也是决定产品质量的重要环节。装配工作对机器质量影响很大，若装配不当，即使所有的零件都合格，也不一定能装配出合格的、高质量的机器。反之，若零件制造精度并不高，而在装配中采用适当的工艺方法，进行选配、刮研、调整等，也能使机器达到规定的要求。因此，制订合理的装配工艺规程、采用新的装配工艺、提高装配质量和装配劳动生产率，是机械制造工艺的一项重要内容。

5.1.1　装配的生产类型及其特点

产品的生产纲领一般是指其年生产量，生产纲领决定了产品的生产类型。生产类型不同，会使装配的组织形式、工艺方法、工艺过程、工艺装备、手工劳动所占的比例有较大不同。各种生产类型的装配工作特点见表5-1。

表5-1　各种生产类型的装配工作特点

生产类型	单件小批生产	成批生产	大批生产
生产特点	产品经常变换，很少重复生产	产品在系列化范围内变化，分批交替投产或多品种同时投产	产品固定不变，经常重复生产
组织形式	采用固定式装配或固定流水装配	重型产品采用固定流水装配；批量较大时采用流水装配；多品种同时投产时采用变节拍流水装配	多采用流水装配线和自动装配线，有间歇移动、连续移动和变节拍移动等方式
装配工艺方法	以修配装配法和调整装配法为主，互换装配法比例较少	优先采用互换装配法，但灵活运用。也可采用其他保证装配精度的方法，如调整装配法、修配装配法、合并加工法，以节约加工费用	优先采用完全互换装配法，装配精度高时，环数少时用分组法，环数多时用调整装配法
工艺过程	一般不制订详细的工艺文件，工艺灵活掌握，也可适当调整工序	工艺过程的划分应适合批量的大小，尽量使生产均衡	工艺过程划分很细，力求达到高度均衡性
工艺装备	一般为通用设备及工艺装备	较多采用通用设备及工艺装备，部分是专用高效的工艺装备，以保证装配质量和提高工效	宜采用专用高效的设备及工艺装备，易于实现机械化和自动化
手工操作要求	手工操作所占比例大，要求工人有高的技术水平和多方面的工艺知识	手工操作所占比例较大，技术水平要求较高	手工操作所占比例小，对工人技术要求较低
应用实例	重型机械、重型机床、汽轮机、大型内燃机和大型锅炉等	机床、机车车辆、中小型锅炉、矿山采掘机械等	汽车、拖拉机、内燃机、滚动轴承、手表和缝纫机等

5.1.2　装配工作内容

机器装配是产品制造的最后阶段，装配过程中不是将合格零件简单地连接起来，而是要根据装配的技术要求，通过调整、修配、矫正和反复检验等一系列工艺措施，最终保证产品质量的要求。装配前后及装配过程中，主要有以下几项工作：

1. 零件的清理

零件的清理包括清除零件上残存的型砂、铁锈、切屑、研磨剂等，特别是要仔细清除小孔、沟槽等易存杂物的角落。对箱体、机体内部，清理后应涂以淡色油漆。

清除非加工表面（如铸造机座、箱体等）时，可用錾子、钢丝刷清除其上型砂和铁渣；清理加工面上的铁锈和油漆等时，则用刮刀、锉刀和砂布等工具。清理重要的配合面时要注意保持其精度。

2. 零件的清洗

机械产品具有较高精度，尤其是精密零件甚至达到纳米级。这时，任何微小的附着物或杂质都会影响产品的装配质量及其使用寿命。因此，装配前零部件的正确清洗具有重要

意义。

清洗可以去除零件表面或部件中的油污及机械杂质。清洗方法有擦洗、浸洗、喷洗和超声波清洗等。常用的清洗液有煤油、汽油、碱液及各种化学清洗液等。

清洗工艺的要点就是根据工件的清洗要求、材料特点、生产批量及油污、杂质的性质和黏附情况，正确选择清洗方法、清洗液和清洗时的温度、压力、时间等参数。此外，还应注意使清洗过的零件具有一定的防锈能力。

在单件小批生产中，在洗涤槽内用棉纱或泡沫塑料擦洗零件或进行冲洗。在成批大量生产中，则用洗涤机清洗零件。常用的洗涤机有固定清洗装置和超声波清洗装置等。

零件的清洗工作可分为一次性清洗和二次性清洗。零件在第一次清洗后，应检查配合表面有无碰伤和划伤，齿轮的齿部和棱角有无毛刺，螺纹有无损坏。对零件的毛刺和轻微碰伤的部位应进行修整，可用磨石、刮刀、砂布、细锉进行去刺修光，但应注意不要损伤零件。经过检查修整后的零件应再进行二次清洗。

在对零件进行清洗时，应注意：橡胶制品（如密封圈等零件）应使用酒精或清洗液进行清洗，严禁用汽油清洗，以防发生发胀变形；清洗零件时，可根据零件的不同精度选用棉纱或泡沫塑料进行擦拭，滚动轴承不能使用棉纱清洗，防止棉纱头进入轴承内，影响轴承的装配质量；清洗后的零件应待零件上的油滴干后，再进行装配，以防污油影响装配质量，同时清洗后的零件不应放置时间过长（暂不装配的零件应妥善保管），以防脏物和灰尘弄脏零件。

3. 连接

在装配过程中有大量的连接工作，一般有可拆卸连接和不可拆卸连接两种连接方式。

可拆卸连接是指在装配后可以很容易拆卸而不损坏任何零件，且拆卸后仍可重新装配在一起的连接。常见的可拆卸连接有螺纹联接、键联接和销联接等。

不可拆卸连接是指在装配后一般不再拆卸，如要拆卸会损坏其中的某些零件的连接。常见的不可拆卸连接有焊接、铆接和过盈连接等。

4. 矫正、调整与配作

在产品装配过程中，特别在单件小批生产时，为了保证装配精度，常需要进行一些矫正和配作。这是因为完全靠零件精度来保证装配精度往往是不经济的，有时甚至是不可行的。

矫正指相关零部件之间相互位置的找正、找平作业，一般用在大型机械的基体件的装配和总装中。常用的矫正方法有平尺矫正、角尺矫正、水平仪矫正、拉钢丝矫正、光学矫正及激光矫正等。矫正是保证装配质量的重要环节。

调整指相关零部件之间相互位置的调节作业。调整可以配合矫正作业，以保证零部件的相对位置精度，还可以调节运动副内的间隙，保证运动精度。

配作指配钻、配铰、配刮和配磨等作业，是装配过程附加的一些钳加工和机械加工作业。配刮是关于零部件表面的钳加工作业，多用于运动副配合表面精加工。配钻和配铰多用于固定连接。只有在经过认真地矫正、调整，确保有关零部件的准确几何关系之后，才能进行配作。

装配过程中应用长度测量工具测量出零部件间各种配合面的形状精度，如直线度和平面度等，以及零部件间的方向位置精度，如垂直度、平行度、同轴度和对称度等，并通过调整、修配等方法达到规定的装配精度。

5. 平衡

对于转速较高、运转平稳性要求高的机械，为防止使用中出现振动，装配时应对其旋转的零部件进行平衡。平衡有静平衡和动平衡两种。

对于直径较大、长度较小的零件（如带轮和飞轮等），一般只需进行静平衡；对于长度较大的零件（如电机转子和机床主轴等），则需进行动平衡。

对旋转体的不平衡量可采用下述方法矫正。

① 用钻、铣、磨、锉、刮等方法去除重量。

② 用补焊、铆接、胶接、喷涂、螺纹联接等方式加配重量。

③ 在预设的平衡槽内改变平衡块的位置和数量（如砂轮的静平衡）。

6. 验收试验

在组装、部装及总装过程中，在重要工序的前后往往需要进行中间检验。总装完毕后，应根据要求的技术标准和规定，对产品进行全面的检验和试运转，合格后才能出厂。金属切削机床的验收试验工作通常包括机床几何精度的检验、空运转试验、负荷试验和工作精度检验等。

试运转是装配和修理的最后阶段。只有经过试运转达到规定的全部技术要求的机器才可以出售或移交用户。起动是试运转的最重要的阶段，因为往往有许多难以预料的问题会在此时暴露出来。所以要认真仔细地做好起动前的各项准备工作，以免出现重大的故障或事故。新产品的试运转前的准备工作非常重要。起动前，对试运转工作场地要进行一次全面清理，将不必要的材料、工具和设备全部移开，以保证试运转所必需的空间。起动前必须对总装工作做一次全面、系统的检查，参加空运转的人员必须分工明确、各负其责、密切配合。机器起动后应马上观察和监视工作状况，如发现异常现象应立即停机检查，排除故障后，继续试运转。

除上述装配工作内容外，涂装、包装也属于装配作业范畴，零部件的转移往往也是装配中必不可少的辅助工作。

5.1.3 机器装配精度

机器的质量，主要取决于产品设计的正确性、零件的加工质量以及机器的装配精度。它是以其工作性能、精度、寿命和使用效果等综合指标来评定的。这些指标最终由装配保证。

机械产品的质量标准通常是用技术指标来表示的，其中包括几何方面和物理方面的参数。物理方面参数指转速、重量、平衡、密封、摩擦等；几何方面参数即装配精度，是指零部件间的相互配合精度、相互几何精度、相对运动精度和距离尺寸精度等。

装配精度是装配工艺的质量指标，可根据机器的工作性能来确定。正确规定机器和部件的装配精度是产品设计的重要环节之一，不仅关系到产品质量，也影响产品制造的经济性。装配精度是制订装配工艺规程的主要依据，也是选择合理的装配方法和确定零件加工精度的依据。所以，应正确规定机器的装配精度。

1. 零部件之间的配合精度和接触精度

零部件之间的配合精度是指零件配合表面之间达到规定的配合间隙或过盈的程度。它影响着配合的性质和配合质量，可参照有关极限与配合方面的国家标准，选择如轴和孔的配合间隙或配合过盈的变化范围。

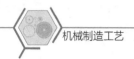

接触精度是指两配合或连接表面间达到规定的接触面积的大小和接触点分布的情况。它影响着接触刚度和配合质量，如导轨接触面、锥体配合和齿轮啮合处等均有接触要求。

2. 几何精度

几何精度是指相关零部件的平行度、垂直度、同轴度及各种跳动等精度，如台式钻床主轴中心线对工作台台面的垂直度、车床主轴的径向圆跳动等精度。

3. 相对运动精度

相对运动精度是指产品中有相对运动的零部件之间在运动方向和相对运动速度上的精度。运动方向的精度常表现为部件间相对运动的平行度和垂直度，如机床滑板在导轨上移动精度、滑板移动轨迹对主轴中心线的平行度。相对运动速度的精度即是传动精度，如滚齿机滚刀主轴与工作台的相对运动精度将直接影响滚齿机的加工精度。

4. 距离尺寸精度

距离尺寸精度是指相关的零部件之间的距离尺寸精度，如车床主轴与尾座的等高度精度、钻模夹具中钻套孔中心到定位元件工作面的距离尺寸精度等。此外，距离尺寸精度还包括配合面之间的配合间隙或过盈量、运动副的间隙要求等。

上述各种装配精度之间存在一定的关系：配合精度与接触精度是距离尺寸精度与几何精度的基础，而几何精度又是相对运动精度的基础。

任务 5.2　保证装配精度的工艺方法

产品的精度最终依靠装配工艺来保证，因此，产品的装配过程不是简单地将有关零件连接起来的过程，而是每一步装配工作都应满足预定的装配要求，即应达到一定装配精度的过程。机械的装配应当保证装配精度和提高经济效益。怎样以最快的速度、最小的装配工作量和较低的成本来达到较高的装配精度，是制订装配工艺的核心问题。正确处理装配精度与零件制造精度两者的关系，妥善处理生产的经济性与使用要求的矛盾，对不同的生产条件，采取适当的装配方法，在不过多地提高相关零件制造精度的前提下来保证装配精度，是装配工艺的首要任务。

保证装配精度的方法可归纳为：互换装配法、选配装配法、修配装配法和调整装配法等。

5.2.1　互换装配法

用控制零件的加工误差来保证装配精度的方法称为互换装配法。按其互换的程度不同，可以分为完全互换装配法和不完全互换装配法两种。

1. 完全互换装配法

完全互换装配法是在机器装配时，对每个待装配的零件不加选择、不进行调整和修配，装配后就能使装配对象达到装配精度要求的一种装配方法。在以后使用过程中，某个零件磨损或损坏，再买一个新的同类零件更换后即可正常使用。

完全互换装配法的实质是在满足各零件经济精度的前提下，依靠控制零件的制造精度来保证装配精度的。在一般情况下，完全互换装配法的装配尺寸链按极值法计算，即要求各相关零件公差（组成环公差）之和小于或等于装配允许公差（封闭环的公差），即

$$T_0 \geq T_1 + T_2 + \cdots + T_m \tag{5-1}$$

式中　　　T_0——装配允许公差；

T_1、T_2、T_m——组成环公差；

m——组成环环数。

因此，只要当零件分得的公差满足经济精度要求时，无论何种生产类型，都应尽量优先采用完全互换装配法进行装配。

完全互换装配法的优点是：装配过程简单，生产率高；对工人技术水平要求不高；便于组织流水作业和实现自动化装配；容易实现零部件的专业协作，成本低；便于备件供应及机械维修工作。

但是，采用完全互换装配法进行产品装配时，当产品装配精度要求较高，尤其是在装配精度涉及零件较多时，零件的制造公差随之变小，零件制造困难，加工成本高。

完全互换装配法适用于在成批生产、大量生产中装配那些涉及零件较少或涉及零件虽多但装配精度要求不高的机器结构，如汽车、拖拉机的某些部件的装配。

2. 不完全互换装配法

当装配精度较高、零件加工困难而又不经济时，在大批量生产中，应考虑采用不完全互换装配法。

不完全互换装配法又称部分互换装配法，其实质是将装配精度涉及零件的制造公差适当放大，使零件容易加工，保证绝大多数产品达到装配要求的一种方法。

不完全互换装配法是以概率论原理为基础的。在零件的生产数量足够多时，加工的零件尺寸呈正态分布，平均尺寸在公差带中心附近，且在公差带中心附近零件尺寸的出现概率最大，在接近上、下极限尺寸处零件尺寸出现的概率很小。当然，出现这种情况时，累积误差就会超出装配允许公差。因此，可以利用这个规律，将装配中可能出现的废品控制在一个极小的比例之内。但这种事件是小概率事件，很少发生。尤其是涉及零件数较少，产品批量大量，从总的经济效果分析，仍然是经济可行的。

根据概率论原理，装配允许公差必须大于或等于各相关零件公差值平方和的平方根，可表示为

$$T_0 \geq \sqrt{T_1^2 + T_2^2 + \cdots T_m^2} \tag{5-2}$$

显然，当装配公差 T_0 一定时，将式（5-2）与式（5-1）比较，各相关零件的制造公差 T_m 增大了许多，零件的加工也容易了许多。

不完全互换装配法的优点是：扩大了装配精度涉及零件的制造公差，零件制造成本低；装配过程简单，生产率高。不足之处是：装配后有极少数产品达不到规定的装配精度要求，须采取另外的返修措施。

不完全互换装配法适用于在大批生产中装配那些装配精度要求较高且装配精度涉及零件数又多的机器结构。

5.2.2　选配装配法

选配装配法是当装配精度要求极高、零件制造公差限制很严，致使零件无法加工时，可将零件制造公差放大到经济可行的程度，然后选择合适的零件进行装配，以保证装配精度的要求的一种装配方法。选配装配法按其选配方式的不同，一般可分为直接选配装配法、分组

装配法和复合选配装配法三种形式。

1. 直接选配装配法

在装配时，工人从许多待装配的零件中直接选择"合适"的零件进行装配，以保证装配精度要求的装配方法，称为直接选配装配法。其特点是：能达到很高的装配精度；装配时凭经验和判断性测量来选择零件，装配时间不易准确控制；装配精度在很大程度上取决于工人技术水平。所以，直接选配装配法不宜用于节拍要求较严的大批生产中，一般用于装配精度要求相对不高、装配节奏要求不高的小批生产的装配中，如发动机生产中的活塞与活塞环的装配。

另外，采用直接选配装配法装配，一批零件严格按照同一精度要求装配时，最后可能出现无法满足要求的剩余零件，当各零件加工误差分布规律不同时，剩余零件可能更多。

2. 分组装配法

分组装配法是对于制造公差要求很严的互配零件，将各零件的制造公差按整数倍放大到按经济精度加工，然后测量零件实际尺寸并按原公差分组，按对应的组分别进行装配，以达到装配精度要求的一种装配方法。这种方法既扩大了零件的制造公差，又满足了装配精度要求。产品的装配精度取决于分组数，即增加分组数可以提高装配精度。

分组装配法具有装配精度高、加工成本低等优点，但增加了测量分组工作量。分组装配法常用于大批生产中装配精度要求很高、装配精度涉及零件数较少的场合，如滚动轴承的装配等。

例如，图 5-3a 所示为发动机活塞上的活塞销与活塞销孔，公称尺寸均为 $\phi 28mm$，在冷态装配时要有 $0.0025 \sim 0.0075mm$ 过盈量。则此相应的配合公差仅为 $0.005mm$。若按照完全互换装配法装配，$T_0 = 0.0075mm - 0.0025mm = 0.005mm$，按等公差的原则分配活塞销 d 与活塞销孔 D 的直径公差，则 $T_d = T_D = 0.0025mm$。为便于活塞销的无心磨削加工，这里采用基轴制配合，即 $d = \phi 28_{-0.0025}^{0}mm$，相应的 $D = \phi 28_{-0.0075}^{-0.0050}mm$。这样的公差要求很难制造，也不经济。

生产上常采用零件制造时将公差放大，而在装配时采用分组装配法装配来保证上述装配精度要求。将制造公差"同向"放大若干倍，直至经济精度范围。这里，将制造公差放大 4 倍，此时活塞销与销孔的极限尺寸变为 $d = \phi 28_{-0.01}^{0}mm$，$D = \phi 28_{-0.015}^{-0.005}mm$，这样就可用高效率的无心磨削加工活塞销，用金刚镗加工活塞销孔。

然后，用精密量具测量零件，按尺寸从大到小分为与放大倍数相同的组数，并涂上不同颜色的标记（对应组颜色相同）。

最后，将颜色相同的活塞与活塞销装配在一起，一定能达到上述装配精度要求。图 5-3b 所示为活塞销与活塞销孔的分组公差带位置，具体分组情况见表 5-2。

从表 5-2 可以看出，各组的公差和配合性质均满足装配要求。

采用分组装配法装配时，应注意以下几点：

① 为保证分组后各组的装配精度符合原设计要求，配合公差应相等，配合件的公差须"同向放大"相同倍数，且倍数等于以后的分组数。

② 分组数不宜太多，一般为 3~6 组，尺寸公差只要放大到经济加工精度即可，否则会增加零件的测量、分类、保管等工作量，使组织工作复杂化。

③ 分组后各组内相配零件的数量要相等，形成配套，否则会出现某些尺寸零件积压的

浪费现象。

④ 分组装配法只能放大尺寸公差，而不能放大几何公差及表面粗糙度。

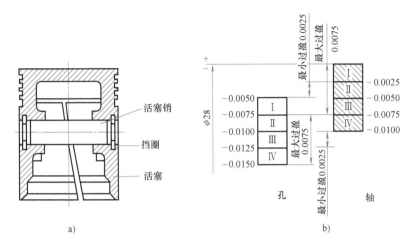

图 5-3　活塞销与活塞销孔的装配

表 5-2　活塞销与活塞销孔直径分组　　　　　　　　　　（单位：mm）

组别	颜色	活塞销直径 $d = \phi28^{0}_{-0.010}$	活塞销孔直径 $D = \phi28^{-0.005}_{-0.015}$	配合情况	
				最小过盈 $Y_{\min}$	最大过盈 $Y_{\max}$
I	红	$d = \phi28^{0}_{-0.0025}$	$D = \phi28^{-0.0050}_{-0.0075}$	0.0025	0.0075
II	白	$d = \phi28^{-0.0025}_{-0.0050}$	$D = \phi28^{-0.0075}_{-0.0100}$	0.0025	0.0075
III	黄	$d = \phi28^{-0.0050}_{-0.0075}$	$D = \phi28^{-0.0100}_{-0.0125}$	0.0025	0.0075
IV	绿	$d = \phi28^{-0.0075}_{-0.0100}$	$D = \phi28^{-0.0125}_{-0.0150}$	0.0025	0.0075

如果互配零件的尺寸在加工中服从正态分布规律，零件分组后是可以相互配套的。如果由于某种因素造成不是正态分布，而是如图 5-4 所示的偏态分布，则会出现各组零件数量不等、不能配套的情况。这种情况在实际生产中往往是不可避免的。此时，应在聚集了相当数量的不配套件后，专门加工一批零件来与之配套。

分组装配法既能扩大各零件的公差，又能保证装配精度的要求。同组内的零件装配具有互换性的特点，适用于大批、大量生产中装配精度要求很高且互

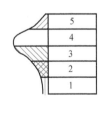

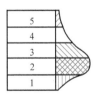

图 5-4　偏态分布

配的相关零件只有两三个的大批大量生产中，如汽车、拖拉机、轴承等的大批大量生产中。

3. 复合选配装配法

复合选配装配法是分组装配法和直接选配装配法的复合，即零件加工后先检测分组，装配时在各对应组内按照经验直接选择装配。

复合选配装配法的特点是配合件公差可以不等，且装配速度较快、质量高、能满足一定生产节拍的要求。发动机气缸与活塞的装配多采用此种方法。

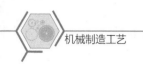

5.2.3　修配装配法

预先选定某个零件作为修配对象，并预留修配量，在装配过程中，根据实测结果，通过锉、磨和刮等工艺方法，修去多余的金属，使装配精度达到要求的方法，称为修配装配法。

修配装配法的特点是：通过修配得到装配精度，可降低零件制造精度；修配工作量大，且多为手工操作；装配周期长，生产率低，对工人技术水平要求较高。修配装配法适用于单件小批生产及装配精度又要求较高的场合，在大型、重型和精密机械装配中应用较多。

实际生产中，利用修配装配法来满足装配精度的具体方法很多，常用的有按件修配装配法、就地加工修配装配法和合并加工修配装配法等。

1. 按件修配装配法

按件修配装配法是将零件按经济精度加工后，装配时将预定的修配零件通过修配加工来改变其尺寸，以保证修配精度的方法。例如车床主轴顶尖与尾座顶尖的等高性要求，就是以尾座垫块为修配对象，预留修配量，装配时通过刮研尾座垫块平面，改变其尺寸来达到等高性的要求。

采用按件修配装配法，首先要正确确定修配对象，要选择只与本项装配要求有关而与其他装配要求无关（尺寸链中的非公共环），且易于拆装及修配面积不太大的零件作为修配对象；其次要运用尺寸链理论合理确定修配件的尺寸与公差，使修配量既足够又不过大；最后还要考虑到有利于减少手工操作，尽可能采用电动或气动修配工具，如以精刨代替刮研、以精磨代替刮研等。

2. 就地加工修配装配法

就地加工修配装配法主要用于机床制造过程中，它是利用机床本身具有的切削能力，在装配过程中通过机床自身具有的加工手段，将预留在待修配零件表面上的修配量（加工余量）去除，使装配对象达到设计要求的装配精度。

机床制造中，不仅有些装配精度项目要求很高，而且影响这些精度项目的零件数量又往往较多，零件的制造公差受到经济精度的制约，装配时由于误差的累积，某些装配精度就极难保证。因此，在零件装配结束后，运用机床自我加工的方法，综合消除累积误差，达到装配要求显得十分重要。例如，牛头刨床中要求滑枕运动方向与工作台面平行，影响这一精度要求的零件很多，这时就可以采用刨床装配后进行自刨工作台来达到精度要求。其他应用例子如平面磨床自磨工作台面，龙门刨床自刨工作台面及立式车床自车转盘平面、外圆等。

3. 合并加工修配装配法

将两个或多个零件装配在一起后，进行合并加工修配，以减少累积误差，减少装配工作量，称为合并加工修配装配法。例如，对车床尾座与垫块先进行组装，再对尾座套筒孔进行镗削加工，于是本来应有两个高度尺寸进入装配尺寸链变成合件的一个尺寸进入装配尺寸链，从而减小了刮削余量。其他应用例子如车床溜板箱中开合螺母部分的装配万能铣床上为保证工作台面与回转盘底面的平行度而采用工作台和回转盘的组装加工等。

合并加工修配装配法在装配中应用较广，但由于零件要对号入座，给组织装配生产带来一定麻烦，因此多用于单件小批生产中。

5.2.4 调整装配法

装配时用改变预定的调整件在机器结构中的相对位置，或增加一个定尺寸的补偿件，以达到装配精度的方法，称为调整装配法。常用的调整件有螺纹件、斜面件、偏心件等；补偿件有垫片和定位圈等。用以调整的这两类零件，都起到补偿装配累积误差的作用，所以又统称为补偿件。

调整装配法与修配装配法的原理基本相同。调整装配法也是按经济加工精度确定零件的公差。主要区别是：调整装配法不是靠去除金属，而是靠改变调整件的位置或更换调整件的方法来保证装配精度的。

根据调整方法的不同，调整装配法可分为可动调整装配法、固定调整装配法和误差抵消调整装配法三种。

1. 可动调整装配法

可动调整装配法是利用改变调整件的位置保证装配精度的装配方法。调整过程中不需拆卸调整件，相对比较方便。

例如，图 5-5a 所示为机床封闭式导轨的间隙调整装置，压板用螺钉紧固在运动部件上，平镶条装在压板与导轨之间，用带有锁紧螺母的螺钉来调整平镶条的上下位置，使导轨与平镶条之间的间隙控制在适当的范围内，以保证运动部件能够沿着导轨面平稳、轻快、精确地移动。

图 5-5b 所示为滑动丝杠螺母副的间隙调整装置。该装置利用调整螺钉使楔块上下移动来调整丝杠与螺母之间的轴向间隙。

图 5-5 中的调整装置分别采用螺钉、楔块作为调整件，生产中根据具体要求和机构的具体情况，也可采用其他零件作为调整件。

可动调整装配法不但调整方便，能获得比较高的精度，而且可以补偿由于磨损和变形等所引起的误差，使设备恢复原有精度。所以在一些传动机构或易损机构中，常采用可动调整装配法。但是，可动调整装配法中因可动调整件的出现，削弱了机构的刚度，因而在刚度要求较高或机构比较紧凑，无法安排可动调整件时，就必须采用其他的调整装配法。

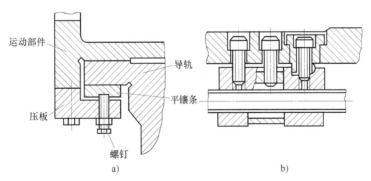

运动部件
导轨
平镶条
压板
螺钉
a)
b)

图 5-5 可动调整装配法的应用

2. 固定调整装配法

固定调整装配法是选择某一零件（如垫片、垫圈或轴套等简单零件）作为调整件，根据装配要求，通过更换调整件，以保证装配精度的方法。调整件的尺寸是固定的，是按一定尺寸间隔分级制造的零件。

图 5-6 所示为固定调整装配法的应用。箱体孔中轴上装有齿轮，齿轮的轴向窜动量 A_0 是装配要求。此时，可以在结构中专门加入一个厚度尺寸为 A_k 的垫圈作为调整件。装配时，根据间隙要求，选择不同厚度的垫圈垫入。垫圈预先按一定的尺寸间隔做好若干种，如 4.1mm，4.2mm，…，5.0mm 等，供装配时使用。

调整件尺寸的分级数和各级尺寸的大小，应按装配尺寸链理论进行计算确定。

3. 误差抵消调整装配法

在产品或部件装配时，通过调整有关零件的相互位置，使其加工误差相互抵消一部分，以提高装配精度的方法，称为误差抵消调整装配法。采用这种方法，各相关零件的公差可以扩大，同时又能保证装配精度。

误差抵消调整装配法在机床装配中应用较多。例如在装配机床主轴时，通过调整前、后轴承的径向圆跳动方向来控制主轴的径向圆跳动；在滚齿机工作台分度蜗轮装配中，采用调整二者偏心方向来抵消误差，最终提高分度蜗轮的装配精度。

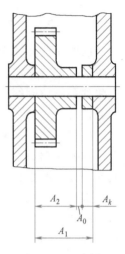

图 5-6　固定调整法的应用

实际生产中，在选择装配方法时，应首先了解各种装配方法的特点及应用范围。一般来说，应优先选用完全互换装配法；在生产批量较大、装配精度涉及零件数较多时，应考虑采用不完全互换装配法；在装配精度要求较高、装配精度涉及零件数较少时，可以采用选配装配法；只有在应用上述方法都将使零件加工困难或不经济时，特别是中小批量生产时，尤其是单件生产时，才宜采用修配装配法或调整装配法。

在确定部件或产品的具体装配方法时，需认真地研究产品结构和精度要求，深入分析产品及其相关零部件之间的尺寸联系，建立整个产品及各级部件的装配尺寸链。尺寸链建立后，可根据各级尺寸链的特点，结合产品的生产纲领和生产条件来确定产品的具体装配方法。

任务 5.3　装配尺寸链的计算

机器的装配精度是由相关零件的加工精度和合理的装配方法共同保证的。因此，查找哪些零件对装配精度有影响、选择合理的装配方法进而确定这些零件的加工精度就十分关键。其实质就是如何正确建立装配尺寸链和选择装配尺寸链的解法问题。装配尺寸链是全部组成环为不同零件设计尺寸所形成的尺寸链。查找哪些零件的设计尺寸对某装配精度有影响，是建立装配尺寸链的关键。选择合理的装配方法和确定这些相关零件设计尺寸的加工精度就是解算装配尺寸链。

5.3.1　装配尺寸链及其建立方法

产品或部件的装配精度与构成产品或部件的零件精度有着密切的关系。为了定量分析这种关系，将尺寸链的基本理论用于装配过程，即可建立装配尺寸链。

1. 装配尺寸链

装配尺寸链是尺寸链的一种，它是产品或部件在装配过程中，由相关零件的尺寸或位置关系所组成的封闭的尺寸系统。即有一个封闭环和若干个与封闭环密切关系的组成环组成。

装配尺寸链虽然起源于产品设计，但应用装配尺寸链理论可以指导装配工艺的制订，装配工序的安排，还可以解决装配中的质量问题，以及分析产品结构的合理性。

与工艺尺寸链相比，除具有封闭性和关联性等共同特征外，装配尺寸链还具有如下显著特点：

1）装配尺寸链的封闭环一定是机器产品或部件的某项装配精度。因此，装配尺寸链的封闭环是十分明显的。

2）装配精度只有机械产品装配后才能测量。因此，封闭环只有在装配后才能形成，不具有独立性。

3）装配尺寸链中的各组成环不只是一个零件上的尺寸，而是几个零件或部件之间与装配精度有关的尺寸。

4）装配尺寸链的形式较多，除常见的线性尺寸链外，还有角度尺寸链、平面尺寸链和空间尺寸链等。

2. 装配尺寸链的建立

当运用装配尺寸链理论分析和解决装配精度问题时，首先必须正确地建立装配尺寸链，即正确地确定封闭环，并根据封闭环的要求查找各组成环，并判断增减环。

如前所述，装配尺寸链的封闭环是产品或部件的装配精度。为了正确地确定封闭环，必须深入了解产品的使用要求及各部件的作用，明确设计者对产品及部件提出的装配技术要求。为了正确查找各组成环，必须仔细地分析产品或部件的结构，了解各零件连接的具体情况。

查找组成环的一般方法是：取封闭环两端的两个零件为起点，沿着装配精度要求的位置方向，以相邻零件装配基准间的联系为线索，分别由近及远地查找装配关系中影响装配精度的有关零件，直至找到同一个基准零件或同一个基准表面为止。这样，各有关零件上直线连接相邻零件装配基准间的尺寸或位置关系，即为装配尺寸链中的组成环。装配尺寸链中的组成环同样可以分为增环和减环两种。

建立装配尺寸链就是准确地找出封闭环和组成环，并画出装配尺寸链简图。

如图 5-7 所示，车床主轴与尾座套筒中心线等高要求在垂直方向上，机床检验标准中规定为 0~0.06mm，且只允许尾座高，这就是封闭环。分别由封闭环两端那两个零件，即主轴的中心线和尾座套筒的中心线起，由近及远，沿着垂直方向可以找到三个尺寸，A_1、A_2 和 A_3 直接影响装配精度，为组成环。其中，A_1 是主轴中心线至主轴箱的安装基准之间的距离，A_2 是尾座体的安装基准至尾座垫块的安装基准之间的距离，A_3 是尾座套筒中心至尾座体的安装基准之间的距离，A_1 和 A_2 都以导轨平面为共同的安装基准，尺寸封闭。图 5-8 所示为车床等高尺寸链简图。

由于装配尺寸链比较复杂，并且同一装配结构中装配精度要求往往有几个，需在不同方向（如垂直方向、水平方向、径向和轴向等）分别查找，容易搞混，因此在查找时应十分仔细。通常，易将非直接影响封闭环的零件尺寸拉入装配尺寸链，使组成环数增加，每个组成环可能分配到的制造公差减小，增加制造的困难。为避免出现这种情况，必须遵守以下两

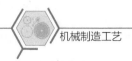

个原则:

(1) 装配尺寸链的简化原则 机械产品的结构通常都比较复杂,对某项装配精度有影响的因素很多,在查找装配尺寸时,在保证装配要求的前提下,可略去那些影响较小的因素,从而简化装配尺寸链。

例如,图 5-8 所示为车床主轴与尾座套筒中心线等高装配尺寸链简图。影响该项装配精度的因素除 A_1、A_2 和 A_3 三个尺寸外,还有:

e_1——主轴滚动轴承外圈与内锥孔的同轴度误差;

e_2——尾座顶尖套锥孔与外圆的同轴度误差;

e_3——尾座顶尖套与尾座孔配合间隙引起的向下偏移量;

e_4——床身上安装主轴箱和尾座的平导轨之间的高度差。

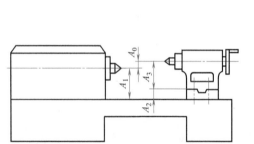

图 5-7 车床主轴与尾座套筒
中心线不等高简图

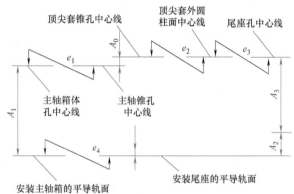

图 5-8 车床主轴与尾座套筒中
心线等高装配尺寸链简图

由于 e_1、e_2、e_3、e_4 的数值相对于 A_1、A_2、A_3 的误差是较小的,故装配尺寸链可简化。但在精密装配中,应计入对装配精度有影响的所有因素,不可随意简化。

(2) 尺寸链的最短路线原则 由尺寸链的基本理论可知,在装配要求给定的条件下,组成环的数目越少,则各组成环所分配到的公差数值就越大,零件的加工就越容易和经济。

在查找装配尺寸链的组成环时,每个相关的零部件只能有一个尺寸作为组成环列入装配尺寸链,即将连接两个装配基准面间的位置尺寸直接标注在零件图上。这样,组成环的数目就应等于有关零部件的数目,即一件一环,这就是装配尺寸链的最短路线(环数最少)原则。

图 5-9a 所示齿轮装配轴向间隙尺寸链就体现了一件一环原则。如果把图中的主轴尺寸标注为图

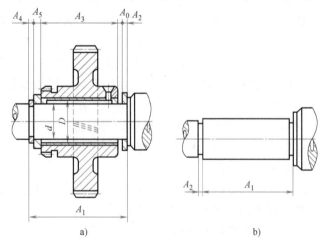

a)

b)

图 5-9 装配尺寸链的一件一环原则

5-9b所示的两个尺寸，则违背了一件一环原则，如轴以两个尺寸进入装配尺寸链，则显然会缩小各环的公差。

例 5-1 图 5-10a 所示为齿轮轴组件的装配示意图。装配要求是齿轮轴与轴承端面的间隙为 0.2~0.7 mm，试建立装配尺寸链。

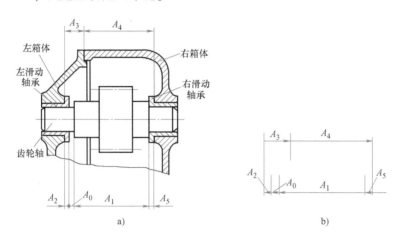

图 5-10 齿轮轴组件的装配示意图及装配尺寸链

解：① 确定封闭环。根据装配尺寸链封闭环的特点，本例中装配精度 $A_0 = 0^{+0.7}_{+0.2}$mm 为封闭环。

② 查找组成环。装配尺寸链的组成环是相关零件的相关尺寸。本例中封闭环 A_0 两端所依的零件分别是齿轮轴和左滑动轴承；滑动轴承的装配基准是左箱体。齿轮轴右端装在右滑动轴承中，右滑动轴承装在右箱体的孔中。左、右箱体通过接合止口封闭。因此，相关零件是齿轮轴、左滑动轴承、左箱体、右箱体和右滑动轴承。

确定相关零件上的相关尺寸应遵守尺寸链环数最少原则（或称尺寸链最短原则）。即每个零件上仅有一个尺寸作为相关尺寸，它就是相关零件上装配基准间的距离尺寸。本例中的尺寸 A_1、A_2、A_3、A_4、A_5 都是相关尺寸，即都是组成环。

③ 画尺寸链图并确定组成环的性质。尺寸链如图 5-10b 所示，图中 A_1、A_2 和 A_5 是减环；A_3 和 A_4 是增环。

上述线性尺寸链的组成环都是长度尺寸。当装配精度要求较高时，长度尺寸链中还应考虑端面的平面度、端面和轴线的垂直度、端面间的平行度等几何公差环和配合间隙环。

5.3.2 装配尺寸链的计算方法

尺寸链的计算方法有极值法和概率法两种。

1. 极值法

极值法计算的基本公式是 $T_0 \geqslant \sum T_i$。

在解算装配尺寸链时，主要有正计算、反计算和中间计算共三种计算形式。

（1）正计算 正计算用于验算设计图样中某项装配精度指标是否能够达到要求，即装配尺寸链中的各组成环的公称尺寸和公差确定的正确与否。这是在制订装配工艺规程时必须进行的。

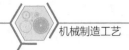

（2）反计算　反计算就是已知封闭环求组成环，用于产品设计阶段。根据装配精度指标来计算和分配各组成环的公称尺寸和公差。此类问题需根据零件的经济精度和恰当的装配工艺方法来确定分配方案。

（3）中间计算　中间计算常用在结构设计时，将一些难加工的和不宜改变其公差值的组成环的公差先确定下来，其公差值应符合国家标准，并按入体原则标注。然后将一个比较容易加工或容易装拆的组成环作为试凑对象，这个环称为协调环。它的公称尺寸、公差和极限偏差的计算公式同工艺尺寸链的计算公式。仅是把其中某个环作为协调环单独列入公式中而已。

2. 概率法

概率法计算的基本公式是 $T_0 \geqslant \sqrt{\sum T_i^2}$。

极值法的优点是简单可靠，但其封闭环与组成环的关系是在极端情况下推演出来的。即各项尺寸要么是上极限尺寸，要么是下极限尺寸。这种处理问题的出发点与批量生产中工件尺寸的分布情况显然不符，因此造成组成环公差很小，制造困难。在封闭环精度要求高时，组成环数目多时，尤其困难。

从加工误差的统计分析中可以看出，加工一批零件时，尺寸处于公差中心附近的零件属多数，接近极限尺寸的是极少数。在装配中，碰到极限尺寸零件的机会很少，而在同一装配中的零件恰恰是极限尺寸的机会就更为少见。所以应从统计角度出发，把各个参与装配的零件尺寸当作随机变量才是最合理、最科学的。

用概率法的好处在于放大了组成环的公差，而仍能保证达到装配精度要求。由于应用概率法时需考虑各环的分布中心，计算比较烦琐，因此在实际计算时，常常将各环改写成平均尺寸，公差按双向等偏差标注。计算完毕后，再按入体原则标注。

机器装配中所采用的装配工艺方法及解算装配尺寸链所采用的计算方法必须密切配合，才能得到满意的装配效果。装配工艺方法与计算方法常用的匹配有：

1）采用完全互换装配法时，应用极值法计算。完全互换又属于大批生产或环数较多时，可以改用概率法计算。

2）采用不完全互换装配法时，可用概率法计算。

3）采用选配装配法时，一般都按极值法计算。

4）采用修配装配法时，一般批量小，应按极值法计算。

5）采用调整装配法时，一般都按极值法计算。大批生产时，可用概率法计算。

5.3.3　装配尺寸链的计算实例

例 5-2　图 5-11a 所示为齿轮轴部件装配简图。要求齿轮与挡圈的轴向间隙为 0.1～0.35mm，已知：轴端面距离 $A_1 = 43$mm，挡圈 $A_2 = A_5 = 5$mm，齿轮厚度 $A_3 = 30$mm，弹性挡圈 $A_4 = 3_{-0.05}^{\ 0}$mm（标准件）。现采用完全互换装配法装配，试确定各组成环的公差和极限偏差。

解：① 画装配尺寸链。图 5-11b 所示为装配尺寸链，其中，A_1 为增环，其余为减环。

② 确定各组成环的公差。首先预计算各组成环的平均公差为

$$T_{av} = \frac{T_0}{m} = \frac{0.35mm - 0.1mm}{5} = 0.05mm$$

已知 $T_4 = 0.05$mm，其余各组成环根据其尺寸和加工难易程度调整公差为：$T_1 =$

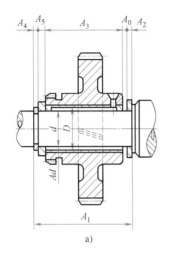

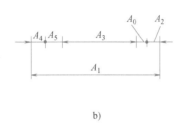

$$a) \qquad\qquad\qquad\qquad b)$$

图 5-11 齿轮轴部件装配简图及装配尺寸链

0.06mm，$T_2 = T_5 = 0.04$mm，$T_3 = 0.06$mm，各组成环尺寸公差等级约为 IT9。

由于 $\sum_{i=1}^{m} T_i = 0.06mm+0.04mm\times 2 + 0.06mm+0.05mm=0.25mm=T_0$，故公差值调整合适。

③ 确定各组成环的极限偏差。选择一个零件作为协调环，其余组成环按照入体原则注写极限偏差。

选择协调环时应注意：不能选择标准件、几个尺寸链的公共组成环或者该部件中几个相同零件中的一个作为协调环。

已知 $A_0 = 0^{+0.35}_{+0.10}$mm，此例取协调环为 A_1，则直接写出：$A_2 = A_5 = 5^{\ 0}_{-0.04}$mm，$A_3 = 30^{\ 0}_{-0.06}$mm。

计算 A_1 的极限偏差值为：$\text{ES}A_0 = \text{ES}\overrightarrow{A_1} - (\text{EI}\overleftarrow{A_2} + \text{EI}\overleftarrow{A_3} + \text{EI}\overleftarrow{A_4} + \text{EI}\overleftarrow{A_5})$

所以：$\text{ES}\overrightarrow{A_1} = 0.35mm+(-0.04mm-0.06mm-0.05mm-0.04mm)=+0.16$mm。

$$\text{EI}\overrightarrow{A_1} = \text{ES}\overrightarrow{A_1} - T_1 = +0.16\text{mm} - 0.06\text{mm} = +0.10\text{mm}$$

$$A_1 = 43^{+0.16}_{+0.10}\text{mm}$$

例 5-3 已知条件与例 5-2 相同，试用不完全互换装配法装配，确定各组成环的公差及极限偏差。

解：解题步骤与完全互换装配法所采用的极值法相同。只是在求平均公差 T_{av} 时，采用符合概率统计规律的平均平方公差来计算。

此时 $T_{av} = \dfrac{T_0}{\sqrt{m}} = \dfrac{0.25\text{mm}}{\sqrt{5}} \approx 0.11$mm，最后仍要满足 $\sqrt{\sum_{i=1}^{m} T_i^2} \leqslant T_0$。

已知 $T_4 = 0.05$mm，还是取 A_1 做协调环，取 $T_3 = 0.14$mm，$T_2 = T_5 = 0.08$mm，各组成环尺寸公差等级约为 IT10。则直接写出：$A_2 = A_5 = 5^{\ 0}_{-0.08}$mm，$A_3 = 30^{\ 0}_{-0.14}$mm。

计算 T_1 为 $T_1 = \sqrt{T_0^2 - (T_2^2 + T_3^2 + T_4^2 + T_5^2)} = \sqrt{(0.25\text{mm})^2 - [(0.14\text{mm})^2 + 2\times(0.08\text{mm})^2 + (0.05\text{mm})^2]} = 0.16$mm

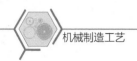

计算 A_1 的极限偏差值为 $ES(A_0) = ES\overrightarrow{A_1} - (EI\overleftarrow{A_2} + EI\overleftarrow{A_3} + EI\overleftarrow{A_4} + EI\overleftarrow{A_5})$

所以 $ES\overrightarrow{A_1} = 0.35\text{mm} + (-0.08\text{mm} - 0.14\text{mm} - 0.05\text{mm} - 0.08\text{mm}) = 0$

$\quad EI\overrightarrow{A_1} = ES\overrightarrow{A_1} - T_1 = 0\text{mm} - 0.16\text{mm} = -0.16\text{mm}$

$\quad A_1 = 43^{\ 0}_{-0.16}\text{mm}$

与例 5-2 的计算结果比较不难看出，不完全互换装配法相对于完全互换装配法装配，可以放宽相关零件的制造公差，从而减小零件的制造成本。但是有可能少量零件装配后超差，须在装配时采取适当的工艺措施。

例 5-4 如图 5-7 所示，卧式车床主轴中心线与尾座套筒中心线有等高度要求，为 0~0.06mm（只许尾座高），装配尺寸链如图 5-12 所示。已知主轴中心线与主轴箱安装基准的距离 $A_1 = 205\text{mm}$，尾座垫块高（尾座体的安装基准至尾座垫块的安装基准距离）$A_2 = 49\text{mm}$，尾座套筒中心线与尾座体安装基准的距离 $A_3 = 156\text{mm}$。试用修配装配法解算此装配尺寸链。

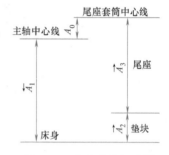

图 5-12　车床装配尺寸链

解：① 选择修配环。选尾座垫块为修配环，因为在装配中修刮尾座垫块的下表面是比较方便的，修配面也不大。

② 各组成环按经济精度取公差。放大的公差超差量在装配时通过修配补偿环零件弥补，这里若采用完全互换装配法装配，则各组成环平均公差为 $0.06\text{mm}/3 = 0.02\text{mm}$，这样小的公差加工困难，所以要放大公差。根据用镗模镗孔的经济加工精度，取 $T_1 = T_3 = 0.1\text{mm}$，根据半精刨的经济加工精度，取 $T_2 = 0.15\text{mm}$。

③ 标注除修配环以外其余各环的极限偏差。若单一尺寸按照入体原则注写极限偏差，其余按照对称分布原则，则 $A_1 = 205\text{mm} \pm 0.05\text{mm}$，$A_3 = 156\text{mm} \pm 0.05\text{mm}$。

④ 计算修配环极限偏差。修配环在修配时对封闭环尺寸变化的影响有两种，即封闭环尺寸变大或变小。因此，修配环公差带分布的计算也相应分为两种情况，即越修越大和越修越小。图 5-13 所示为封闭环公差带与各组成环（含修配环）公差放大后的累积误差之间的关系。

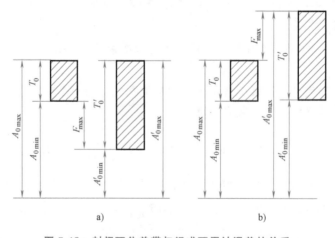

a)　　　　　　　　　　b)

图 5-13　封闭环公差带与组成环累计误差的关系

a）越修越大　b）越修越小

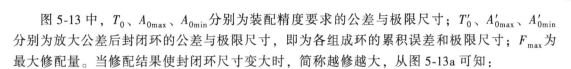

图 5-13 中，T_0、$A_{0\max}$、$A_{0\min}$ 分别为装配精度要求的公差与极限尺寸；T'_0、$A'_{0\max}$、$A'_{0\min}$ 分别为放大公差后封闭环的公差与极限尺寸，即为各组成环的累积误差和极限尺寸；$F_{\max}$ 为最大修配量。当修配结果使封闭环尺寸变大时，简称越修越大，从图 5-13a 可知：

$$A_{0\max} = A'_{0\max} = \sum_{i=1}^{n} \overrightarrow{A'_{i\max}} - \sum_{j=n+1}^{m} \overleftarrow{A'_{j\min}}$$

当修配结果使封闭环尺寸变小时，简称越修越小，从图 5-13b 可知：

$$A_{0\min} = A'_{0\min} = \sum_{i=1}^{n} \overrightarrow{A'_{i\min}} - \sum_{j=n+1}^{m} \overleftarrow{A'_{j\max}}$$

本例中，修配尾座垫块的下表面，使封闭环尺寸变小，因此按公式计算：

$$A_{0\min} = \overrightarrow{A_{2\min}} + \overrightarrow{A_{3\min}} - \overleftarrow{A_{1\max}}$$

即 $\qquad\qquad 0 = \overrightarrow{A_{2\min}} + 155.95\text{mm} - 205.05\text{mm}$

故 $\qquad\qquad\qquad \overrightarrow{A_{2\min}} = 49.10\text{mm}$

因 $T_2 = 0.15\text{mm}$，所以 $A_2 = 49^{+0.25}_{+0.10}\text{mm}$。

修配加工是为了补偿组成环累积误差即封闭环公差超差部分的误差，所以最多修配量为

$$F_{\max} = T'_0 - T_0 = \sum_{i-1}^{m} T'_i - T_0 = 0.1\text{mm} + 0.15\text{mm} + 0.1\text{mm} - 0.06\text{mm} = 0.29\text{mm}$$

而最小修配量为 0，考虑到车床总装时，尾座垫块与床身配合的导轨面还需配刮，则应预留修配量，取最小修刮量为 0.05mm，此时 $A_2 = 49^{+0.30}_{+0.15}\text{mm}$，即最多修配量 $F_{\max} = 0.34\text{mm}$。

例 5-5　已知条件与例 5-2 相同，现采用固定调整装配法装配。试确定各组成环的尺寸偏差，并求调整件的分组数及尺寸系列。

解：① 画尺寸链图。校核各环公称尺寸与例 5-2 相同。

② 选择调整件。A_5 为一垫圈，其加工比较容易、装卸方便，故选择 A_5 为调整件。

③ 确定各组成环公差。按经济精度确定各组成环公差：$T_1 = T_3 = 0.2\text{mm}$，$T_2 = T_5 = 0.10\text{mm}$，$A_4$ 为标准件，$T_4 = 0.05\text{mm}$。各加工件尺寸公差等级约为 IT11，可以经济加工。

④ 确定各组成环极限偏差。若单一尺寸按照入体原则注写极限偏差，其余按照对称分布原则注写极限偏差，则有 $A_1 = 43^{+0.20}_{0}\text{mm}$，$A_2 = 5^{0}_{-0.10}\text{mm}$，$A_3 = 30^{0}_{-0.20}\text{mm}$。已知 $A_4 = 3^{0}_{-0.05}\text{mm}$。

⑤ 计算调整件 A_5 的调整量 F 与调整能力 S 为

$$F = T'_0 - T_0 = \sum_{i-1}^{m} T'_i - T_0 = T_1 + T_2 + T_3 + T_4 + T_5 - T_0$$

$$= 0.20\text{mm} + 0.10\text{mm} + 0.20\text{mm} + 0.05\text{mm} + 0.10\text{mm} - 0.25\text{mm} = 0.40\text{mm}$$

$$S = T_0 - T_5 = 0.25\text{mm} - 0.10\text{mm} = 0.15\text{mm}$$

⑥ 计算调整件 A_5 的中间偏差 Δ_5 与平均尺寸 $A_{5\text{av}}$ 为

$$\Delta_0 = \sum_{i=1}^{n} \overrightarrow{\Delta_i} - \sum_{j=n+1}^{m} \overleftarrow{\Delta_j}$$

$\because \Delta_1 = +0.10\text{mm}$，$\Delta_2 = -0.05\text{mm}$，$\Delta_3 = -0.10\text{mm}$，$\Delta_4 = -0.025\text{mm}$，$\Delta_0 = 0.225\text{mm}$

$\therefore \Delta_5 = \Delta_1 - (\Delta_2 + \Delta_3 + \Delta_4) - \Delta_0 = 0.10\text{mm} - (-0.05\text{mm} - 0.10\text{mm} - 0.025\text{mm}) - 0.225\text{mm} = 0.05\text{mm}$

$$A_{5av} = A_5 + \Delta_5 = 5mm + 0.05mm = 5.05mm$$

⑦ 确定调整件的分组数 Z。调整件的组数 $Z = \dfrac{F}{S} + 1 = \dfrac{0.40mm}{0.15mm} + 1 = 3.67 \approx 4$

分组数不能为小数，要向较大整数圆整，故这里取 $Z = 4$。另外，分组数不宜过多，否则将给生产组织工作带来困难。一般分组数 Z 取 3~4 为宜。

⑧ 确定各组调整件的尺寸。各组调整件的尺寸可根据以下原则来计算：

调整件的分组数 Z 为奇数时，所计算的调整件平均尺寸 A_{iav} 就是对称中心那组尺寸的平均尺寸，其余各组平均尺寸相应增加或减少补偿能力 S 即可。即各组平均尺寸为 A_{iav}、$A_{iav} \pm S$、$A_{iav} \pm 2S$、$A_{iav} \pm 3S$……

当调整件的分组数 Z 为偶数时，则以所计算的调整件平均尺寸 A_{iav} 为对称中心推算。即各组平均尺寸为 $A_{iav} \pm \dfrac{1}{2}S$、$A_{iav} \pm \dfrac{3}{2}S$……

本例中分组数 $Z = 4$ 为偶数，故各组平均尺寸分别为：$A_{51av} = 4.825mm$，$A_{52av} = 4.975mm$，$A_{53av} = 5.125mm$，$A_{54av} = 5.275mm$。

四组尺寸及偏差分别为：$A_{51} = 4.825mm \pm 0.05mm$，$A_{52} = 4.975mm \pm 0.05mm$，$A_{53} = 5.125mm \pm 0.05mm$，$A_{54} = 5.275mm \pm 0.05mm$。

最后转换标注为：$A_{51} = 5^{-0.125}_{-0.225}mm$，$A_{52} = 5^{+0.025}_{-0.075}mm$，$A_{53} = 5^{+0.175}_{+0.075}mm$，$A_{54} = 5^{+0.325}_{+0.225}mm$。

任务5.4　制订装配工艺规程

将合理的装配工艺过程和操作方法按一定的格式用书面文件的形式固定下来就是装配工艺规程。装配工艺规程是指导装配生产的主要技术文件，是制订装配生产计划和进行技术准备的主要依据，也作为新建或改建机器制造厂、装配车间的基本文件之一。制订装配工艺规程是生产技术准备工作的主要内容之一。

保证装配质量、提高装配生产率、缩短装配周期、减轻装配工人的劳动强度、缩小装配面积、降低生产成本等是否可以有效地实现，都取决于装配工艺规程的制订合理与否。

5.4.1　制订装配工艺规程的原则

在制订装配工艺规程时，应遵守如下基本原则：

（1）保证产品的装配质量，并力求进一步提高　装配是机器制造过程的最后一个环节。不准确的装配，即使是高质量的零件，也会装出质量不高的机器产品。例如清洗、去毛刺等辅助工作，看起来无关大局，但缺少了这些工序也会危及整个产品的质量。准确细致地按照规范进行装配，才能达到预定的质量要求，并且还可以获得较大的精度储备，以延长产品的使用寿命。

（2）钳加工工作量尽量减少　合理安排装配顺序和工序，尽量减少钳加工装配的工作量，努力降低手工劳动的比重，以减轻劳动强度，如合理安排作业计划与装配顺序，采用机械化、自动化手段进行装配等。

（3）尽可能缩短装配周期　最终装配与产品出厂仅一步之差，装配周期长，必然阻碍产品出厂，造成半成品的堆积、资金的积压。缩短装配周期对加快企业资金周转、产品占领市场十分重要。

（4）减少产品装配占地面积，提高面积利用率 例如，大量生产的汽车制造企业，组织部件、组件平行装配，总装在强制移动的流水线上按严格的节拍进行，装配效率高，车间布置又极为紧凑。

5.4.2 制订装配工艺规程的原始资料

在制订装配工艺规程之前，为使该项工作能够顺利进行，必须具备产品的装配图样、验收技术文件等原始资料，同时了解企业现有技术水平与生产条件等情况。

1）产品的装配图样应包括总装配图、部件装配图、能清楚地表示出所有零件相互连接的结构视图和必要的剖视图、零件的编号、装配时应保证的尺寸、配合件的配合性质及精度、装配的技术要求、零件的明细栏等。为了在装配时对某些零件进行补充机械加工和解算装配尺寸链，有时还需要一些零件图。

2）验收技术文件主要规定了产品主要技术性能的检验、试验工作的内容及方法，是制订装配工艺规程的主要依据之一。

3）在制订装配工艺规程时，应了解现有的装配工艺设备、工人技术水平、装配车间面积、机械加工条件及各种工艺资料和标准等情况。

5.4.3 制订装配工艺规程的步骤

根据上述原则和原始资料，可以按下列步骤制订装配工艺规程：

1. 研究产品的装配图及验收技术标准

产品的装配工艺必须满足设计要求，工艺人员应对产品进行分析。必要时，会同产品设计人员共同进行。

（1）分析产品图样 分析图样主要是读图，通过读图，熟悉产品装配的技术要求和验收标准，确切掌握装配中关键的技术问题，并制订相应的技术措施。

（2）对产品的结构进行尺寸分析和工艺分析 所谓尺寸分析，就是进行产品装配尺寸链的分析和计算。在对产品装配中的装配尺寸链及其精度校核的基础上，确定装配精度的装配工艺方法，并进行必要的计算。

工艺分析也就是审图，对产品装配结构的工艺性进行分析，确定产品的结构是否便于装配、拆卸和维修。审图时，应审查图样的完整性和正确性，对其中的问题、缺点或错误提出解决方法和建议，经与设计人员研究后予以修改解决。必要时，对产品图样进行工艺会签。

2. 确定装配方法与组织形式

确定装配方法包含两个方面：其一是指选择手工装配还是机械装配，主要取决于生产纲领和产品的装配工艺性，同时考虑零件尺寸与重量以及结构的复杂程度；其二是指选择装配尺寸链的计算方法及保证装配精度的工艺方法，主要取决于装配精度与生产纲领，也与装配尺寸链的组成环多少有关。

在装配过程中，可根据产品结构特点和批量大小不同，采用不同的装配组织形式。

（1）固定式装配 固定式装配是将产品或部件的全部装配工作安排在一固定的工作地上进行，装配过程中产品位置不变，装配所需的零部件都汇集在工作地附近。这种装配组织

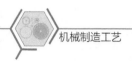

形式适于在单件和中、小批生产中的重型机械和装配关系简单的机械。

单件生产时（如新产品的试制、模具和夹具的制造等），产品的全部装配过程均在某一固定地点，由一个工人或一组工人去完成。这样的组织形式装配周期长、占地面积大，并要求工人具有综合的技能。

成批生产时，装配工作通常分为部装和总装。每个部件由一个工人或一组工人来完成，然后进行总装配，一般应用于较复杂的产品，如机床的制造等。

（2）移动式装配　移动式装配是将产品或部件置于装配线上，通过连续或间歇的移动使其顺次经过各装配工作地从而完成全部装配工作。移动式装配有固定节奏和自由节奏两种装配方法。

移动式装配的特点是：较细地划分装配工序；广泛采用专用设备及工装；生产率高；对工人水平要求较低；质量容易保证；多用于大批生产中。

3. 划分装配单元，确定装配顺序

（1）划分装配单元　将产品划分为若干装配单元是制订工艺规程最重要的一个步骤，对于大批生产、结构复杂的机器的装配尤为重要。只有将产品合理地分解为可进行独立装配的单元后，才能合理地安排装配顺序和划分装配工序，有效地组织装配工作、实行平行作业或流水作业。

一般情况下，装配单元可划分为五个等级：零件、合件、组件、部件和机器。

① 零件。零件是构成机器和参加装配的最小基本单元。大部分零件先装配成合件、组件和部件后，再进入总装。

② 合件。合件是比零件大一级的装配单元。常见的情况有：若干个零件采用不可拆卸连接法（如焊接、铆接、冷压、合铸等）装配在一起的装配单元；少数零件组合后还需进行机械加工（如齿轮减速器的箱体与箱盖，曲柄连杆机构的连杆与连杆盖等，都是组合后镗孔）；以一个基准件和少数零件组合成的装配单元。

③ 组件。组件是一个或几个合件与若干个零件组合而成的装配单元。

④ 部件。部件是一个基准零件和若干个零件、合件和组件组合而成的装配单元。同级的装配单元在进入总装前，互相独立，可以同时平行装配。各级单元之间可以流水作业。这对组织装配、安排计划、提高效率和保证质量均十分有利。

⑤ 机器。机器是由上述装配单元组合而成的整体。

（2）选择装配基准件　无论哪一种装配单元，都要选择某一零件或比它低一级的装配单元作为装配基准件。装配基准件通常应是产品的基体或主干零部件。基准件通常应具有较大的体积和重量，有足够的支承面，以满足陆续装入零部件时的作业要求和稳定性要求。

基准件的补充加工量应最小，尽可能不再有后续加工工序。基准件的选择应有利于装配过程中的检测，有利于工序间的传递运输、翻身和转位等作业。

（3）确定装配顺序，绘制装配系统图　划分好装配单元，并确定装配基准零件后，即可安排装配顺序，并以装配系统图的形式表示。

从保证装配精度和装配工作顺利进行的角度出发，安排的装配顺序为：先下后上，先内后外，先难后易，先重大后轻小，先精密后一般。首先进行基础零部件的装配，使产品重心稳定；先装配产品内部零部件，使其不影响后续装配作业；先利用较大空间进行难装零件的装配，再确定其他零件或合件的装配顺序。确定装配顺序应注意预处理工序在前，如零件的去毛刺、清洗、防锈防腐、涂装、干燥等。

对于结构比较简单、零部件少的产品，可以绘制产品装配系统图；对于结构复杂、零部件很多的产品，则还需绘制各装配单元的装配系统图。

装配系统图有多种形式，图5-14所示为比较常见的一种。该形式的装配系统图绘制方法如下：

① 画一条较粗的横线，横线右端为表示装配单元的长方格，横线左端为表示基准件的长方格；

② 按装配顺序从左向右，将装入装配单元的零件或组件引入，表示零件的长方格在横线上方，表示组件或部件的长方格在横线下方。其中，长方格的上方注明装配单元名称，左下方填写装配单元的编号，右下方填写装配单元的数量。

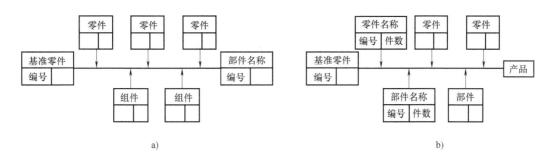

图 5-14 装配系统图

装配系统图比较清楚而全面地反映了装配单元的划分、装配顺序和装配方法，是装配工艺规程制订中的主要文件之一，也是划分装配工序的依据。

4. 划分装配工序

通常将整台机器或部件的装配工作分成装配工序和装配工步顺序来进行。由一个工人或一组工人在不更换设备或地点的情况下完成的装配工作，称为装配工序。用同一工具不改变工作方法，并在固定的位置上连续完成的装配工作，称为装配工步。部件装配和总装配都是由若干装配工序组成的，一个装配工序中可包括一个或几个装配工步。

（1）划分装配工序的工作内容 装配顺序确定之后，就可将装配工艺过程划分为若干工序，其主要工作如下：

① 确定工序集中与分散的程度。

② 划分装配工序，确定各工序的具体内容。

③ 确定各工序所需的设备和工具。为了进行装配工作，必须选择确定所需的设备、工具、夹具和量具等。当车间没有现成的设备、工具、夹具和量具时，还得提出设计任务书。

④ 制订各工序装配操作规范，如过盈配合的压入力、变温装配的装配温度，紧固螺栓连接的旋紧扭矩以及装配环境要求等。

⑤ 制订各工序装配质量、检测方法及检测项目。

⑥ 确定各工序时间定额及工人的技术等级，平衡各工序的装配节拍，以实现均衡生产

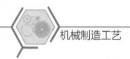

或流水作业。

⑦ 分析各工序能力，评价各工序的可行性与可靠性，并进行工艺方案的经济分析。

（2）划分装配工序的一般原则

① 前面工序不应妨碍后面工序的进行。因此，预处理工序要先行，如清洗、倒角、去毛刺和飞边、防腐除锈处理、涂装等安排在前。

② 后面工序不能损坏前面工序的装配质量。因此，冲击性装配、压力转、加热装配、补充加工工序等应尽量安排早期进行。

③ 减少装配过程中的运输、翻身、转位等工作量。因此，相对基准件处于同一范围的装配作业，使用同样装配工装、设备或对装配环境有同样特殊要求的作业应尽可能连续安排。

④ 减少安全防护工作量及其设备。对于易燃、易爆、易碎、有毒等零部件的安装，应尽可能放到后期进行。

⑤ 电线、气管、油管等管、线的安装根据情况安排在合适工序中。

⑥ 及时安排检验工序，特别是在对产品质量影响较大的工序后，要经检验合格后才允许进行后面的装配工序。

5. 装配工艺文件的整理与编写

装配工艺文件包括装配图（产品设计的装配总图）、装配系统图、装配工艺卡片或装配工序卡片、装配工艺设计说明书等。

装配工艺文件中的装配工艺卡片和装配工序卡片的编制方法，与机械加工工艺卡片和机械加工工序卡片基本相同。

单件小批生产时，通常不需制订装配工艺卡片，而用装配工艺系统图来代替。装配时，按产品装配图及装配系统图进行装配工作。

在大批生产中，不仅要制订装配工艺卡片，而且要制订装配工序卡片，以直接指导工人进行装配。

成批生产时，通常制订部件及总装的装配卡片，不制订装配工序卡片。但在工艺卡片上要写明工序次序、简要工序内容、所需设备和工夹具名称及编号、工人技术等级、时间定额等。

6. 制订产品检测与试验规范

产品装配完毕后，在出厂之前，要按图样要求，制订检测与试验规范，具体有以下内容：

1）检测和试验的项目及检验质量指标。

2）检测和试验的方法、条件与环境要求。

3）检测和试验所需要工装的选择与设计。

4）检测和试验的程序和操作规程。

5）质量问题的分析方法和处理措施。

项目实施

案例 1　根据图 5-1 所示的锥齿轮轴组件的装配图，在分析其装配关系的基础上，制订其装配工艺规程（装配工艺卡片），见表 5-3。

表 5-3　锥齿轮轴组件的装配工艺卡片

锥齿轮轴组件装配图			装配技术要求		
			1）组装时,各装入零件应符合图样要求 2）组装后,锥齿轮应转动灵活,无轴向跳动		

厂名	装配工艺卡片		产品型号	部件名称	装配图号
				轴承套	
车间名称	工段	班组	工序数量	部件数	净重
装配车间			4	1	

（工序）	工步	装配内容	设备	工艺装备		工人等级	工序时间
				名称	编号		
I		合件装配:锥齿轮轴与衬垫的装配。以锥齿轮轴为基准,将衬垫套装在轴上					
II		合件装配:轴承盖与毛毡圈的装配。将已剪好的毛毡圈塞入轴承盖槽内					
III	1	合件装配:轴承套与轴承外圈装配	压力机	塞规、卡板			
	2	用专用量具分别检测轴承套孔及轴承外圈尺寸,在配合面上涂上机油					
	3	以轴承套为基准,将轴承外圈压入孔内至底面					
IV	1	锥齿轮轴组件装配:以锥齿轮轴合件为基准,将轴承套合件套装在轴上,在配合面上加油,将轴承内圈压装在轴上并紧贴衬垫	压力机				
	2	套上隔圈,将另一轴承内圈压装在轴上,直至与隔圈接触					
	3	将另一轴承外圈涂上油,轻压至轴承套内					
	4	装入轴承盖合件,调整端面高度,使轴承间隙符合要求后,拧紧三个螺钉					
	5	安装平键,套装齿轮、垫圈,拧紧螺母,注意配合面加油					
	6	检查锥齿轮转动的灵活性及轴向跳动					
							共　　张
编号	日期	签章	编号	日期	编制	移交	批准　第　　张

1. 研究产品的装配图及验收技术标准

产品的装配工艺必须满足设计要求，工艺人员应对产品进行分析。必要时，应会同产品设计人员共同进行。

2. 确定装配方法与组织形式

考虑到锥齿轮轴组件的装配工艺性、零件尺寸与重量以及结构的复杂程度，确定采用手工装配与机械装配相结合的方式进行装配。

根据锥齿轮轴组件的结构特点，采用固定式装配。

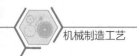

3. 划分装配单元，确定装配顺序

（1）划分装配单元，选择装配基准件　将锥齿轮轴组件的装配分解为锥齿轮轴与衬垫、轴承盖与毛毡、轴承套与轴承外圈共三个合件装配。然后，再进行锥齿轮轴组件的装配。

1）以锥齿轮轴为基准件，形成锥齿轮轴与衬垫的装配单元。

2）以轴承盖为基准件，形成轴承盖与毛毡的装配单元。

3）以轴承套为基准件，形成轴承套与轴承外圈的装配单元。

4）最后以锥齿轮轴合件为基准件，继续组装。

（2）确定装配顺序，绘制装配系统图　按照"先下后上，先内后外，先难后易，先重大后轻小，先精密后一般"的装配原则。确定锥齿轮轴组件的装配顺序为：锥齿轮轴合件装配—轴承盖合件装配—轴承套合件装配—轴承内圈—隔圈—轴承内圈—轴承外圈—轴承盖合件—平键—齿轮—垫圈—螺母。

因锥齿轮轴组件的结构比较简单，这里不再绘制装配工艺系统图。

4. 划分装配工序，填写装配工艺文件

划分的装配工序，填写装配工艺卡片，见表 5-3。

5. 制订产品检测与试验规范

组装时，各装入零件应符合图样要求。组装后，锥齿轮应转动灵活，无轴向跳动。

案例 2　根据图 5-2 所示的台虎钳装配图，在分析其装配关系的基础上，根据其技术要求，按照前述制订装配工艺规程的步骤，确定的装配操作步骤，见表 5-4。

表 5-4　台虎钳的装配操作步骤

步骤	操 作 内 容	
固定钳体与活动钳体配合	以固定钳体内燕尾形为基准，锉配时用木棒敲打活动钳体，一点一点进行研配，根据研点修锉活动钳体外燕尾形部分进行试配，直到满足间隙要求，要求活动自如	
	注意事项	始终保持活动钳体的配入要正直，不能发生扭曲
配钻丝杠安装孔	①划线、找正、配钻。将固定钳体与活动钳体配合在一起装夹在钻床上并进行找正，按照划线线条从活动钳体处用 φ6.5mm 钻头连同固定钳体一起钻孔	
	注意事项	如果有条件把钻头进行接长，则连同固定钳体钻透。没有接长钻头也要在固定钳体上钻出一定深度（大于螺纹长度15mm）。这样做主要是为了在一次装夹中同时钻出两件丝杠安装孔的底孔，最大限度地保证两孔中心线的一致性
	② 固定钳体上攻螺纹、扩（钻）孔。将活动钳体抽出，用机用丝锥在固定钳体上攻 M8 螺纹。一次装夹可以保证螺纹不歪斜。将固定钳体重新装夹后扩（钻）φ12mm 孔，进行孔口倒角。如有必要再用丝锥重新攻一遍螺纹，以免螺纹有损伤，影响装配	
	③ 活动钳体上钻、铰、扩、锪孔。将活动钳体装夹在平口钳中，钻、铰 φ12mm 孔。翻转装夹后，先扩后锪 φ16mm 孔	
	注意事项	φ16mm 孔的深度要求较高，应用量具经常进行检测
	④以固定板上 φ5mm 孔为基准，配钻固定钳体上的 2×M5 螺纹孔	
加工钳口铁	用螺钉将钳口铁装在钳体上，如有误差可进行修锉。为了夹持圆形工件，还可以制作 V 形钳口，加工钳口铁	
安装丝杠附件	先钻出安装摇把的 φ5mm 孔，再用铆接的方法将丝杠摇把装在丝杠上	
安装丝杠及检验配合	安装丝杠，并检查钳体配合。丝杠安装后，首先应转动丝杠，检查活动钳体的移动灵活性，如有"蹩劲"现象，根据实际情况进行适当修整。同时，要检查量钳口的贴合情况，如有缝隙也要进行修整	

（续）

步骤	操作内容
安装支架紧固压板和摇把	按照装配图的要求,安装支架紧固压板和摇把,并检验配合程度
连接、固定	用螺钉将固定压板与支架连接起来,固定位置后用螺钉将固定压板和支架连接在固定钳体上
检查验收	按图样上技术要求检查

学后测评

1. 装配的工作内容包括哪些？装配精度包括哪些？

2. 保证装配精度的方法有哪些？分别简述其特点和适用场合。

3. 什么是装配尺寸链？它与工艺尺寸链有何区别？

4. 查找装配尺寸链组成环时，应注意什么？

5. 如题图 5-1 所示，在滑板与床身装配前有关组成零件的尺寸分别为：$A_1 = 46_{-0.04}^{0}$ mm，$A_2 = 30_{0}^{+0.03}$ mm，$A_3 = 16_{+0.03}^{+0.06}$ mm。试计算装配后滑板压板与床身下平面之间的间隙 A_0，并分析当间隙在使用过程中，因导轨磨损而增大后如何解决。

6. 题图 5-2 所示为主轴部件，为保证弹性挡圈能顺利装入，要求轴向间隙为 0.05 ~ 0.42mm。已知 $A_1 = 32.5$mm，$A_2 = 35$mm，$A_3 = 2.5$mm。试求各组成零件的极限偏差。

7. 选择修配环的要求是什么？修配环被修配后，对封闭环的尺寸变化有何影响？

8. 题图 5-3 所示为键槽与键的装配结构，其尺寸为：$A_1 = 20$mm，$A_2 = 20$mm，配合间隙为 0.05 ~ 0.15mm。

（1）若大批生产，采用完全互换装配法装配，试求各组成零件尺寸的上、下极限偏差。

（2）若小批生产，采用修配装配法装配，试确定修配的零件并求出各有关零件尺寸的公差及极限偏差。

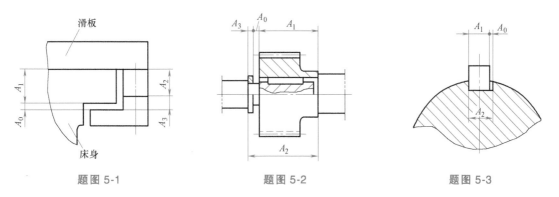

题图 5-1　　　　　题图 5-2　　　　　题图 5-3

9. 题图 5-4 所示为蜗轮减速器，装配后要求蜗轮中心平面与蜗杆轴线偏移极限偏差为 ±0.065mm。试按采用调整装配法标注有关组成零件的公差及极限偏差，并计算加入调整垫片的组数及各组垫片的极限尺寸。（提示：在轴承端盖和箱体端面间加入调整垫片，如图中 N）

10. 题图 5-5 所示为齿轮箱部件，根据使用要求齿轮轴肩与轴承端面间的轴向间隙应在

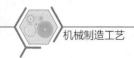

$1 \sim 1.75\mathrm{mm}$ 范围内。若已知各零件的公称尺寸为 $A_1 = 101\mathrm{mm}$，$A_2 = 50\mathrm{mm}$，$A_3 = A_5 = 5\mathrm{mm}$，$A_4 = 140\mathrm{mm}$。试确定各尺寸的公差及极限偏差。

11. 题图 5-6 所示为某一齿轮机构的局部装配图，装配后要求保证轴右端与右轴承端面之间的间隙在 $0.05 \sim 0.25\mathrm{mm}$ 内。试用极值法和概率法计算各组成环的尺寸公差及极限偏差，并比较两种计算方法的结果。

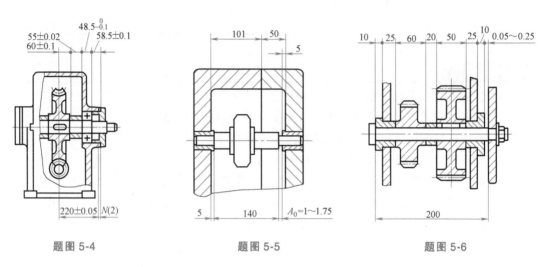

| 题图 5-4 | 题图 5-5 | 题图 5-6 |

12. 试简述装配工艺规程制订的原则和步骤。

附　录

附录 A　轴类零件的检验方法

序号	检验项目	示　图	检验工具	检验方法和计算
1	轴的直径 （一）		量规	先用量规的通端检验，再用止端检验 如果通端能通过，止端不能通过，则表示该轴颈合格
2	轴的直径 （二）		游标卡尺	右手握住主尺，左手扶住固定卡脚，测量爪自上而下放在被测工件上
3	轴的直径 （三）		0~25mm 千分尺	右手的两个手指将尺架压在手心中，拇指和食指调整活动套筒 左手捏住被测工件（小尺寸），将被测工件放入千分尺的两个测量面之间
4	轴的直径 （四）		25~50mm 千分尺	检验中等尺寸轴颈。左手握尺架，右手调整活动套筒的尺寸

(续)

序号	检验项目	示　图	检验工具	检验方法和计算
5	轴的直径（五）		大型千分尺	检验大尺寸轴颈。右手握尺架,左手调整活动套筒的尺寸
6	大直径轴的直径（一）	D—被测工件直径(mm) d—圆棒直径(mm) M—两圆棒外侧距离(mm)	圆棒、千分尺、游标卡尺	$$D=\frac{(M-d)^2}{4d}$$ 【例】 $d=10\text{mm}$,$M=200\text{mm}$,求D。 解: $D=\frac{(200\text{mm}-10\text{mm})^2}{4\times10\text{mm}}$ $=902.5\text{mm}$
7	大直径轴的直径（二）	D—被测工件直径(mm) H—卡尺上卡爪高度(mm) L—卡尺上的尺寸(mm)	游标卡尺	$$D=\frac{L^2}{4H}+H$$ 【例】 $L=160\text{mm}$,$H=30\text{mm}$,求D。 解: $D=\frac{(160\text{mm})^2}{4\times30\text{mm}}+30\text{mm}$ $=243.33\text{mm}$
8	圆锥部分的锥度和尺寸	被测工件　量规　量规的界限	圆锥量规、红丹粉、或蓝油	零件锥体部分应检验锥度和尺寸两个方面 检验锥度时,先在锥体外表面沿轴线涂上红丹粉或蓝油三条(检验外锥体时涂在工件上;检验内锥体时涂在量规上),然后把量规与被测工件轻轻研合,并相对转动1/4~1/3转后分开,观察它们的接触情况是否良好(一般接触应在70%以上)。如果符合要求,再检验被测工件的尺寸
9		量规　被测工件　量规的界限		检验尺寸时,如果被测工件是外锥体,则被测工件端面应处在量规的界限(此时界限是两端面)之间才算合格 如果被测工件是内锥体,则被测工件端面应处在量规的界限(此时界限是锥面上两条刻线)之间才算合格

（续）

序号	检验项目	示　图	检验工具	检验方法和计算
10	轴上圆锥部分的锥角（一）	 α—圆锥体锥角（°） L—正弦规中心距（mm） H—所垫量块高度（mm）	正弦规百分表、量块、平板	$$\sin\alpha=\frac{H}{L}$$ 【例】　$L=200\text{mm}$，$H=8\text{mm}$，求 α。 解：$\sin\alpha=\dfrac{8\text{mm}}{200\text{mm}}=0.04$ $\alpha=2°18'$ $\alpha/2=1°09'$
11	轴上圆锥部分的锥角（二）		游标万能角度尺	检验锥度零件
12	顶尖角度		游标万能角度尺	检验顶尖角度
13	圆锥面与轴外圆柱表面的夹角		游标万能角度尺	检验圆锥面与轴外圆柱表面之间的夹角

（续）

序号	检验项目	示　图	检验工具	检验方法和计算
14	轴上圆锥体的斜角	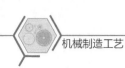　$\alpha/2$——圆锥体斜角(°) M——上端量得的距离尺寸(mm) N——下端量得的距离尺寸(mm) H——量块高度(mm)	量块、圆棒、千分尺、平板	$\tan\dfrac{\alpha}{2}=\dfrac{M-N}{2H}$ 【例】 $M=50.745\text{mm}$，$N=48.126\text{mm}$，$H=50\text{mm}$，求 $\alpha/2$。 解：$\tan\dfrac{\alpha}{2}=\dfrac{M-N}{2H}$ $=\dfrac{50.745\text{mm}-48.126\text{mm}}{2\times50\text{mm}}$ $=0.02619$ $\alpha/2=1°30'$
15	轴上圆锥体小端直径	α——圆锥体锥角(°) d——圆锥体小端直径(mm) D_0——圆棒直径(mm) c——两圆柱外侧之间的距离(mm)	圆棒、千分尺、平板	$d=c-D_0-D_0\cot\dfrac{90°-\dfrac{\alpha}{2}}{2}$ 【例】 $c=34.4\text{mm}$，$D_0=8\text{mm}$，$\alpha=58°40'$，求 d。 解：$d=34.4\text{mm}-8\text{mm}-$ $8\text{mm}\times\cot\dfrac{90°-\dfrac{8°40'}{2}}{2}$ $=17.768\text{mm}$
16	直线度（一）		平尺或刀口尺	①将平尺(或刀口尺)与被测素线直线接触，并使两者之间的最大间隙为最小，此时的最大间隙即为该条被测素线的直线度误差。误差的大小应根据光隙测定。当光隙较大时可用塞尺测量 ②按上述方法测量若干条素线，取其中最大的误差值作为被测零件的直线度误差
17	直线度（二）		百分表	①将被测零件放在平板上，并使其紧靠在直角铁上。用百分表在被测素线的全长范围内测量 ②按上述方法测量若干条素线，取其中最大的误差值作为被测零件的直线度误差

（续）

序号	检验项目	示 图	检验工具	检验方法和计算
18	直线度（三）		量规	用综合量规检验。综合量规的直径等于被测零件的实效尺寸。综合量规必须通过被测零件
19	圆度（一）		固定支座、活动支座、百分表、圆度仪（或专用设备）	将被测零件放置在量仪上，同时调整被测零件的轴线，使它与量仪的回转轴线同轴 ①记录被测零件在回转一周过程中测量截面上各点的半径差 ②按上述方法测量若干截面，取其中最大的误差值作为该零件的圆度误差
20	圆度（二）		V 形架、百分表	将被测零件放在 V 形架上，使其轴线垂直于测量截面，同时固定轴向位置 ①在被测零件回转一周过程中，百分表读数的最大差值之半作为单个截面的圆度误差 ②按上述方法测量若干截面，取其中最大的误差值作为该零件的圆度误差 此方法可靠性受横截面形状误差和 V 形架夹角的综合影响。常用夹角 $\alpha=90°$ 和 $120°$ 或 $72°$ 和 $108°$ 两块 V 形架分别测量
21	圆柱度（一）		专用检查仪	将被测零件的轴线调整到与量仪的轴线同轴 ①记录被测零件在回转一周过程中测量截面上各点的半径差 ②在测头没有径向偏移的情况下，可按上述方法测量若干各横截面（测头也可沿螺旋线移动），所有读数中最大与最小读数的差值的一半作为该零件的圆柱度误差

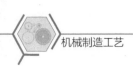

（续）

序号	检验项目	示　图	检验工具	检验方法和计算
22	圆柱度（二）		V形架、百分表	将被测零件放在平板上的V形架内（V形架的长度应大于被测零件的长度）①在被测零件回转一周过程中，测量一个横截面上的最大与最小读数②按上述方法连续测量若干横截面，然后取各横截面内测量的所有读数中最大与最小读数的差值之半作为该零件的圆柱度误差
23	垂直度		导向块、百分表	将被测零件放在导向块内（基准轴线由导向块模拟）。然后测量整个被测表面，并记录读数，取其中最大读数差值作为该零件的垂直度误差
24	同轴度		固定支座、活动支座、百分表、圆度仪（或专用设备）	调整被测零件，使其基准轴线与仪器主轴的轴线同轴。在被测零件的基准要素和被测要素上测量若干截面，得出该零件的同轴度误差
25	径向圆跳动（一）		V形架、百分表	基准轴线由一对相同的V形架模拟，被测零件支承在V形架上，并在轴向定位①在被测零件回转一周过程中，百分表最大读数差值即为单个测量平面上的径向圆跳动误差②按上述方法测量若干横截面，取各个横截面上测得的跳动量中的最大值作为该零件的径向圆跳动误差该测量方法受V形架夹角和实际基准要素形状误差的综合影响

（续）

序号	检验项目	示　图	检验工具	检验方法和计算
26	径向圆跳动 （二）		两顶尖座、 百分表	将被测零件安装在两顶尖之间 　①在被测零件回转一周过程中,百分表最大读数差值即为单个测量平面上的径向圆跳动误差 　②按上述方法测量若干横截面,取各个横截面上测得的跳动量中的最大值作为该零件的径向圆跳动误差
27	轴向圆跳动		V形架、 百分表	将被测零件支承在 V 形架上,并在轴向上固定 　①在被测零件回转一周过程中,百分表最大读数差值即为单个圆柱面上的轴向跳动误差 　②按上述方法测量若干个圆柱面,取各个测量圆柱面上测得的跳动量中的最大值作为该零件的轴向圆跳动误差 　该测量方法受 V 形架夹角和实际基准要素形状误差的综合影响
28	径向全跳动		导向套、 百分表	将被测零件固定在两同轴导向套内,同时在轴向上固定并调整该对套筒,使其同轴并与平板平行 　在被测零件连续回转过程中,同时使百分表沿基准轴线的方向做直线运动。在整个测量过程中,百分表的最大读数差值即为该零件的径向全跳动误差 　基准轴线也可以用一对 V 形架或一对顶尖的简单方法来体现
29	轴向全跳动		导向套、 百分表	将被测零件固定在导向套内,并在轴向上固定,导向套的轴向应与平板垂直 　在被测零件连续回转过程中,百分表沿端面的径向做直线移动。在整个测量过程中,百分表的最大读数差值即为该零件的轴向全跳动误差 　基准轴线也可以用 V 形架等简单方法来体现

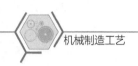

附录B 套类零件的检验方法

序号	检验项目	示 图	检验工具	检验方法和计算
1	内孔直径（一）	通端 止端	光滑圆柱塞规	先用通端检验，再用止端检验 如果通端能通过，止端不能通过，则表示该孔合格
2	内孔直径（二）	D D D D	游标卡尺	用游标卡尺的内孔测量爪平正地放在测量孔中测量
3	内孔直径（三）	25 15 5 45 40 5	内径千分尺	用内径千分尺的两个卡爪平正地放在测量孔中，当内孔直径较大时，可用杆式内径千分尺测量
4	内孔直径（四）		内径百分表	根据内径的尺寸范围，换上百分表的测头，然后检验内孔直径。检验时，略微摇摆百分表，其中最大的读数即是正确的尺寸 内径百分表的测量范围有：6～10mm；10～18mm；18～35mm；35～50mm；50～100mm；100～160mm
5	内孔直径（五）	被测工件 $\frac{s}{2}$ 气流	气动量仪	将气动量仪的测量头插入被测工件内孔中，从量仪的浮标中，可得出被测内孔的误差数值

（续）

序号	检验项目	示　图	检验工具	检验方法和计算
6	内孔直径（六）	D—被测工件孔径（mm） D_0、d_0—钢球直径（mm） H—左面钢球与被测工件端面距离（mm） h—右面钢球与被测工件端面距离（mm）	钢球、游标深度卡尺、平板	上图中，被测工件的内孔直径为 $$D = D_0 + \sqrt{D_0^2 - (H-h)^2}$$ 【例】　$D_0 = 20\text{mm}$，$H = 8\text{mm}$，$h = 4\text{mm}$，求 D。 解： $$D = 20\text{mm} + \sqrt{(20\text{mm})^2 - (8\text{mm}-4\text{mm})^2}$$ $$= 39.6\text{mm}$$ 如果两球直径不同（下图），则有 $$D = \frac{1}{2}(D_0 + d_0) + \left\{ \frac{1}{4}(D_0 + d_0)^2 - \left[\frac{1}{2}(D_0 - d_0) + H - h \right]^2 \right\}^{\frac{1}{2}}$$
7	内孔直径（七）	D—被测工件孔径（mm） D_0—钢球直径（mm） h—钢球露出高度（mm）	钢球、游标深度卡尺、平板	$$D = 2\sqrt{D_0 h - h^2}$$ 【例】　$D_0 = 8\text{mm}$，$h = 5\text{mm}$，求 D。 解：$D = 2 \times \sqrt{8\text{mm} \times 5\text{mm} - (5\text{mm})^2}$ $= 7.746\text{mm}$ 没有内径量具时才采用

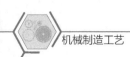
（续）

序号	检验项目	示　图	检验工具	检验方法和计算
8	内孔直径（八）	外径千分尺 d_1 A d D d—被测工件孔径（mm） D—被测工件外径（mm） d_1—外径千分尺量杆直径（mm） A—外径千分尺所示的尺寸（mm）	外径千分尺 $0\sim25$mm， $175\sim200$mm	$d=2\sqrt{\left(\dfrac{D}{2}-A\right)^2+\left(\dfrac{d_1}{2}\right)^2}$ 【例】$D=193.94$mm，$d_1=6.5$mm，$A=9.53$mm，求 d。 解： $d=2\times$ $\sqrt{\left(\dfrac{193.94\text{mm}}{2}-9.53\text{mm}\right)^2+\left(\dfrac{6.5\text{mm}}{2}\right)^2}$ $=175$mm 现场只有小尺寸千分尺，没有大尺寸内径千分尺时才采用
9	内孔直径（九）	深度尺 $\dfrac{D}{2}$ h d D—被测工件内圆弧直径（mm） d—圆棒直径（mm） h—深度尺所示的尺寸（mm）	游标深度卡尺圆棒三根	$D=d\left(1+\dfrac{d}{h}\right)$ 【例】$d=16$mm，$h=4$mm，求 D。 解：$D=16$mm$\times\left(1+\dfrac{16\text{mm}}{4\text{mm}}\right)$ $=80$mm
10	圆锥孔斜角	h D_0 H $\dfrac{\alpha}{2}$ d_0 α—被测工件锥角（°） $\alpha/2$—被测工件斜角（°） d_0—小钢球直径（mm） D_0—大钢球直径（mm） H—小钢球与被测工件端面之间的距离（mm） h—大钢球与被测工件端面之间的距离（mm）	钢球游标深度卡尺平板	$\sin\dfrac{\alpha}{2}=\dfrac{D_0-d_0}{2(H-h)-(D_0-d_0)}$ 【例】$D_0=20$mm，$d_0=10$mm，$h=2$mm，$H=30$mm，求 $\alpha/2$。 解： $\sin\dfrac{\alpha}{2}=\dfrac{20\text{mm}-10\text{mm}}{2\times(30\text{mm}-2\text{mm})-(20\text{mm}-10\text{mm})}$ $=0.2174$ $\dfrac{\alpha}{2}=12°34'$ $\alpha=25°08'$ 如果大钢球露出被测工件端面，则有 $\sin\dfrac{\alpha}{2}=\dfrac{D_0-d_0}{2(H+h)-(D_0-d_0)}$
11	圆锥孔大端直径	D d_0 h $\dfrac{\alpha}{2}$ D—被测工件大端直径（mm） d_0—钢球直径（mm） h—钢球露出高度（mm） α—被测工件圆锥孔锥角（°）	钢球、游标深度卡尺、平板	$D=2\left(\dfrac{d_0}{2\sin\dfrac{\alpha}{2}}+\dfrac{d_0}{2}-h\right)\tan\dfrac{\alpha}{2}$ 【例】$d_0=31$mm，$\alpha=2°58'$，$h=10.5$mm，求 D。 解： $D=2\times\left(\dfrac{31\text{mm}}{2\times\sin\dfrac{2°58'}{2}}+\dfrac{31\text{mm}}{2}-10.5\text{mm}\right)\times$ $\tan\dfrac{2°58'}{2}=31.269$mm

（续）

序号	检验项目	示　图	检验工具	检验方法和计算
12	圆度（一）		固定支座、活动支座、百分表、圆度专用量仪	检验方法与轴类零件圆度（一）相同
13	圆度（二）		三点接触式内径千分尺	用三点接触式内径千分尺检验内孔，最好多测几个位置
14	直线度		量规	检验方法与轴类零件直线度（三）相同
15	同轴度（一）		刀口游标卡尺、壁厚千分尺	用壁厚千分尺或刀口游标卡尺测出壁厚 a 和 b，其误差 f 为 $$f=a-b$$
16	同轴度（二）		心轴、两顶尖座、百分表	将被测工件套在两顶尖间的心轴上，用百分表检验

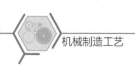
（续）

序号	检验项目	示　图	检验工具	检验方法和计算
17	同轴度（三）		固定支座、活动支座、百分表、专用圆度仪	将被测工件安放在平板上的圆度仪上，用固定支座和活动支座调节，使被测工件中心与专用圆度仪回转中心一致，然后用百分表检验

附录 C　丝杠（螺纹）类零件的检验方法

序号	检验项目	示　图	检验工具	检验方法和计算
1	综合检测		量规	用于检测外螺纹的称为环规；用于检测内螺纹的称为塞规 用螺纹量规检测是一种综合测量法，它同时检测螺纹的作用中径、螺距和牙型角等参数 通端的牙型完整，止端的牙型截短得不完整，工作长度缩短了 2~3.5 牙
2	螺距检测（一）		卡规	把卡规做成薄片状，每片一种螺距，把几种常用的螺距叠在一起，应用时只要拉出一片去检测螺距。当卡规上的几个螺距与被测工件的螺纹牙完全重合时，才认为螺距正确
3	螺距检测（二）		螺纹样板	螺纹样板适用于一种螺距校验，多用于校验传动用螺纹的螺距
4	螺距检测（三）		专用装置	用于检验精度较高的螺纹螺距。这种装置用两个 V 形架定位，以丝杠外径做基准，将两个测头（可移动）插入螺纹槽，百分表就可表示出误差值
5	牙型角（或牙型半角）（一）		样板	样板检验(透光)牙型角

（续）

序号	检验项目	示　　图	检验工具	检验方法和计算
6	牙型角（或牙型半角）（二）		游标万能角度尺	用量角器检验牙型角。在游标万能角度尺上安装一个 V 形架,以丝杠外径定位进行检验
7	中径（一）		螺纹千分尺	适用于检验螺距较小的普通螺纹($P = 0.4 \sim 0.6$mm)的中径。螺纹千分尺的两个测头可以调换
8	中径（二）	D—钢针直径(mm) d_2—螺纹中径(mm) M—千分尺量得的尺寸(mm) α—螺纹牙型角($°$) P—螺纹螺距(mm) **钢针直径的计算值**	公法线长度千分尺、三根钢针及光学比较仪	$d_2 = M - D\left[1 + \dfrac{1}{\sin\dfrac{\alpha}{2}}\right] + 0.5P\cot\dfrac{\alpha}{2}$ 【例】　$P = 3$mm,$\alpha = 60°$,$M = 26.649$mm,求 d_2。 解：$D = 3$mm$\times 0.577 = 1.731$mm $d_2 = 26.649$mm$- 1.731$mm$\times\left[1 + \dfrac{1}{\sin\dfrac{60°}{2}}\right] + 0.5 \times 3mm\times\cot\dfrac{60°}{2}$ $= 24.054$mm 如果把 α 值代入上面公式,则得中径计算式

钢针直径的计算值

牙型角	计算式
60°	$D = 0.577P$
55°	$D = 0.564P$
40°	$D = 0.533P$
30°	$D = 0.518P$
29°	$D = 0.516P$

牙型角	计算式
60°	$d_2 = M - 3D + 0.866P$
55°	$d_2 = M - 3.1657D + 0.9605P$
40°	$d_2 = M - 3.924D + 1.374P$
30°	$d_2 = M - 4.864D + 1.866P$
29°	$d_2 = M - 4.99D + 1.933P$

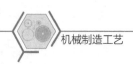

(续)

序号	检验项目	示　图	检验工具	检验方法和计算
9	中径（三）		公法线长度千分尺、钢针	双针检验法,适用于直径大于100mm或螺纹圈数很少,不便放三针的情况 表： 牙型角 | 计算式 60° | $d_2 = M - P^2/[8(M-D)] - 3D + 0.866P$ 55° | $d_2 = M - P^2/[8(M-D)] - 3.1657D + 0.9605P$ 30° | $d_2 = M - P^2/[8(M-D)] - 4.864D + 1.866P$ 钢针直径 D 的大小仍按三针法中的计算方法
10	中径（四）		公法线长度千分尺、钢针、平板	单针检验法,适用于直径较大的螺纹,检验时以螺纹大径作为基准。为消除大径、中径的圆度和螺纹的偏心误差对检验结果的影响,可在 180°方向各测一次 M 值,取其算术平均值 牙型角 | 计算式 60° | $d_2 = 2M - d_实 - 3D + 0.866P$ 55° | $d_2 = 2M - d_实 - 3.1657D + 0.9605P$ 30° | $d_2 = 2M - d_实 - 4.864D + 1.866P$ $d_实$—加工后的螺纹实际大径(mm) 【例】　Tr80×10 螺纹($\alpha = 30°$),$d_实 = 79.76$mm,$M = 80.87$mm,求 d_2。 解:$D = 10$mm×0.518 = 5.18mm $d_2 = 2 × 80.87$mm $- 79.76$mm $- 4.864 × 5.18$mm$+1.866×10$mm $= 75.44$mm
11	法向牙厚	h_1—牙顶高(mm) S_n—法向牙厚(mm) ϕ—螺纹升角(°) P—螺纹螺距(mm)	齿轮游标卡尺	垂直尺按螺纹牙顶高 h_1 调整,水平尺按法向牙型调整,沿 n—n 方向检验螺纹牙厚,计算公式为 $$h_1 = 0.25P$$ $$S_n = \frac{P}{2}\cos\phi$$ 【例】　$P = 10$mm,$d = 40$mm,梯形螺纹,求 h_1 和 S_n。 解:$d_2 = d - 0.5P = 40$mm $- 10$mm$×0.5 = 35$mm $$\tan\phi = \frac{P}{\pi d_2} = \frac{10\text{mm}}{3.14×35\text{mm}} = 0.0909$$ $$\phi = 5°10'$$ $$h_1 = 0.25×10\text{mm} = 2.5\text{mm}$$ $$S_n = \frac{10\text{mm}}{2}×\cos5°10' = 4.98\text{mm}$$

附录 D　箱体类零件的检验方法

序号	检验项目	示　图	检验工具	检验方法和计算
1	中心距		游标卡尺、外径千分尺或内径千分尺、圆棒	①用游标卡尺刀口部分测量尺寸 N，有$$L=N+\frac{D_1}{2}+\frac{D_2}{2}$$②用两根圆棒无间隙地插入两孔内，用外径千分尺测量尺寸 M，有$$L=M-\left(\frac{D_1}{2}+\frac{D_2}{2}\right)$$或用内径千分尺测量尺寸 N，有$$L=N+\frac{D_1}{2}+\frac{D_2}{2}$$
2	平行度		游标卡尺、百分表、平板尺、圆棒	$$f=\frac{L_1}{L_2}\lvert M_1-M_2\rvert$$【例】　$L_1=80mm$，$L_2=120mm$，$M_1=0.04mm$，$M_2=0.01mm$，求 f。解：$f=\dfrac{80mm}{120mm}\times\lvert\,0.04mm-0.01mm\rvert=0.02mm$
3	同轴度		百分表、心轴、固定支座、活动支座、平板	将两根心轴无间隙地插入两孔内，并调整被测工件使其基准轴线与平板平行在靠近被测孔端 A、B 两点检测，并求出该两点分别与高度$(L+d/2)$ 的差值 f_{Ax} 和 f_{Bx}。然后把被测工件翻转 $90°$，按上述方法测出 f_{Ay} 和 f_{By}。则A 点处的同轴度误差为$$f_A=2\sqrt{(f_{Ax})^2+(f_{Ay})^2}$$$B$ 点处的同轴度误差为$$f_B=2\sqrt{(f_{Bx})^2+(f_{By})^2}$$取其中较大值作为被测工件的同轴度误差
4	垂直度		百分表、心轴、固定支座、活动支座、平板	基准轴线和被测轴线分别用心轴模拟。调整基准心轴使其与平板垂直。在检验距离为 L_2 的两个位置上测得的数值为 M_1 和 M_2，并用下面公式计算：$$f=\frac{L_1}{L_2}\lvert M_1-M_2\rvert$$

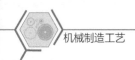

附录 E　床身导轨的检验方法

序号	检验项目	示　图	检验工具	检验方法和计算
1	垂直平面内直线度(一)		框式水平仪	将框式水平仪放在导轨上分段依次移动,并将每段上的水平仪移动格数记录在坐标纸上,然后将两端点连起来,即可得到格数差,直线度误差 Δ 的计算公式为 $$\Delta = nil$$ 式中　n—坐标图上的格数; 　　　i—水平仪精度; 　　　l—水平仪边长(mm)。 【例】　导轨长为 1200mm,水平仪框架尺寸为 200×200mm,精度 0.02mm/1000mm,分 6 段(每段 200mm),检测得+2,+1,+0.5,-1,-1,-0.5。求 Δ。 解:作坐标折线图(如左图),n = 3 格。 $$\Delta = 3 \times \frac{0.02\text{mm}}{1000\text{mm}} \times 200\text{mm} = 0.012\text{mm}$$
2	垂直平面内直线度(二)		光学平直仪(或双频激光干涉仪)	测量在垂直平面内的直线度误差时,调整目镜上的微动手轮,使之与望远镜平行。测量在水平平面内的直线度误差时,可将目镜按顺时针方向旋转 90°,调整目镜上的微动手轮与望远镜垂直。 【例】　光学平直仪的精度 0.005mm/1000mm,垫板长度为 200mm,被测长度为 2000mm,求直线度误差。 解:①调整仪器位置。 ②逐段检查,每隔 200mm 测量一次,测得的 10 个数值(依次)为:28mm,31mm,31mm,34mm,36mm,39mm,39mm,39mm,41mm,42mm。 ③求平均值得 $$\Delta = \frac{\begin{array}{l}28\text{mm}+31\text{mm}+31\text{mm}+34\text{mm}+36\text{mm}+\\39\text{mm}+39\text{mm}+39\text{mm}+41\text{mm}+42\text{mm}\end{array}}{10}$$ $$= 36\text{mm}$$ 在原读数值上分别减去平均值得:-8,-5,-5,-2,0,3,3,3,5,6。再把上述相邻两数相加得:-8,-13,-18,-20,-20,-17,-14,-11,-6,0。 ④求直线度误差。上述最大累积值(20 格)即为最大读数误差,则直线度误差为 $$\Delta = nil = 20 \times \frac{0.005\text{mm}}{1000\text{mm}} \times 200\text{mm}$$ $$= 0.02\text{mm}$$

（续）

序号	检验项目	示　图	检验工具	检验方法和计算
3	垂直平面内直线度（三）	纵向导轨　矩形角尺　横向导轨	百分表、垫板、矩形角尺	将矩形角尺安装在与导轨平行的位置上，百分表装在导轨的垫板上，测头触及直尺的测量面上，然后移动垫板，观察百分表的读数即可知导轨的直线度误差
4	垂直平面内直线度（四）	直尺　导轨　量块	直尺、量块、塞尺	将两个高度相同的量块放在导轨面上，将直尺的检验面放在量块上面，为了减少直尺在其自身重力作用下的变形，两个量块之间的距离可取为 $0.544L$（L 为直尺长度），然后用量块和塞尺检测直尺与导轨面之间的空隙，判断导轨的直线度误差
5	水平平面内直线度	钢丝　显微镜	钢丝、显微镜	将直径在 $\phi0.1\mathrm{mm}$ 以内的细钢丝拉紧，作为标准直线来检测导轨面的直线度，钢丝的横截面应严格一致，不允许有弯曲。钢丝沿着 V 形导轨面拉紧后，将显微镜在导轨上一段一段地移动，每次都使目镜交点和钢丝重合。然后按照显微镜测微螺纹上刻度的读数，确定导轨的直线度误差
6	垂直平面内平行度和垂直度	平板　导轨　平板　导轨　平板　导轨　平板　导轨　a）检验平面导轨　b）检验棱形导轨　c）用直角检具检验顶面和侧面的垂直度	平板或专用检具、红丹粉	将检验用平板（或专用检具）以涂色法按接触斑点进行检验
7	平行度	垫板　水平仪	水平仪、垫板	将两块垫板（桥板）横跨在两条导轨上，在垂直于导轨方向放置水平仪；垫板沿着导轨移动，逐段检测，水平仪读数的最大代数差即为导轨的平行度误差

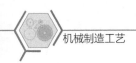

附录 F 齿轮的检验方法

序号	检验项目	示　图	检验工具	检验方法和计算
1	齿厚（弦齿厚）及齿厚偏差（ΔE_s）	$\bar{s}$—弦齿厚（mm） $\bar{h}$—弦齿高（mm） $m=1.5\sim1.8$ 0.02mm	齿轮游标卡尺或光学齿厚仪	齿厚是弧长尺寸，无法直接检验，一般用弦齿厚替代。弦齿厚和弦齿高分别为 $$\bar{s}=mz\sin\frac{90°}{z}$$ $$\bar{h}=m+\frac{mz}{2}\left(1-\cos\frac{90°}{z}\right)$$ 式中　z—齿数； 　　　m—模数（mm）。 【例】标准直齿圆柱齿轮，$m=5$mm，$\alpha=20°$，$z=20$。求 $\bar{s}$ 和 $\bar{h}$。 解：$\bar{s}=5\text{mm}\times20\times\sin\dfrac{90°}{20}$ $=7.85$mm $\bar{h}=5\text{mm}+\dfrac{5\text{mm}\times20}{2}\times$ $\left(1-\cos\dfrac{90°}{20}\right)=5.16$mm 依据上例，即将齿轮游标卡尺的垂直尺调整到5.16mm，水平尺的测量面贴住齿形看是否在7.85mm左右，是否在公差范围之内
2	公法线长度变动（ΔF_w）	W_k 量爪　量爪 分度圆 基圆	公法线长度千分尺或专用检测装置	将公法线长度千分尺的两个测量面插入几个齿（左图为3个齿）的齿间，慢慢地转动千分尺的活动套筒，使测量面接触渐开线齿面，无间隙后测得公法线长度 w_k 的实际值。（检验时，必须在齿轮圆周上均匀分布的4个位置进行，取4次检验的平均值） 对于常见的压力角 $\alpha=20°$ 的圆柱齿轮，公法线长度 w_k 的计算公式为 $$w_k=m[\,2.9521(k-0.5)+0.014z\,]$$ 跨齿数 k 的计算公式为 $$k=\frac{z}{9}+0.5$$ 式中　m—模数（mm）。 公法线长度变动 ΔF_w 是指在同一齿轮上公法线长度的最大值与最小值之差。检验时必须在整个圆周上逐步依次进行才能得出公法线长度的最大值和最小值，即 $$\Delta F_w=w_{kmax}-w_{kmin}$$

（续）

序号	检验项目	示　图	检验工具	检验方法和计算
3	齿圈径向跳动（ΔF_r）	拨动手柄 千分表架 升降螺母 紧固螺钉 顶尖座 手轮　定位手柄　底座	齿圈径向跳动测量仪、万能测齿仪	使用齿圈径向跳动测量仪检验时，先按模数选择测头，并将它安装在百分表上。将被测齿轮安装在心轴上并放在两顶尖之间，用手轮可使它轴向移动。使齿槽对准百分表上的测头，使测头进入齿槽，然后一个齿一个齿地检验。如此经过整圈齿槽的检验后，即可得到齿圈径向跳动量
4	齿距累积总偏差（ΔF_p）	指示表 活动量爪 主体 支脚 固定量爪　支脚	齿距仪或万能测齿仪	齿距仪的固定量爪可以在主体槽内移动，以便它与活动量爪之间大致等于一个齿距。活动量爪通过杠杆与指示表相连，可从表中读出数值 当以齿顶圆定位时，仪器利用三个支脚靠在齿顶圆上，调整支脚的伸出长度，可使两个量爪在分度圆附近与被测齿廓接触 当以齿根圆定位时，支脚的小端插入齿槽靠在齿根圆上 齿距大小也可以在万能测齿仪上进行检测
5	基圆齿距偏差（Δf_{pb}）	0.001mm 基圆 P_b 基圆齿距检查仪 M2-16mm 微动螺杆 活动量爪　辅助支脚　固定量爪　螺杆	基圆齿距仪或万能测齿仪	活动量爪通过杠杆和齿轮与指示表相连，旋转微动螺杆可调节固定量爪的位置。利用仪器附件和被测基圆齿距公称值 p_b 组合的量块组，调节量爪之间的距离，使指示表对零 测量时，将固定量爪和辅助支脚插入相邻齿槽，利用螺杆调节支脚的位置，使它们与齿廓接触，两个量爪与两个相邻同侧齿廓接触后，指示表的读数即为实际基圆齿距与公称基圆齿距之差 基圆齿距也可以在万能测齿仪上进行检测

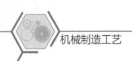
（续）

序号	检验项目	示　图	检验工具	检验方法和计算
6	齿廓形状偏差（Δf_f）	基圆盘 被测齿轮 直尺 杠杆 螺杆 指示表 滑板	基圆盘式渐开线检查仪	被测齿轮与基圆盘安装在同一心轴上，直径等于被测齿轮基圆直径 d_b 的基圆盘与安装在滑板上的直尺相切。当螺杆使滑板移动时，直尺与基圆盘相互做纯滚动，测头与被测齿廓接触点相对于基圆盘的运动轨迹应是理想渐开线。若被测实际齿廓不是理想渐开线，则杠杆在弹簧的作用下产生摆动，可由指示表读出其齿廓形状偏差
7	螺旋线总偏差（ΔF_β）	b A l a) 理论齿廓 实际齿廓 ΔF_β b) b—被测齿宽（mm） l—检测长度（mm）	齿圈径向跳动仪或两顶尖座检验工具	将精密圆棒放入齿槽（圆棒直径 $d_p=1.68m$），移动指示表架，测量圆棒两端 A、B 处的高度差 Δh，则螺旋线总偏差 ΔF_β 为 $$\Delta F_\beta=\frac{b}{l}\Delta h$$ 为避免被测齿轮在顶尖上的安装误差，可将圆棒放入相隔180°的齿槽中再检验一次，取其平均值作为检验结果
8	综合检验	记录纸　误差曲线 划针　浮动板　基准齿轮　固定板 被测齿轮 传动带 指示表 双啮中心距a	双面啮合检查仪	被测齿轮安装在固定板的心轴上，基准齿轮（其精度比被测齿轮高2~3级）安装在浮动板心轴上，在弹簧作用下，与被测齿轮做紧密无侧隙的双面啮合。使被测齿轮回转一周，双啮中心距 a 的变动将综合反映被测齿轮的各项误差 通过指示表读出或记录装置画出曲线误差 它可以检验径向综合总偏差 $\Delta F_i''$ 和一齿径向综合偏差 $\Delta f_i''$

（续）

序号	检验项目	示　图	检验工具	检验方法和计算
9	齿面接触斑点	正确 中心距太大 中心距太小 中心距不平行	万能齿轮检验仪或专用设备	齿面接触斑点可以在滚动检验机或其他专用设备上进行单面啮合试验。一般是在小齿轮的齿面上涂上一层极薄的红丹粉（或普鲁士蓝等），经短时间对滚以后，根据啮合面上呈现的亮点位置和面积，判断其接触斑点是否符合要求 一般在齿的高度上，接触面不少于 30%～50%；在齿的宽度方向上不少于 40%～70%。具体视精度要求而定 也有将被测齿轮装入产品后试验，看其啮合情况
10	模数	a) b)	游标卡尺或外径百分尺和深度尺	a 图所示方法中，根据测得的相关参数，计算后圆整得出齿轮模数 【例】 某直齿圆柱齿轮，测得 $d_a = 167.4\text{mm}$, $h = 8.76\text{mm}$, $z = 40$。求模数 m。 解：$m = \dfrac{h}{2.25} = \dfrac{8.76\text{mm}}{2.25} = 3.89\text{mm}$ 又 $m = \dfrac{d_a}{z+2} = \dfrac{167.4\text{mm}}{40+2} = 3.98\text{mm}$ 在标准模数中只有 3.75 和 4 两种。因此，该齿轮模数为 4mm。 b 图所示方法中，有两根轴，一根轴上的齿轮存在，另一根轴上的齿轮丢失。现测得两轴中心距为 50mm，保存齿轮的 $d_a = 43.8\text{mm}$, $h = 4.4\text{mm}$, $z = 20$，求模数 m。 $m = \dfrac{4.4\text{mm}}{2.25} = 1.96\text{mm}$ $m = \dfrac{43.8\text{mm}}{20+2} = 1.99\text{mm}$ 因此，该齿轮模数为 2mm

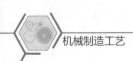

（续）

序号	检验项目	示　图	检验工具	检验方法和计算
11	奇数齿的齿顶圆直径	 $AB=d_a$　$BC=H$	游标卡尺或外径百分尺	①用游标卡尺的量爪测量面测出尺寸 L 和 D_0，然后用下面公式计算： $d_a=2L+D_0$ ②用外径千分尺或游标卡尺测出尺寸 H，并数出 z，然后用下面公式计算： $d_a=\dfrac{H}{\cos\dfrac{90°}{z}}$

参 考 文 献

[1] 王先逵. 机械制造工艺学 [M]. 3 版. 北京：机械工业出版社，2015.

[2] 陈宏钧. 实用机械加工工艺手册 [M]. 3 版. 北京：机械工业出版社，2009.

[3] 刘守勇，李增平. 机械制造工艺与机床夹具 [M]. 3 版. 北京：机械工业出版社，2013.

[4] 谷春瑞. 机械制造工程实践（修订版）[M]. 天津：天津大学出版社，2009.

[5] 王瑞泉，张文健. 普通车床实训教程 [M]. 北京：北京理工大学出版社，2008.

[6] 熊良山. 机械制造技术基础 [M]. 武汉：华中科技大学出版社，2012.

[7] 周成绩. 铣工工艺与技能训练 [M]. 北京：人民邮电出版社，2009.

[8] 吴拓. 机械制造工艺与机床夹具 [M]. 3 版. 北京：机械工业出版社，2011.

[9] 董彤. 机械装配技术 [M]. 北京：清华大学出版社，2014.

[10] 胡志新. 机械制造技术 [M]. 北京：清华大学出版社，2009.

[11] 赵莹. 磨工岗位手册 [M]. 北京：机械工业出版社，2013.

[12] 李智勇，谢玉莲. 机械装配技术基础 [M]. 北京：科学出版社，2009.

[13] 姚云英. 公差配合与测量技术 [M]. 2 版. 北京：机械工业出版社，2010.

[14] 王道林，朱秀琳. 机械加工实训（含钳工）[M]. 南京：江苏科学技术出版社，2010.

[15] 黄云清. 公差配合与测量技术 [M]. 2 版. 北京：机械工业出版社，2012.

[16] 陈家芳，顾霞琴. 典型零件机械加工工艺与实例 [M]. 上海：上海科学技术出版社，2010.

[17] 李德富. 铣工基本技能项目教程 [M]. 北京：机械工业出版社，2010.

[18] 崔政斌，王明明. 机械安全技术 [M]. 2 版. 北京：化学工业出版社，2009.

[19] 孙秋玲，张振铭，姬登科. 磨工技能图解 [M]. 北京：机械工业出版社，2011.

[20] 马国亮. 机械制造技术 [M]. 北京：机械工业出版社，2010.

[21] 林江. 机械制造基础 [M]. 北京：机械工业出版社，2011.

[22] 陈爱荣，王守忠，李新德. 机械制造技术 [M]. 北京：北京理工大学出版社，2010.

[23] 张涛川，李大成. 公差测量原理与检测实训 [M]. 重庆：重庆大学出版社，2006.

[24] 林艳华. 机械制造技术基础 [M]. 北京：化学工业出版社，2010.

[25] 徐美刚，施红岩. 工程机械装配工艺技能训练 [M]. 北京：中国劳动社会保障出版社，2010.

[26] 陈怀洪. 机械装配工艺与技能训练 [M]. 重庆：重庆大学出版社，2014.

[27] 华茂发. 机械制造技术 [M]. 2 版. 北京：机械工业出版社，2014.